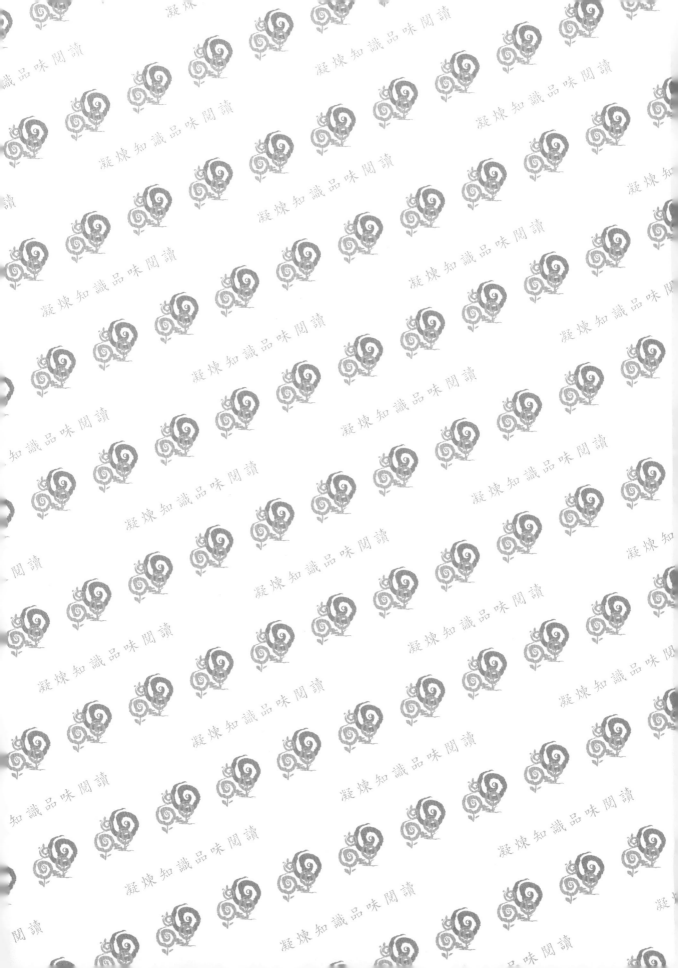

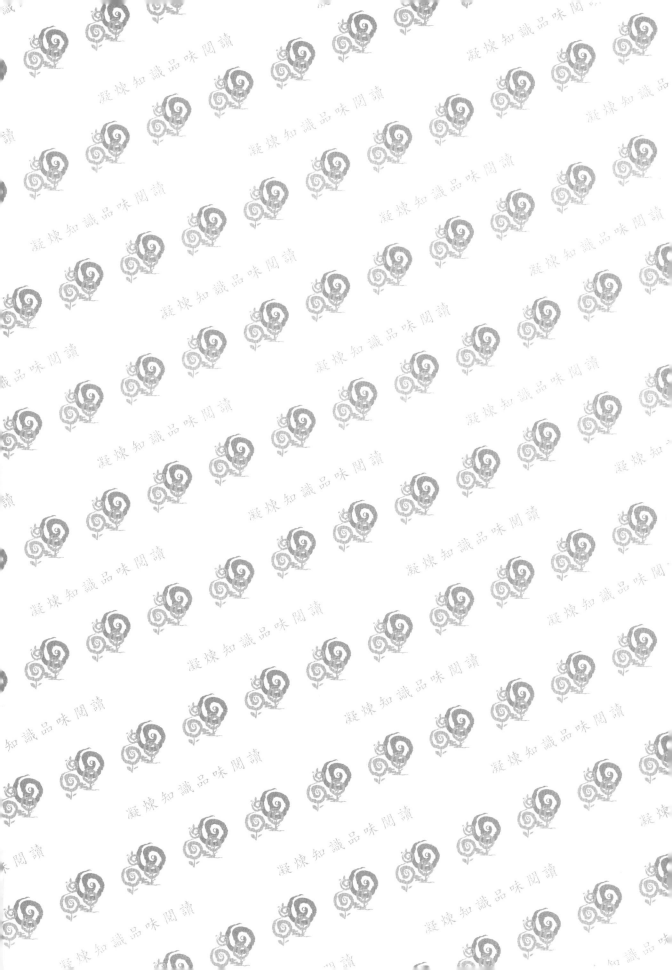

第五版

微處理器原理與應用
C語言與PIC18微控制器
Microprocessors Fundamentals and Applications
Using C Language and PIC18 Microcontrollers

曾百由 著

五南圖書出版公司 印行

Microchip Technology Taiwan
12F, No.4 ,Sec. 3 , Minchuan E. Road, Taipei, 104, Taiwan, R.O.C.
TEL: 886-2-25006610 FAX: 886-2-25080102

授權同意書

茲同意 曾百由 先生撰寫之「微處理器原理與應用——
C 語言與 PIC18 微控制器」一書，其內容所引用自美國
Microchip data books / sheets 的資料，已經由 Microchip
公司授權。

有關 Microchip 公司所規定之註冊商標及專有名詞
之聲明，必須敘述於所出版之中文書內。為保障消費者
權益，其內容若與 Microchip data books/sheets 中有相異
之處，則以 Microchip data books/sheets 內容為基準。

此致

曾百由 先生

授權人： 美商 Microchip Technology Taiwan
代表人： 總經理
陳 永 豐

中 華 民 國 九十五 年 九 月 五 日

序

　　這本書是個人針對微處理器應用的第二本著作，第一部作品則是「微處理器原理與應用 —— 組合語言與 PIC18 微控制器」。這兩部作品原本是一起撰寫的一部作品，但是一方面由於完成的作品篇幅過多，另一方面全部的內容也無法在一個學期內完整的教授，因此將原來的作品依照課程解構成一本適合教授基礎微處理器課程以及另一本適合教授進階微處理器應用的兩本書。

　　累積了幾年的教學經驗，看著許多學生、同事與朋友在面對微處理器的相關問題時，因為缺乏適當的書籍而無法有效的解決所面臨的困難。特別是在開發較為複雜的應用程式時因為無法使用較為進階的開發工具，例如本書所介紹的 C 程式語言，而無法有效地學習並建立完整的技術能力。因此在寫作計劃的開始便希望能夠從基礎的硬體與組合語言指令按步就班地介紹，逐步地帶領讀者由淺入深地學習到進階的微處理器開發工具與技巧，這也是這兩本作品最終的目的。

　　撰寫這些書籍與範例程式時，儘量站在讀者學習的立場思考，將學習微處理器所需要的資料蒐集完整，希望這一本書可以提供大部分所需要的資訊。但是在章節的安排與範例程式的撰寫時，卻又希望能夠提供讀者最基礎的微處理器應用程式元件，希望讀者能夠學習到基礎而紮實的使用方法與技巧；然後讀者便可以自行像堆積木一般地建構起自己所需要的應用程式，解決每一個讀者所會面臨的不同設計目標。

　　本書的完成必須要感謝 Microchip 台北辦公室的大力協助，提供了書中所需要的相關文件並協助開發相關的硬體與範例程式；特別要感謝何仁杰先生在撰書過程中的各項協助與諮詢，讓本書的內容可以更加完整豐富。另外也要感謝五南文化出版公司的建議，讓這兩本書可以更完整而務實地呈現在讀者的面前。同時也要感謝曾經協助過相關內容校正與測試的學生與朋友，讓這本書的內容可以更為正確無誤。

在我寫這本書時，我的小孩常常會問「爸爸您在做什麼？」，而我卻無法多花一些時間仔細地告訴他們什麼是微處理器。現在總算把心裡計畫的書籍出版，對於工作上的學生與同僚有了一個交代。我想回家可以多用些時間一點一滴地告訴他們自己的一點成果。

最後，希望這本書的發行可以讓希望學習微處理器相關知識與技術的讀者完成他們的學習目標；也希望這本書能夠發揮拋磚引玉的效果，能夠讓更多專業書籍出版發行，豐富這個社會的知識，提升國家的競爭力。希望個人的一點點貢獻與付出能夠讓更多人的學習更為順利，在微處理器的技術領域中能夠更進一步地發揮所長回饋於社會。

國立臺北科技大學機械系

曾百由

前言

　　隨著科技進步與發展，數位化電子產品與個人生活愈加貼近，從電腦、行動電話、音樂播放器、數位相機等等個人器材，到家庭娛樂設備與生活用品與企業的生產管理設備等等電子化產品的蹤影無所不在。而電子化產品的基本形式多是以一個微處理器控制周邊的數位電路與感測器以達到特定的目的，例如個人電腦便是以一個強大的核心微處理器控制顯示器、硬碟、鍵盤、印表機等等周邊裝置完成使用者的工作。因此要了解複雜的數位系統時，必須要由基本的微處理機開始才能夠完整地學習軟體、硬體與韌體的架構與觀念。有別於傳統的單晶片微處理機只能處理簡單的數位輸出入並必須配合額外周邊硬體的限制，現代的微處理機已朝著系統單晶片的方向發展，將許多周邊硬體整合於單一元件的微處理器中。因此新一代微處理器的功能已足以應付許多特定功能而成為嵌入式數位系統的核心。特別是對於小型或客製化的數位裝置，例如音樂播放器或數位相機就必須充分利用微處理機的功能才能達到輕薄短小的設計目的而兼具強大的使用功能。

　　這本書的內容可以作為針對微處理器進階的應用程式開發技巧學習的學習範本，可以獨立的作為大學部高年級或者研究所針對微處理器進階課程的教科書；也可以作為大學部高年級延續基礎微處理器課程的進修資料。基礎的微處理器學習可以參考作者的另一部作品「微處理器原理與應用 —— 組合語言與 PIC18 微控制器」。

　　本書的內容以介紹微處理器相關的知識概念與使用方法為主要目標，配合使用 Microchip PIC18 系列微控制器作為各個硬體與功能的說明對象；而且為了讓讀者能夠更進一步地實際驗證並了解各個硬體的使用與結果，各個章節的範例程式都可以完整地在輔助實驗電路板上呈現正確的執行結果。由於本書所使用的 PIC18 系列微控制器是 Microchip 在 8 位元微處理器中的標準基本微處理器，因此這個微處理器具備有相當完整而豐富的功能，非常適合做為學習微處理器的對象。除此之外，為了讓讀者能夠學習到最新的微處理器相關技術，本書也針對微控制器 PIC18F4520 所擁有的功能做了詳細的說明與範例程式的實驗。由於 PIC18 系列微控制器的高度相容性，本書所有的內容與範例程式也都能夠適用於其他 PIC18 系列微控制器。PIC18F4520 雖然不是最新的 8 位元微處理器，但作為初學者入門學習微控制器與組合語言是最適宜的工具，因為其架構完整，相較於最新的微控制器架構卻又簡單易學，是學習最好的選擇。

　　這本書規劃的撰寫方式是希望藉由詳細的硬體說明與操作方式的講解，讓讀者可以充分地了解微處理器的硬體組成與使用方法。為了加強學習的效果與開發進階應用程式的目標，在說明各個硬體組成的過程中，將使用　C　語言與 Microchip XC8 編譯器撰寫的範例程式讓讀者可以從最基本的微處理器操作方式學習到直接的硬體使用與有效率的高階程式開發技巧，以便能夠完整地了解微處理器運作的方法與實務技術。希望讀者能夠學習到的不僅僅是基本的微處理器程式技巧，而且能夠更進一步地學習進階的微處理器功能與韌體規劃。

　　配合輔助實驗電路板的使用，書中所介紹的每一個微處理器功能與範例程式都可以在硬體電路上實際呈現它的效果；如果讀者可以搭配實驗電路板的使用，將可以獲得最大的學習效果。而且由於範例程式針對每一個微處理器的硬體功能與相關配合的實驗板元件都有詳細的說明與程式範例，讀者將可以清楚地了解到各個硬體與元件的功能及使用方法。書中所提供的數十個進階 C 語言範例程式可以作為讀者未來發展應用程式的函式庫重要資源，讀者可利用這些範例程式針對新的應用需求組合整理出所需要的微處理器應用程式。

　　為了完成上述的規劃，本書的章節內容包括：
第一章　　微處理器與 PIC18 系列微控制器簡介
第二章　　微處理器組合語言指令
第三章　　資料記憶體架構
第四章　　C 程式語言與 XC8 編譯器
第五章　　PIC 微控制器實驗板
第六章　　數位輸出入埠
第七章　　PIC18 微控制器特殊功能與硬體設定

第一章主要微處理器與 PIC18F 系列微控制器的功能概況作一個簡單的介紹；第二章則介紹微處理器的相關組合語言指令；第三章則是針對微處理器的記憶體配置與使用做一個完整的介紹，並建立基本的微處理器操作概念；第四章介紹 C 程式語言與 Microchip XC8 編譯器的編譯與使用方式，讓讀者能夠了解到如何使用 C 程式語言撰寫應用程式，並學習 C 程式語言與組合語言程式之間的聯結與利用兩種語言工具撰寫程式的差異；第五章則針對輔助實驗電路板的元件規劃與電路設計做詳細的說明，以便在後續章節配合使用；第六章到第十五章則是針對微處理器各項核心功能與周邊硬體功能與操作方法做詳細的介紹與說明，並配合 C 語言範例程式的示範引導讀者深入地了解微處理器各個功能的使用技巧與觀念。

本書所配合的輔助實驗電路板為 APP025mini 實驗電路板，讀者可以在附錄 C 提供的連結下載或五南圖書 http://www.wunan.com.tw 本書的網頁查詢到範例程式與實驗板相關的內容、取得方式與相關文獻。相關範例可以在下列的 Microchip 軟體版本下運行：

MPLAB X IDE v6.00

XC8 v2.36

PIC18Fxxxx DFP, v1.3.36

目錄

第七章　PIC18 微控制器系統功能與硬體設定 ………… 153

第八章　中斷與周邊功能運用 …………………………… 167

第九章　計時器／計數器 …………………………………… 203

微處理器與 PIC18 微控制器簡介

1.1 微處理器簡介

　　數位運算的濫觴要從 1940 年代早期的電腦雛形開始。這些早期的電腦使用真空管以及相關電路來組成數學運算與邏輯運算的數位電路，這些龐大的電路元件所組成的電腦大到足以占據一個數十坪的房間，但卻只能作簡單的基礎運算。一直到 1947 年，貝爾實驗室所發明的電晶體取代了早期的真空管，有效地降低了數位電路的大小以及消耗功率，逐漸地提高了電腦的使用率與普遍性。從此之後，隨著積體電路（Integrated Circuit, IC）的發明，大量的數位電路不但可以被建立在一個微小的矽晶片上，而且同樣的電路也可以一次大量重複製作在同一個矽晶圓上，使得數位電路的應用隨著成本的降低與品質的穩定廣泛地進入到一般大眾的生活中。

　　在數位電路發展的過程中，所謂的微處理器（microprocessor）這個名詞首先被應用在 Intel® 於 1971 年所發展的 4004 晶片組。這個晶片組能夠執行 4 位元大小的指令並儲存輸出入資料於相關的記憶體中。相較於當時的電腦，所謂的「微」處理器在功能與尺寸上，當然是相當的微小。但是隨著積體電路的發達，微處理器的功能卻發展得越來越龐大，而主要的發展可以分為兩個系統。

　　第一個系統發展的方向主要強調強大的運算功能，因此硬體上將使用較多的電晶體來建立高位元數的資料通道、運算元件與記憶體，並且支援非常龐大的記憶空間定址。這一類的微處理器通常被歸類為一般用途微處理器，它本身只負責數學邏輯運算的工作以及資料的定址，通常會搭配著外部的相關元件以及程式資料記憶體一起使用。藉由這些外部輔助的相關元件，或稱為晶片組（chipset），使得一般用途微處理器可以與其他記憶體或輸出入元件溝通，以達到使用者設計要求的目的。例如在一般個人電腦中常見的 Core® 及 Pentium® 處理器，也就是所謂的 CPU（Central Processing Unit），便是屬於這一類的一般用途微處理器。

　　第二個微處理器系統發展的方向，則朝向將一個完整的數位訊號處理系統功能完全建立在一個單一的積體電路上。因此，在這一個整合的微處理器系統上，除了核心的數學邏輯運算單元之外，必須要包含足夠的程式與資料記憶體、程式與資料匯流排、以及相關的訊號輸出入介面周邊功能。而由於所具備的功能不僅能夠作訊號的運算處理，並且能夠擷取外部訊號或輸出處理後的訊號至外部元件，因此這一類的微處理器通常被稱作為微控制器（Micro-Controller），或者微控制器元件（Micro-Controller Unit, MCU）。

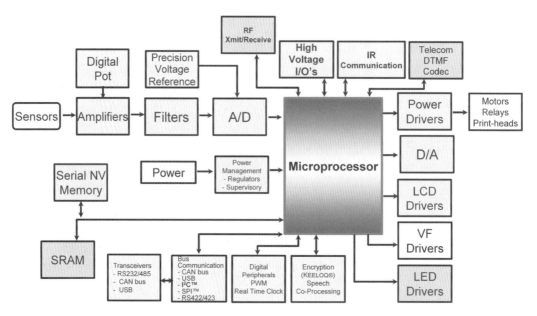

圖 1-1　微處理器與可連接的周邊功能（實心方塊為目前已整合於微處理器內之功能）

　　由於微控制器元件通常內建有數位訊號運算、控制、記憶體、以及訊號輸出入介面在同一個系統晶片上，因此在設計微控制器時，上述內建硬體與功能的多寡便會直接地影響到微控制器元件的成本與尺寸大小。相對地，下游的廠商在選擇所需要的微控制器時，便會根據系統所需要的功能以及所能夠負擔的成本再挑選適當的微控制器元件。通常微控制器製造廠商會針對一個相同數位訊號處理功能的核心微處理器設計一系列的微控制器晶片，提供不同程式記憶體大小、周邊功能、通訊介面、以及接腳數量的選擇，藉以滿足不同使用者以及應用需求的選擇。

目前微處理器的運算資料大小，已經由早期的 8 位元微處理器，發展到一般個人電腦的 32 位元，甚至於 64 位元的微處理器也可以在一般的市場上輕易地取得。因此，使用者必須針對應用設計的需求選擇適當的微處理器，而選擇的標準不外乎是成本、尺寸、周邊功能與記憶體大小。有趣的是，在個人電腦的使用上，隨著視窗軟體系統的升級與應用程式的功能增加，使用者必須不斷地追求速度更快，位元數更多，運算功能更強的微處理器；但是在一般的微控制器實務運用上，8 位元的微控制器便可以滿足一般應用系統的需求，使得 8 位元微控制器的應用仍然是目前市場的主流。所不同的是，隨著應用的增加，越來越多不同的周邊功能與資料通訊介面不斷地被開發並整合到 8 位元的微控制器上，以滿足日益複雜的市場需求。

目前在實務的運用上，由於一般用途微處理器僅負責系統核心的數學或邏輯運算，必須搭配相關的晶片組才能夠進行完整的程式與資料記憶體的擷取、輸出入控制等等相關的功能，例如一般個人電腦上所使用的——Core® 及 Pentium® 微處理器。因此，在這一類的一般用途微處理器發展過程中，通常會朝向標準化的規格發展，以便相關廠商配合發展周邊元件。因為標準化的關係，即使是其他廠商發展類似的微處理器，例如 AMD® 所發展的同等級微處理器，也可以藉由標準化的規格以及類似的周邊元件達到同樣的效能。這也就是為什麼各家廠商或自行拼裝的個人電腦或有不同，但是它們都能夠執行一樣的電腦作業系統與相關的電腦軟體。

相反地，在所謂微控制器這一類的微處理器發展上，由於設計者在應用開發的初期便針對所需要的硬體、軟體，或所謂的韌體，進行了客制化的安排與規劃，因此所發展出來的系統以及相關的軟硬體便有了個別的獨立性與差異性。在這樣的前題下，如果沒有經過適當的調整與測試，使用者幾乎是無法將一個設計完成的微控制系統直接轉移到另外一個系統上使用。例如，甲廠商所發展出來的汽車引擎微控制器或者是輪胎胎壓感測微控制器，便無法直接轉移到乙廠商所設計的車款上。除非經由工業標準的制定，將相關的系統或者功能制定統一的硬體界面或通訊格式，否則廠商通常會根據自我的需求與成本的考量選用不同的控制器與程式設計來完成相關的功能需求。即便是訂定了工業標準，不同的微控制器廠商也會提供許多硬體上的解決方案，使得設計者在規劃時可以有差異性的選擇。例如，在規劃微控制器使用通用序列埠（Universal Serial Bus, USB）的設計時，設計者可以選用一般的微控制器搭配外部的 USB 介面元件，或者是使用內建 USB 介面功能的微控制器。因此，設計者必須要基於成本的考量以及程式撰寫的難易與穩定性做出最適當的設定；而不同的廠商與設計者便會選擇不同的設計方法、硬體規劃以及應用程式內容。也就是因為這樣的特殊性，微控制器可以客制化地應用在少量多樣的系統上，滿足特殊的使用要求，例如特殊工具機的控制系統；或者是針對數量龐大的特定應用，選擇低成本的微控制器元件有效地降低成本而能夠普遍地應用，例如車用電子元件與 MP3 播放控制系統；或者是具備完整功能的可程式控制系統，提供使用者修改控制內容的彈性空間，例如工業用的可程式邏輯控制器（Programmable Logic Controller, PLC）。

也就是因為微控制器的多樣化與客制化的特色，使得微控制器可以廣泛地應用在各式各樣的電子產品中，小到隨身攜帶的手錶或者行動電話，大到車輛船舶的控制與感測系統，都可以看到微控制器的應用。也正由於它的市場廣大，引起了為數眾多的製造廠商根據不同的觀念、應用與製程開發各式各樣的微控制器，其種類之繁多即便是專業人士亦無法完全列舉。而隨著應用的更新與市場的需求，微控制器也不斷地推陳出新，不但滿足了消費者與廠商的需求，也使得設計者能夠更快速而方便的完成所需要執行的特定工作。

在種類繁多的微處理器產品中，初學者很難選擇一個適當的入門產品做為學習的基礎。即便是選擇微控制器的品牌，恐怕都需要經過一番痛苦的掙扎。事實上，各種微處理器的設計與使用觀念都是類似的，因此初學者只要選擇一個適當的入門產品學習到基本觀念與技巧之後，便能夠類推到其他不同的微處理器應用。基於這樣的觀念，本書將選擇目前在全世界 8 位元微控制器市場占有率最高的 Microchip® 微控制器作為介紹的對象。本書除了介紹各種微處理器所具備的基本硬體與功能之外，並將使用 Microchip® 產品中功能較為完整的 PIC18 系列微控制器作為程式撰寫範例與微處理器硬體介紹的對象。本書將介紹一般撰寫微處理器所使用的高階開發工具──C 程式語言，引導讀者能

夠撰寫功能更完整、更有效率的應用程式。並藉由 C 語言程式的範例程式詳
細地介紹微處理器的基本原理與使用方法，使得讀者可以有效地學習微處理器
程式設計的過程與技巧，有效地降低開發的時間與成本。

1.2 Microchip® PIC®系列微控制器

　　單晶片微控制器的應用非常地廣泛，從一般的家電生活用品、工業上的自
動控制、一直到精密複雜的醫療器材都可以看到微控制器的蹤影。而微控制器
的發展隨著時代與科技的進步變得日益複雜，不斷有新功能的增加，使微控制
器的硬體架構更爲龐大。從早期簡單的數位訊號輸出入控制，到現今許多功能
強大使用複雜的通訊介面，先進的微控制器已不再是早期簡單的數位邏輯元件
組合。

　　在眾多的微控制器市場競爭中，8 位元的微控制器一直是市場的主流，不
論是低階或高階的應用往往都以 8 位元的微控制器作爲基礎核心，逐步地發展
成熟而成爲實際應用的產品。雖然科技的發展與市場的競爭，許多領導的廠商
已經推出更先進的微控制器，例如 16 位元或 32 位元的微處理器，或者是具備
數位訊號處理功能的 DSP 控制器，但是在一般的商業應用中仍然以 8 位元的
微控制器爲市場的大宗。除了因爲 8 位元微控制器的技術已臻於成熟的境界，
眾多的競爭者造成產品價格的合理化，各家製造廠商也提供了完整的周邊功能
與硬體特性，使得 8 位元微控制器可以滿足絕大部分的使用者需求。

　　在眾多的 8 位元微控制器競爭者之中，Microchip® 的 PIC® 系列微控制器
擁有全世界第一的市場占有率，這一系列的微控制器提供了爲數眾多的硬體變
化與功能選擇。從最小的 6 隻接腳簡單微控制器，到 84 隻接腳的高階微控制
器，Microchip® 提供了使用者多樣化的選擇。從 PIC10、12、16 到 18 系列的
微控制器，使用者不但可以針對自己的需求與功能選擇所需要的微控制器，而
且各個系列之間高度的軟體與硬體相容性讓程式設計得以發揮最大的功能。

　　在過去的發展歷史中，Microchip® 成功地發展了從 PIC10、12 與 16 系列
的基本 8 位元微控制器，至今仍然是市場上基礎微控制器的主流產品。近幾年
來，Microchip® 也成功地發展了更進步的產品，也就是 PIC18 系列微控制器。
PIC18 系列微控制器是 Microchip® 在 8 位元微控制器的高階產品，不但全系

CHAPTER

1

列皆配置有硬體的乘法器，而且藉由不同產品的搭配，所有相關的周邊硬體都可以在 PIC18 系列中找到適合的產品使用。除此之外，Microchip® 並為 PIC18 系列微控制器開發了 XC8 的 C 語言程式編譯器，提供使用者更有效率的程式撰寫工具。透過 C 語言程式庫的協助，使用者可以撰寫許多難度較高或者是較為複雜的應用程式，例如 USB 與 Ethernet 介面硬體使用的相關程式，使得 PIC18 系列微控制器成為一個功能強大的微控制器系列產品。

　　而隨著科技的進步，Microchip® 也將相關產品的程式記憶體從早期的一次燒錄（One-Time Programming, OTP）及可抹除記憶體（EEPROM），提升到容易使用的快閃記憶體（Flash ROM）使開發工作的進行更為快速而便利。

Microchip® 產品的優勢

■ RISC 架構的指令集

　　PIC® 系列微控制器的架構是建立在改良式的哈佛（Harvard）精簡指令集（RISC, Reduced Instruction Set Computing）的基礎上，並且提供了全系列產品無障礙的升級途徑，所以設計者可以使用類似的指令與硬體完成簡單的 6 隻腳位 PIC10 微控制器的程式開發，或者是高階的 100 支腳位 PIC18 微控制器的應用設計。這種不同系列產品之間的高度相容性使得 PIC® 系列微控制器提供更高的應用彈性，而設計者也可以在同樣的開發設計環境與觀念下快速地選擇並完成相關的應用程式設計。

■ 核心硬體的設計

　　所有 PIC® 系列微控制器，設計開發上有著下列一貫的觀念與優勢：

- 不論使用的是 12 位元、14 位元或者是 16 位元的指令集，都有向下相容的特性；而且這些指令集與相對應的核心處理器硬體都經過最佳化的設計以提供最大的效能與計算速度。
- 由於採用哈佛（Harvard）式匯流排的硬體設計，程式與資料是在不同的匯流排上傳輸，可以避免運算處理時的瓶頸並增加整體性能的表現。
- 而且硬體上採用兩階段式的指令擷取方式，使處理器在執行一個指令的同時可以先行擷取下一個執行指令，而得以節省時間提高運算速度。

- 在指令與硬體的設計上，每一個指令都只在占據一個字元（word）的長度，因此可以加強程式的效率並降低所需要的程式記憶體空間。
- 對於不同系列的微處理器，僅需要最少 33 個組合語言指令，最高 83 個指令，因此不論是學習撰寫程式或者進行除錯測試，都變得相對地容易。
- 而高階產品向下相容的特性使得設計者可以保持原有的設計觀念與硬體投資，並保留已開發的工作資源，進而提高程式開發的效率並減少所需要的軟硬體投資。
- PIC18 系列微控制器的設計配合 C 語言的觀念作最佳化架構處理，搭配 XC8 編譯器可有效開發複雜的應用程式。

■ 硬體整合的周邊功能

　　PIC® 系列微控制器提供了多樣化的選擇，並將許多商業上標準的通訊協定與控制硬體與核心控制器完整地整合。因此，只要使用簡單的指令，便可以將複雜的資料輸出入功能或運算快速地完成，有效地提升控制器的運算效率。如圖 1-2 所示，PIC® 系列微控制器提供內建整合的通訊協定與控制硬體包括：

- 通訊協定與硬體

  RS232/RS485

  SPI

  IC

  CAN

  USB

  LIN

  Radio Frequency (RF)

  TCP/IP

- 控制與時序周邊硬體

  訊號捕捉（Input Capture）

  輸出比較（Output Compare）

  波寬調變（Pulse Width Modulator, PWM）

  計數器／計時器（Counter/Timer）

  監視（看門狗）計時器（Watchdog Timer）

- 資料顯示周邊硬體
  發光二極體 LED 驅動器
  液晶顯示器 LCD 驅動器
- 類比周邊硬體
  最高達 12 位元的類比數位轉換器
  類比訊號比較器及運算放大器
  電壓異常偵測
  低電壓偵測
  溫度感測器
  震盪器
  參考電壓設定
  數位類比訊號轉換器

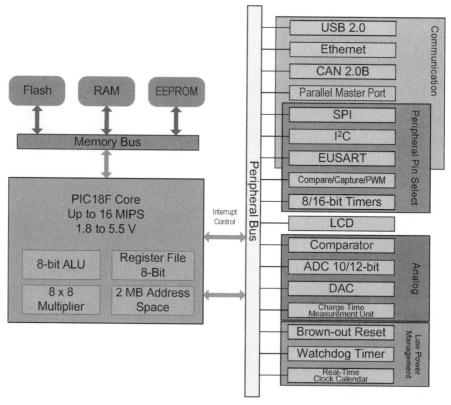

圖 1-2　Microchip® PIC18F 系列硬體整合的周邊功能

同時在近期推出的新產品採用了許多低功率消耗的技術，在特定地狀況下可以將微控制器設定為睡眠或閒置的狀態，在這個狀態下控制器將消耗相當低的功率而得以延長系統電池使用的時間。

■ 整合式發展工具

Microchip 提供了許多便利的發展工具供程式設計者使用。從整合式的發展環境 MPLAB X IDE 提供使用者利用各種免費的 MPASM 組合語言組譯器撰寫程式，到價格便宜的 XC8 編譯器（學生版為免費提供），以及物廉價美的 ICD5、PICkit5 程式燒錄除錯器，讓一般使用者甚至於學生可以在個人電腦上面完成各種形式微控制器程式的撰寫與除錯。同時 Microchip 也提供了許多功能完整的測試實驗板以及程式燒錄模擬裝置，可以提供更完善和強大的功能讓使用者可以完全地測試相關的軟硬體而減少錯誤發生的機會。

■ 16 位元的數位訊號控制器

除了在 8 位元微控制器的完整產品線之外，Microchip 也提供了更進步的 16 位元數位訊號控制器（dsPIC 系列產品）與 PIC24 系列產品，以及 32 位元的 PIC32 系列微控制器。由於商品的相似性與相容性，降低了使用者進入高階數位訊號控制器的門檻。而 dsPIC 數位訊號控制器不但提供了功能更完整強大的周邊硬體之外，同時也具備有硬體的數位訊號處理（Digital ignal Processing, DSP）引擎，能夠做高速有效的數位訊號運算處理。

上述眾多的優點及產品的一致性與相容性，讓使用者可以針對單一 PIC 系列微控制器進行深入而有效的學習之後，快速地將相關的技巧與觀念轉換到其他適合的微控制器上。因此，使用者不需要花費許多時間學習不同的工具地位控制器的特性或指令，便可以根據不同的系統需求選擇適合的微控制器完成所需要的工作。

也就是因為上述的考量，本書將利用功能較為完整的 8 位元的 PIC18F4520 微控制器作為本書介紹基本功能微處理器的範例。這個 8 位元微處理器延續 PIC18 早期的代表性產品 PIC18F452 的功能，隨著微控制器技術的進步，持續擴充其功能，也同時保持與前期產品的高度相容性。由於

PIC18F4520 微控制器配備有許多核心處理器與周邊硬體的功能，在後續的章節中將先作一個入門的介紹，然後在介紹特定硬體觀念時再一一地作完整的功能說明與實用技巧的範例演練。即便現今已有 PIC18F45Kxx 、PIC18F4xQxx 系列的替代產品，PIC18F4520 因為其功能完善但設定簡單，反而是入門學習的好選擇。避免新產品的複雜造成學習的障礙。

1.3　PIC18系列微控制器簡介

▌功能簡介

以 PIC18F4520 微控制器為例，它是一個 40（DIP）或 44（PLCC/QTFP）支腳位的 8 位元微控制器，它是由 PIC18F452 微控制器所衍生的中高階 8 位元微控制器。PIC18F4520 微控制器的基本功能簡列如表 2-1 所示。

表 1-1　PIC18F4520 與 PIC18F452 微控制器基本功能表

特性Features	PIC18F4520	PIC18F452
操作頻率Operating Frequency	DC - 40 MHz	DC - 40 MHz
程式記憶體 Program Memory (Bytes)	32768	32768
程式記憶體 Program Memory (Instructions)	16384	16384
資料記憶體 Data Memory (Bytes)	1536	1536
EEPROM資料記憶體 Data EEPROM Memory (Bytes)	256	256
中斷來源 Interrupt Sources	20	18
輸出入埠 I/O Ports	Ports A, B, C, D, E	Ports A, B, C, D, E
計時器 Timers	4	4
CCP模組 Capture/Compare/PWM Module	1	2
增強CCP模組 Enhanced CCP Module	1	

表 1-1　PIC18F4520 與 PIC18F452 微控制器基本功能表（續）

特性Features	PIC18F4520	PIC18F452
串列通訊協定 Serial Communications	MSSP, Enhanced USART	MSSP, Addressable USART
並列通訊協定 Parallel Communications	PSP	PSP
10位元類比轉數位訊號模組 10-bit Analog-to-Digital Module	13 Input Channels	8 input channels
重置功能 RESETS（and Delays）	POR, BOR, RESET Instruction, Stack Full, Stack Underflow(PWRT, OST), MCLR (optional), WDT	POR, BOR, RESET Instruction, Stack Full, Stack Underflow (PWRT, OST) MCLR (optional), WDT
可程式高低電壓偵測 Programmable High/Low Voltage Detect	Yes（高低電壓）	Yes（低電壓）
可程式電壓異常偵測 Programmable Brown-out Reset	Yes	Yes
組合語言指令集 Instruction Set	75 Instructions; 83 with Extended Instruction Set enabled	75
IC封裝 Packages	40-pin PDIP 44-pin QFN 44-pin TQFP	40-pin DIP 44-pin PLCC 44-pin TQFP

　　由表 1-1 的比較可以看到 PIC18F4520 微控制器與發展較早的 PIC18F452 微控制器具有高度的相容性。

■PIC18 微控制器共同的硬體特性

　　高效能的精簡指令集核心處理器
　　使用最佳化的 C 語言編譯器架構與相容的指令集

核心指令相容於傳統的 PIC16 系列微處理器指令集

高達 64K 位元組的線性程式記憶體定址

高達 1.5K 位元組的線性資料記憶定址

多達 1024 位元組的 EEPROM 資料記憶位置

高達 16MIPS 的操作速度

可使用 DC～64MHz 的震盪器或時序輸入

可配合 4 倍相位鎖定迴路（PLL）使用震盪器或時序輸入

■ 周邊硬體功能特性

每支腳位可輸出入高達 25mA 電流

三個外部的中斷腳位

TIMER0 模組：配備有 8 位元可程式的 8 位元或 16 位元計時器 / 計數器

TIMER1 型式模組：16 位元計時器 / 計數器（TIMER1/3）

TIMER2 型式模組：配備有 8 位元週期暫存器的 8 位元計時器 / 計數器

可選用輔助的外部震盪器時需輸入計時器：TIMER1 / TIMER3

兩組輸入捕捉 / 輸出比較 / 波寬調變（CCP）模組

- 16 位元輸入捕捉，最高解析度可達 6.25ns
- 16 位元輸出比較，最高解析度可達 100ns
- 波寬調變輸出可調整解析度為 1-10 位元，最高解析度可達 39kHz（10 位元解析度）～156kHz（8 位元解析度）

一組增強型的 CCP 模組

- 1、2 或 4 組 PWM 輸出
- 可選擇的輸出極性、可設定的空乏時間
- 自動停止與自動重新啓動

主控式同步串列傳輸埠模組（MSSP）：可設定為 SPI 或者 IC 通訊協定模式

- 可定址的通用同步 / 非同步傳輸模：支援 RS-485 與 RS-232 通訊協定
- 被動式並列傳輸埠模組（PSP）

■ 類比訊號功能特性

　　高採樣速率的 10 位元類比數位訊號轉換器模組

　　類比訊號比較器

　　可程式並觸發中斷的高 / 低電壓偵測

　　可程式的電壓異常重置

■ 特殊的微控制器特性

　　可重複燒寫 100,000 次的程式快閃（Flash）記憶體

　　可重複燒寫 1,000,000 次的 EEPROM 資料記憶體

　　大於 40 年的快閃程式記憶體與 EEPROM 資料記憶體資料保存

　　可由軟體控制的自我程式覆寫

　　開機重置、電源開啓計時器及震盪器開啓計時器

　　內建 RC 震盪電路的監視計時器（看門狗計時器）

　　可設定的程式保護裝置

　　節省電能的睡眠模式

　　可選擇的震盪器模式

　　4 倍相位鎖定迴路

　　輔助的震盪器時序輸入

　　5 伏特電壓操作下使用兩支腳位的線上串列程式燒錄（In-circuit Serial
　　　Programming, ICSP）

　　僅使用兩支腳位的線上除錯（In-circuit Debugging, ICD）

■ CMOS 製造技術

　　低耗能與高速度的快閃程式記憶體與 EEPROM 資料記憶體技術

　　完全的靜態結構設計

　　寬大的操作電壓範圍（2.0～5.5V）

　　符合工業標準更擴大的溫度操作範圍

CHAPTER

1

■ 增強的新功能

　　PIC18F4520 微控制器不但保持了優異的向下相容性，同時也增加了許多新的功能；特別是在核心處理器與電能管理方面，更是有卓越的進步。以下所列為較為顯著的改變之處。

・電能管理模式

　　除了過去所擁有的執行與睡眠模式之外，新增加了閒置（idle）模式。在閒置模式下，核心處理器將會停止作用，但是其餘的周邊硬體可以選擇性的繼續保持作用，並且可以在中斷訊號發生的時候喚醒核心處理器進行必要的處理工作。藉由閒置模式的操作，不但可以節約核心處理器不必要的電能浪費，同時又可以藉由周邊硬體的持續操作維持微控制器的基本功能，因此可以在節約電能與工作處理之間取得一個有效的平衡。

　　同時為了縮短電源啓動或者系統重置時微控制器應用程式啓動執行的時間，PIC18F4520 微控制器並增加了雙重速度的震盪器啓動模式。當啓動雙重輸出的模式時，腳位控制器取得穩定的外部震盪器時序脈波之前，可以先利用微控制器所內建的 RC 震盪電路時序脈波進行相關的開機啓動工作程序；一旦外部震盪器時序脈波穩定之後，便可以切換至主要的外部時序來源而進入穩定的操作狀態。這樣的雙重速度震盪器啓動功能可以有效是縮短微控制器在開機時等待穩定時序脈波所需要的時間。

　　除此之外，藉由新的半導體製程有效地將微控制器的電能消耗降低，在睡眠模式下可以僅使用低於 0.1 微安培的電量，將有助於延長使用獨立電源時系統的操作時間。

・PIC18F4520 微控制器增強的周邊硬體功能

　　除了維持傳統微控制器眾多周邊功能之外，PIC18F4520 微控制器增強或改善了許多新的周邊硬體功能。包括：

　　多達 13 個通道的 10 位元解析度類比數位訊號轉換模組

　　　─具備自動偵測轉換的能力

　　　─線性化的通道選擇設定

　　　─可在睡眠模式下進行訊號轉換

2 個具備輸入多工切換的類比訊號比較器

加強的可定址 USART 模組

　　─支援 RS-485, RS-232 與 LIN 1.2 通訊模式

　　─無需外部震盪器的 RS-232 操作

　　─外部訊號啟動位元的喚醒功能

　　─自動的鮑率偵測與調整

加強的 CCP 模組，提供更完整的 PWM 波寬調變功能

　　─可提供 1、2 或 4 組 PWM 輸出

　　─可選擇輸出波型的極性

　　─可設定的空乏時間（dead time）

　　─自動關閉與自動重新啟動

- 彈性的震盪器架構

可高達 40 MHz 操作頻率的 4 種震盪器選擇模式

輔助的 TIMER1 震盪時序輸入

可運用與高速石英震盪器與內部震盪電路的 4 倍鎖相迴路（PLL，Phase Lock Loop）

加強的內部 RC 震盪器電路區塊：

　　─8 個可選擇的操作頻率：31 kHz 到 8 MHz。提供完整的時序操作速度

　　─使用鎖相迴路（PLL）時可選擇 31 kHz 到 32 MHz 的操作範圍

　　─可微調補償頻率飄移

時序故障保全監視器：

　　─當外部時序故障時，可安全有效的保護微控制器操作

- 微控制器的特殊功能

更為廣泛的電壓操作範圍：2.0V～5.5V

可程式設定 16 個程式的高 / 低電壓偵測模組，並提供中斷功能

　　這些加強的新功能，搭配傳統既有的功能使得 PIC18F4520 微控制器得以應付更加廣泛的實務應用與處理速度的要求。

　　由於 PIC18F4520 微控制器的高度相容性與優異功能，在本書後續的內容中將以 PIC18F4520 微控制器作為應用說明的對象，但是讀者仍然可以將相關應用程式使用於較早發展或後續 PIC18F45K22、PIC18F4xQ 系列的 PIC18 微

控制器。相關的應用程式範例也會盡量使用與其他系列的 PIC 微控制器相容的指令集,藉以增加範例程式的運用範圍。

PIC18F4520 微控制器硬體架構方塊示意圖如圖 1-3 所示。

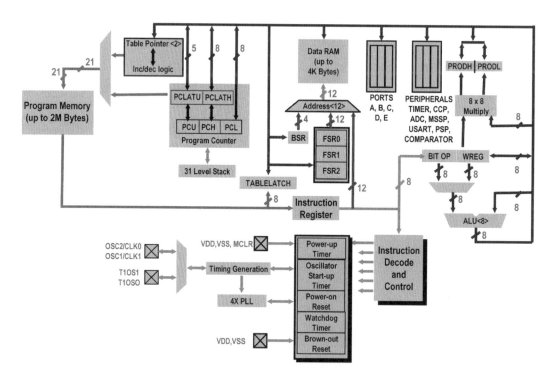

圖 1-3　PIC18F4520 微控制器硬體架構方塊示意圖

1.4　PIC18F4520微控制器腳位功能

PIC18F4520 微控制器相關的腳位功能設定如圖 1-4 所示。

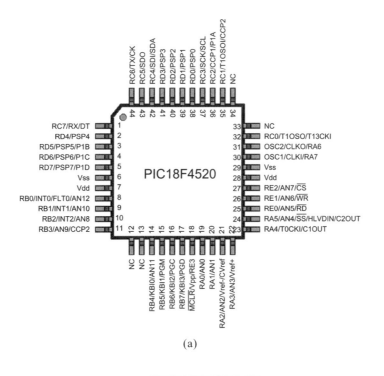

(a)

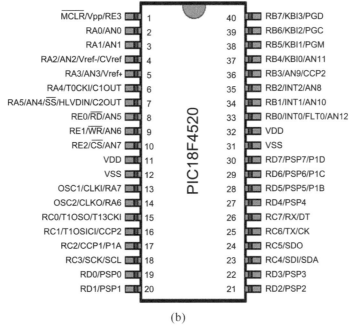

(b)

圖 1-4 PIC18F4520 微控制器腳位圖 (a) 44 pins TQFP (b) 40 pins PDIP

PIC18F4520 微控制器相關的腳位功能說明如表 1-2 所示。

表 1-2(1)　PIC18F4520 微控制器相關的腳位功能（系統）

Pin Name 腳位名稱	Pin Type 腳位形式	Buffer Type 緩衝器形式	Description 功能說明
$\overline{\text{MCLR}}$/V$_{PP}$/RE3			Master Clear (input) or high voltage ICSP programming enable pin.
$\overline{\text{MCLR}}$	I	ST	Master Clear (Reset) input. This pin is an active low RESET to the device.
V$_{PP}$	P	ST	High voltage ICSP programming enable pin.
RE3	I	ST	Digital Input
OSC1/CLKI /RA7			Oscillator crystal or external clock input.
OSC1	I	ST	Oscillator crystal input or external clock source input. ST buffer when configured in RC mode, CMOS otherwise.
CLKI	I	CMOS	External clock source input. Always associated with pin function OSC1. (See related OSC1/CLKI, OSC2/CLKO pins.)
RA7	I/O	TTL	General purpose I/O pin.
OSC2/CLKO/RA6			Oscillator crystal or clock output.
OSC2	O	—	Oscillator crystal output. Connects to crystal or resonator in Crystal Oscillator mode.
CLKO	O	—	In RC mode, OSC2 pin outputs CLKO which has 1/4 the frequency of OSC1, and denotes the instruction cycle rate.
RA6	I/O	TTL	General Purpose I/O pin.
V$_{SS}$	P	—	Ground reference for logic and I/O pins.
V$_{DD}$	P	—	Positive supply for logic and I/O pins.

表 1-2(2)　PIC18F4520 微控制器相關的腳位功能（PORTA）

Pin Name 腳位名稱	Pin Type 腳位形式	Buffer Type 緩衝器形式	Description 功能說明
			PORTA is a bi-directional I/O port.
RA0/AN0			
RA0	I/O	TTL	Digital I/O.
AN0	I	Analog	Analog input 0.
RA1/AN1			
RA1	I/O	TTL	Digital I/O.
AN1	I	Analog	Analog input 1.
RA2/AN2/V_{REF}/ CV_{REF}			
RA2	I/O	TTL	Digital I/O.
AN2	I	Analog	Analog input 2.
V_{REF-}	I	Analog	A/D Reference Voltage (Low) input.
CV_{REF}	O	Analog	Comparator reference voltage output.
RA3/AN3/V_{REF+}			
RA3	I/O	TTL	Digital I/O.
AN3	I	Analog	Analog input 3.
V_{REF+}	I	Analog	A/D Reference Voltage (High) input.
RA4/T0CKI/C1OUT			
RA4	I/O	ST/OD	Digital I/O. Open drain when configured as output.
T0CKI	I	ST	Timer0 external clock input.
C1OUT	O		Comparator 1 output.
RA5/AN4/SS/ HLVDIN/ C2OUT			
RA5	I/O	TTL	Digital I/O.
AN4	I	Analog	Analog input 4.
SS	I	ST	SPI Slave Select input.
LVDIN	I	Analog	Low Voltage Detect Input.
C2OUT	O		Comparator 2 output.
RA6			See the OSC2/CLKO/RA6 pin.
RA7			See the OSC1/CLKI/RA7 pin.

CHAPTER 1

表 1-2(3)　PIC18F4520 微控制器相關的腳位功能（PORTB）

Pin Name 腳位名稱	Pin Type 腳位形式	Buffer Type 緩衝器形式	Description 功能說明
			PORTB is a bi-directional I/O port. PORTB can be software programmed for internal weak pull-ups on all inputs.
RB0/INT0/ FLT0/AN12			
RB0	I/O	TTL	Digital I/O.
INT0	I	ST	External Interrupt 0.
FLT0	I	ST	PWM Fault input for CCP1.
AN12	I	Analog	Analog input 12.
RB1/INT1 /AN10			
RB1	I/O	TTL	
INT1	I	ST	External Interrupt 1.
AN10	I	Analog	Analog input 10.
RB2/INT2/AN11			
RB2	I/O	TTL	Digital I/O.
INT2	I	ST	External Interrupt 2.
AN11	I	Analog	Analog input 11.
RB3/CCP2			
RB3	I/O	TTL	Digital I/O.
CCP2	I/O	ST	Capture2 input, Compare2 output, PWM2 output.
RB4/KBI0/AN11			
RB4	I/O	TTL	Digital I/O. Interrupt-on-change pin.
KBI0	I	TTL	Interrupt-on-change pin.
AN11	I	Analog	Analog input 11.
RB5/ KBI1/PGM			
RB5	I/O	TTL	Digital I/O. Interrupt-on-change pin.
KBI1	I	TTL	Interrupt-on-change pin.
PGM	I/O	ST	Low Voltage ICSP programming enable pin.
RB6/KBI2/PGC			
RB6	I/O	TTL	Digital I/O. Interrupt-on-change pin.
KBI2	I	TTL	Interrupt-on-change pin.
PGC	I/O	ST	In-Circuit Debugger and ICSP programming clock pin.
RB7/KBI3/PGD			
RB7	I/O	TTL	Digital I/O. Interrupt-on-change pin.
KBI3	I	TTL	Interrupt-on-change pin.
PGD	I/O	ST	In-Circuit Debugger and ICSP programming data pin.

CHAPTER

1

表 1-2(4) PIC18F4520 微控制器相關的腳位功能（PORTC）

Pin Name 腳位名稱	Pin Type 腳位形式	Buffer Type 緩衝器形式	Description 功能說明
			PORTC is a bi-directional I/O port.
RC0/T1OSO/T1CKI			
RC0	I/O	ST	Digital I/O.
T1OSO	O	—	Timer1 oscillator output.
T1CKI	I	ST	Timer1/Timer3 external clock input.
RC1/T1OSI/CCP2			
RC1	I/O	ST	Digital I/O.
T1OSI	I	CMOS	Timer1 oscillator input.
CCP2	I/O	ST	Capture2 input, Compare2 output, PWM2 output.
RC2/CCP1			
RC2	I/O	ST	Digital I/O.
CCP1	I/O	ST	Capture1 input/Compare1 output/PWM1 output.
RC3/SCK/SCL			
RC3	I/O	ST	Digital I/O.
SCK	I/O	ST	Synchronous serial clock input/output for SPI mode.
SCL	I/O	ST	Synchronous serial clock input/output for I2C mode.
RC4/SDI/SDA			
RC4	I/O	ST	Digital I/O.
SDI	I	ST	SPI Data In.
SDA	I/O	ST	I2C Data I/O.
RC5/SDO			
RC5	I/O	ST	Digital I/O.
SDO	O	—	SPI Data Out.
RC6/TX/CK			
RC6	I/O	ST	Digital I/O.
TX	O	—	USART Asynchronous Transmit.
CK	I/O	ST	USART Synchronous Clock (see related RX/DT).
RC7/RX/DT			
RC7	I/O	ST	Digital I/O.
RX	I	ST	USART Asynchronous Receive.
DT	I/O	ST	USART Synchronous Data (see related TX/CK).

CHAPTER

1

表 1-2(5)　PIC18F4520 微控制器相關的腳位功能（PORTD）

Pin Name 腳位名稱	Pin Type 腳位形式	Buffer Type 緩衝器形式	Description 功能說明
			PORTD is a bi-directional I/O port, or a Parallel Slave Port (PSP) for interfacing to a microprocessor port. These pins have TTL input buffers when PSP module is enabled.
RD0/PSP0			
RD0	I/O	ST	Digital I/O.
PSP0	I/O	TTL	Parallel Slave Port Data.
RD1/PSP1			
RD1	I/O	ST	Digital I/O.
PSP1	I/O	TTL	Parallel Slave Port Data.
RD2/PSP2			
RD2	I/O	ST	Digital I/O.
PSP2	I/O	TTL	Parallel Slave Port Data.
RD3/PSP3			
RD3	I/O	ST	Digital I/O.
PSP3	I/O	TTL	Parallel Slave Port Data.
RD4/PSP4			
RD4	I/O	ST	Digital I/O.
PSP4	I/O	TTL	Parallel Slave Port Data.
RD5/PSP5/P1B			
RD5	I/O	ST	Digital I/O.
PSP5	I/O	TTL	Parallel Slave Port Data.
P1B	O		Enhanced CCP1 output.
RD6/PSP6/P1C			
RD6	I/O	ST	Digital I/O.
PSP6	I/O	TTL	Parallel Slave Port Data.
P1C	O		Enhanced CCP1 output.
RD7/PSP7/P1D			
RD7	I/O	ST	Digital I/O.
PSP7	I/O	TTL	Parallel Slave Port Data.
P1D	O		Enhanced CCP1 output.

CHAPTER

1

表 1-2(6)   PIC18F4520 微控制器相關的腳位功能（PORTE）

Pin Name 腳位名稱	Pin Type 腳位形式	Buffer Type 緩衝器形式	Description 功能說明
			PORTE is a bi-directional I/O port.
RE0/$\overline{RD}$/AN5	I/O		
RE0		ST	Digital I/O.
$\overline{RD}$		TTL	Read control for parallel slave port (see also WR and CS pins).
AN5		Analog	Analog input 5.
RE1/$\overline{WR}$/AN6	I/O		
RE1		ST	Digital I/O.
$\overline{WR}$		TTL	Write control for parallel slave port (see CS and RD pins).
AN6		Analog	Analog input 6.
RE2/$\overline{CS}$/AN7	I/O		
RE2		ST	Digital I/O.
$\overline{CS}$		TTL	Chip Select control for parallel slave port (see related RD and WR).
AN7		Analog	Analog input 7.
RE3			See MCLR/VPP/RE3 pin.

註記：

TTL = TTL compatible input

ST = Schmitt Trigger input with CMOS levels

O = Output

OD = Open Drain (no P diode to VDD)

CMOS = CMOS compatible input or output

I = Input

P = Power

1.5   PIC18F4520微控制器程式記憶體架構

PIC18F4520 微控制器記憶體可以區分為三大區塊，包括：

■ 程式記憶體（Program Memory）

■ 隨機讀寫資料記憶體（Data RAM）

■ EEPROM 資料記憶體

由於採用改良式的哈佛匯流排架構，資料與程式記憶體使用不同的獨立匯流排，因此核心處理器得以同時擷取程式指令以及相關的運算資料。

由於不同的處理器在硬體設計上及使用上都有著完全不同的方法與觀念，

因此將針對上面三類記憶體區塊逐一地說明。

程式記憶體架構

　　程式記憶體儲存著微處理器所要執行的指令，每執行一個指令便需要將程式的指標定址到下一個指令所在的記憶體位址。由於 PIC18F4520 微控制器的核心處理器是一個使用 16 位元（bit）長度指令的硬體核心，因此每一個指令將占據兩個位元組（byte）的記憶體空間。而且 PIC18F4520 微控制器建置有高達 16K 個指令的程式記憶空間，因此在硬體上整個程式記憶體便佔據了多達 32K 位元組的記憶空間。

　　在 PIC18 系列的微處理器上建置有一個 21 位元長度的程式計數器，因此可以對應到高達 2M 的程式記憶空間。由於 PIC18F4520 微控制器實際配備有 32K 位元組的記憶空間，在超過 32K 位元組的位址將會讀到全部為 0 的無效指令。PIC18F4520 微控制器的程式記憶體架構如圖 1-5 所示。

　　在正常的情況下，由於每一個指令的長度為兩個位元組，因此每一個指令的程式記憶體位址都是由偶數的記憶體位址開始，也就是說最低位元將會一直為 0。而每執行完一個指令之後，程式計數器的位址將遞加 2 而指向下一個指令的位址。

　　而當程式執行遇到需要進行位址跳換時，例如執行特別的函式（CALL、RCALL）或者中斷執行程式（Interrupt Service Routine, ISR）時，必須要將目前程式執行所在的位址作一個暫時的保留，以便於在函式執行完畢時得以回到適當的記憶體位址繼續未完成的工作指令；當上述呼叫函式的指令被執行時，程式計數器的內容將會被推入堆疊（Stack）的最上方。或者在執行函式完畢而必須回到原先的程式執行位址的指令（RETURN、RETFIE 及 RETLW）時，必須要將先前保留的程式執行位址由堆疊的最上方位址取出。因此，在硬體上設計有一個所謂的返回位址堆疊（Return Address Stack）暫存器空間，而這一個堆疊暫存器的結構是一個所謂的先進後出（First-In-Last-Out）暫存器。依照函式呼叫的前後順序將呼叫函式時的位址存入堆疊中；愈先呼叫函式者所保留的位址將會被推入愈深的堆疊位址。在程式計數器與堆疊存取資料的過程中，並不會改變程式計數器高位元栓鎖暫存器（PCLATH、PCLATU）的內容。

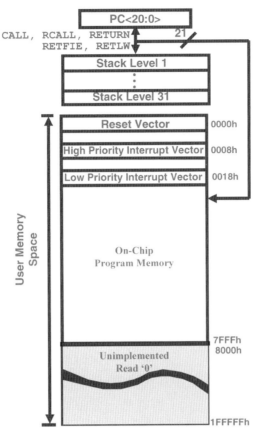

圖 1-5　PIC18F4520 微控制器程式記憶體架構圖

　　返回位址堆疊允許最多達 31 個程式呼叫或者中斷的發生，並保留呼叫時程式計數器所記錄的位址。這個堆疊暫存器是由一個 31 字元深度而且每個字元長度為 21 位元的隨機資料暫存器及一個 5 位元的堆疊指標（Stack Pointer, STKPTR）所組成；這個堆疊指標在任何的系統重置發生時將會被初始化為 0。在任何一個呼叫程式指令（CALL）的執行過程中，將會引發一個堆疊的推入（push）動作。這時候，堆疊指標將會被遞加 1 而且指標所指的堆疊暫存器位址將會被載入程式計數器的數值。相反地，在任何一個返回程式指令（RETURN）的執行過程中，堆疊指標（STKPTR）所指向的堆疊暫存器位址內容將會被推出（pop）堆疊暫存器而轉移到程式計數器，在此同時堆疊指標將會被遞減 1。堆疊的運作如圖 1-6 所示。

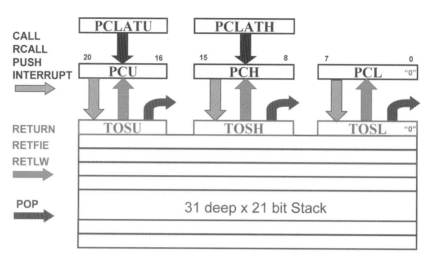

圖 1-6　堆疊的運作

　　堆疊暫存器的空間並不屬於程式資料記憶體的一部分。堆疊指標是一個可讀寫的記憶體，而堆疊最上方所儲存的記憶體位址是可以透過特殊功能暫存器 SFR 來完成讀寫的動作。資料可以藉由堆疊頂端（top-of-stack）的特殊功能暫存器被推入或推出堆疊。藉由狀態（Status）暫存器的內容可以檢查堆疊指標是否到達或者超過所提供的 31 層堆疊空間範圍。

　　堆疊頂端的資料記憶體是可以被讀取或者寫入的，在這裡總共有三個資料暫存器 TOSU、TOSH 及 TOSL 被用來保留堆疊指標暫存器（STKPTR）所指向的堆疊位址內容。這樣的設計將允許使用者在必要時建立一個軟體堆疊。在執行一個呼叫函式的指令（CALL、RCALL 及中斷）之後，可以藉由軟體讀取 TOSU、TOSH 及 TOSL 而得知被推入到堆疊裡的數值，然後將這些數值另外存放在使用者定義的軟體堆疊記憶體。而在從被呼叫函式返回時，可以藉由指令將軟體堆疊的數值存放在這些堆疊頂端暫存器後，再執行返回（RE-TURN）的指令。如果使用軟體堆疊的話，使用者必須要注意到將中斷的功能關閉，以避免意外的堆疊操作發生。

▋堆疊指標（STKPTR）

　　堆疊指標暫存器記錄了堆疊指標的數值，以及堆疊飽滿（Stack Full）狀態位元 STKFUL 與堆疊空乏（Underflow）狀態位元 STKUNF。堆疊指標暫存器的內容如表 1-3 所示。

表 1-3　返回堆疊指標暫存器 STKPTR 位元定義

STKFUL	STKUNF	—	SP4	SP3	SP2	SP1	SP0

bit 7　　　　　　　　　　　　　　　　　　　　　　　　　　　　　　bit 0

　　堆疊指標的內容可以是 0 到 31 的數值。每當有數值被推入到堆疊時，堆疊指標將會遞加 1；相反地，當有數值從堆疊被推出時，堆疊指標將會被遞減 1。在系統重置時，堆疊指標的數值將會為 0。使用者可以讀取或者寫入堆疊指標數值，這個功能可以在使用即時操作系統（Real-Time Operation System）的時候用來維護軟體堆疊的內容。

　　當程式計數器的數值被推入到堆疊中超過 31 個字元的深度時，例如連續呼叫 31 次函式而不做任何返回程式的動作時，堆疊飽滿狀態位元 STKFUL 將會被設定為 1；但是這個狀態位元可以藉由軟體或者是電源啟動重置（POR）而被清除為 0。

　　當堆疊飽滿的時候，系統所將採取的動作將視設定位元（Configuration bit）STVREN（Stack Overflow Reset Enable）的狀態而定。如果 STVREN 被設定為 1，則第 31 次的推入動作發生時，系統將會把狀態位元 STKFUL 設定為 1 同時並重置微處理器。在重置之後，STKFUL 將會保持為 1 而堆疊指標將會被清除為 0。如果 STVREN 被設定為 0，在第 31 次推入動作發生時，STKFUL 將會被設定為 1 同時堆疊指標將會遞加到 31。任何後續的推入動作將不會覆寫第 31 次推入動作所載入的數值，而且堆疊指標將保持為 31。換句話說，任何後續的推入動作將成為無效的動作。

　　當堆疊經過足夠次數的推出動作，使得所有存入堆疊的數值被讀出之後，任何後續的推出動作將會傳回一個 0 的數值到程式計數器並且會將 STKUNF 堆疊空乏狀態位元設定為 1，只是堆疊指標將維持為 0。STKUNF 將會被保持設定為 1，直到被軟體清除或者電源啟動重置發生為止。要注意到當回傳一個

0的數值到程式計數器時，將會使處理器執行程式記憶體位址為0的重置指令；使用者的程式可以撰寫適當的指令在重置時檢查堆疊的狀態。

▋推入與推出指令

在堆疊頂端是一個可讀寫的記憶體，因此在程式設計時能夠將數值推入或推出堆疊而不影響到正常程式執行是一個非常方便的功能。要將目前程式計數器的數值推入到堆疊中，可以執行一個 PUSH 指令。這樣的指令將會使堆疊指標遞加 1 而且將目前程式計數器的數字載入到堆疊中。而最頂端相關的三個暫存器 TOSU 、TOSH 及 TOSL 可以在數值推入堆疊之後被修正以便安置一個所需要返回程式的位址到堆疊中。

同樣地，利用 POP 指令便可以將堆疊頂端的數值更換成為之前推入到堆疊中的數值而不會影響到正常的程式執行。POP 指令的執行將會使堆疊指標遞減 1，而使得目前堆疊頂端的數值作廢。而由於堆疊指標減 1 之後，將會使前一個被推入堆疊的程式計數器位置變成有效的堆疊頂端數值。

▋堆疊飽滿與堆疊空乏重置

利用軟體規劃 STVREN 設定位元可以在堆疊飽滿或者堆疊空乏的時候產生一個重置的動作。當 STVREN 位元被清除為零時，堆疊飽滿或堆疊空乏的發生將只會設定相對應的位元但卻不會引起系統重置。相反地，當 STVREN 位元被設定為 1 時，堆疊飽滿或堆疊空乏除了將設定相對應的 STKFUL 或 STKUNF 位元之外，也將引發系統重置。而這兩個 STKFUL 與 STKUNF 狀態位元只能夠藉由使用者的軟體或者電源啟動重置（POR）來清除。因此，使用者可以利用 STVREN 設定位元在堆疊發生狀況而產生重置時，檢查相關的狀態位元來了解程式的問題。

▋快速暫存器堆疊（Fast Register Stack）

除了正常的堆疊之外，中斷執行程式還可以利用快速中斷返回的選項。

PIC18F4520 微控制器提供了一個快速暫存器堆疊用來儲存狀態暫存器（STA-TUS）、工作暫存器（WREG）及資料記憶區塊選擇暫存器（BSR, Bank Select Register）的內容，但是它只能存放一筆的資料。這一個堆疊是不可以讀寫的，而且只能用來處理中斷發生時上述相關暫存器目前的數值使用。而在中斷執行程式結束前，必須使用 FAST RETURN 指令由中斷返回，才可以將快速暫存器堆疊的數值再回到相關暫存器。

使用快速暫存器堆疊時，無論是低優先或者高優先中斷都會將數值推入到堆疊暫存器中。如果高低優先中斷都同時被開啟，對於低優先中斷而言，快速暫存器堆疊的使用並不可靠。這是因為當低優先中斷發生時，如果高優先權中斷也跟著發生，則先前因低優先中斷發生而儲存在快速堆疊的內容將會被覆寫而消逝。

如果應用程式中沒有使用到任何的中斷，則快速暫存器堆疊可以被用來在呼叫函式或者函式執行結束返回正常程式前，回復相關狀態暫存器（STA-TUS）、工作暫存器（WREG）及資料記憶區塊選擇暫存器（BSR, Bank Select Register）的數值內容。簡單的範例如下：

```
     CALL SUB1, FAST          ;STATUS, WREG, BSR 儲存在快速暫存器堆疊
     ……
SUB1 ……
     ……
     RETURN FAST              ;將儲存在快速暫存器堆疊的數值回復
```

▣ 程式計數器相關的暫存器

程式計數器定義了要被擷取執行的指令記憶體位址，它是一個 21 位元長度的計數器。程式計數器的低位元組被稱作為 PCL 暫存器，它是一個可讀取或寫入的暫存器。而接下來的高位元組被稱作為 PCH 暫存器，它包含了程式計數器第 8 到 15 個位元的資料而且不能夠直接地被讀取或寫入；因此，要更改 PCH 暫存器的內容必須透過另外一個 PCLATH 栓鎖暫存器來完成。程式計

數器的最高位元組被稱作爲 PCU 暫存器，它包含了程式計數器第 16 到 20 個位元的資料，而且不能夠直接地被讀寫。因此，要更改 PCU 暫存器的內容必須透過另外一個 PCLATU 栓鎖暫存器來完成。這樣的栓鎖暫存器設計是爲了要保護程式計數器的內容不會被輕易地更改，而如果需要更改時可以將所有的位元在同一時間更改，以免出現程式執行錯亂的問題。

　　程式計數器的內容將指向程式記憶體中相關位址的位元組資料，爲了避免程式計數器的數值與指令字元的位址不相符而未對齊，PCL 暫存器的最低位元將會被固定爲 0。因此程式計數器在每執行完一個指令之後，將會遞加 2 以指向程式記憶體中下一個指令所在位元組的位址。

　　呼叫或返回函式的相關指令（CALL 、RCALL 或 GOTO）以及程式跳行（BRA）相關的指令將直接修改程式計數器的內容。使用這些指令將不會把相關栓鎖暫存器 PCLATU 與 PCLATH 的內容轉移到程式計數器中。只有在執行寫入 PCL 暫存器的過程中才會將栓鎖暫存器 PCLATU 與 PCLATH 的內容轉移到程式計數器中。同樣地，也只有在讀取 PCL 暫存器的內容時才會將程式計數器相關的內容轉移到上述的栓鎖暫存器中。程式記憶體相關暫存器的操作示意如圖 1-7 所示。

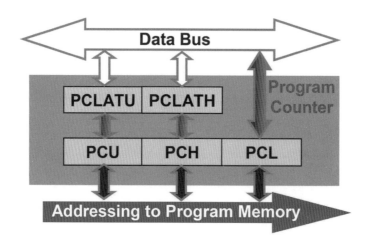

讀取 PCL 暫存器時，PCU/PCH 的內容同時移至 PCLATU/PCLATH
寫入資料 PCL 暫存器時，PCLATU/PCLATH 的內容同時移至 PCU/PCH

圖 1-7　程式記憶體相關暫存器的操作示意圖

時序架構與指令週期

　　處理器（由 OSC1）的時序輸入在內部將會被分割為 4 個相互不重複的時序脈波，分別為 Q1、Q2、Q3 與 Q4，如圖 1-8 所示。藉由圖 1-9 的微處理器架構，可以更清楚的瞭解這些階段的動作。在 Q1 脈波期間，微處理器從指令暫存器讀取指令；在 Q2 脈波，讀取指令所需資料；在 Q3 脈波，執行指令運算動作；最後在 Q4 脈波，回存指令運算結果資料並預捉下一個指令。在處理器內部，程式計數器將會在每一個 Q1 發生時遞加 2；而在 Q4 發生時，下一個指令將會從程式記憶體中被擷取並鎖入到指令暫存器中。然後在下一個指令週期中，被擷取的指令將會被解碼並執行。相關的時序圖如圖 1-8 所示。

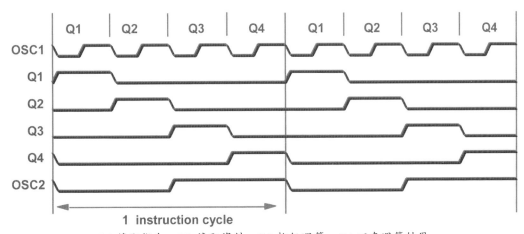

Q1 讀取指令、Q2 讀取資料、Q3 執行運算、Q4 回存運算結果

圖 1-8　微控制器指令週期時序圖

CHAPTER

1

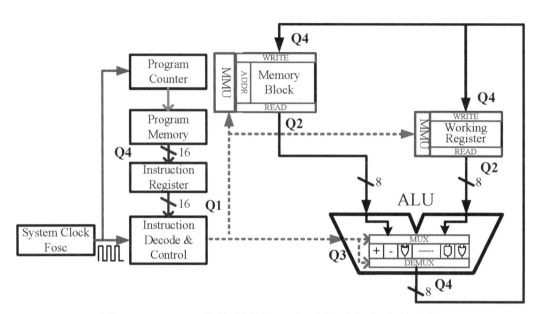

圖 1-9 PIC18F 微控制器核心處理器運作與時脈關係

指令流程與傳遞管線（Pipeline）

每一個指令週期包含了 4 個動作時間 Q1、Q2、Q3 與 Q4。指令擷取與執行透過一個傳遞管線的硬體安排，使得處理器在解碼並執行一個指令的同時擷取下一個將被執行的指令。不過因為這樣的傳遞管線設計，每一個指令週期只能夠執行一個指令。如果某一個指令會改變到程式計數器的內容時，例如 CALL、RCALL、GOTO，則必須使用兩個指令週期才能夠完成這些指令的執行，如圖 1-10 所示。

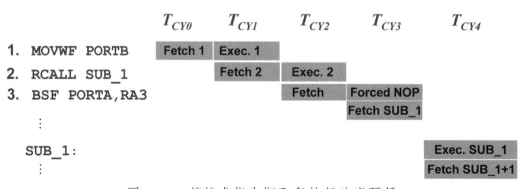

圖 1-10 管線式指令擷取與執行時序關係

　　擷取指令的動作在程式計數器於 Q1 工作時間遞加 1 時也同時開始；在執行指令的過程中，Q1 工作時間被擷取的指令將會被鎖入到指令暫存器；然後在 Q2、Q3 與 Q4 工作時間內被鎖入的指令將會被解碼並執行。如果執行指令需要讀寫相關的資料時，資料記憶體將會在 Q2 工作時間被讀取，然後在工作時間 Q4 將資料寫入到所指定的記憶體位址。

CHAPTER 2

組合語言指令

　　既然本書的目的是要使用 C 程式語言撰寫微處理器程式，爲什麼還要介紹基礎的組合語言指令集呢？

　　使用組合語言撰寫微處理器程式是最能夠發揮微處理器功能與效率的方式，但是使用組合語言撰寫程式卻又受限於可以使用的指令數量以及必須直接與硬體對應的程式規劃與記憶體位置安排，讓使用組合語言撰寫龐大應用程式的工作變成一個可怕的負擔。

　　爲了減少開發應用程式的時間與困難，廠商於是開發了使用高階程式語言，例如 C 程式語言，作爲撰寫微處理器的開發工具。利用高階程式語言撰寫微處理器程式可以讓開發工作變得相當的容易，但是所撰寫的高階程式語言應用程式必須經由特定的程式語言編譯器轉譯成爲相對應的組合語言程式，才能夠進一步地編譯並燒錄到微處理器中使用。在使用高階程式語言撰寫應用程式的過程中，由於必須透過程式編譯器的轉譯，因此使用者並沒有辦法精確的掌握程式執行的效率以及轉移後的組合語言程式撰寫方式。如果使用者沒有培養良好的程式撰寫習慣時，利用高階程式語言所撰寫的微處理器應用程式在執行時反而會變得沒有效率。

　　除此之外，在一些高速運算的應用程式中，使用者希望能夠精確而有效地掌握程式執行的時間，或者排除高階程式語言編譯器轉移時所夾帶的額外程式碼，這時候就必須藉由基礎的組合語言指令來完成這樣的工作。

　　大部分的高階程式語言編譯器都會允許使用者在程式中呼叫使用組合語言指令所撰寫的函式，或者直接在應用程式中嵌入一段使用組合語言撰寫的指令以滿足特定的需求。因此要成爲一個進階的微處理器程式開發人員，對於組合語言指令的嫻熟與了解是不可或缺的基本技巧。

　　PIC18 系列微處理器的指令集增加了許多早期微處理器所沒有的加強功能，但同時也保持了可以容易由低階微處理器升級的相容性。除了 3～4 個特別的指令需要兩個字元的程式記憶空間之外，大部分的指令都只需要單一字元（16 位元）程式記憶體的空間。

　　每一個單一字元指令是由 16 個位元所組成，這些位元內容則可以被分割為運算碼以及運算元。運算碼（OPCODE）是用來定義核心處理器變數需要執行的運算形式，運算元（OPERAND）則定義了所要處理的資料或資料記憶體所在的位址。

2.1　PIC18系列微處理器指令集

　　PIC18 系列微處理器的指令集可以區分為 4 個基本的類別：

1. 位元組資料運算（Byte-Oriented Operations）
2. 位元資料運算（Bit-Oriented Operations）
3. 常數運算（Literal Operations）
4. 程式流程控制運算（Control Operations）

　　PIC18 系列微處理器指令集的位元組資料運算類型指令內容如表 2-1 所示。大部分的位元組資料運算指令將會使用 3 個運算元：

1. 資料暫存器（簡寫為 f）—定義指令運算所需要的暫存器
2. 目標暫存器（簡寫為 d）—運算結果儲存的記憶體位址。如果定義為 0，則結果將儲存在 WREG 工作暫存器；如果定義為 1，則結果將儲存在指令所定義的資料暫存器
3. 運算所需資料是否為擷取區塊（Access Bank）的記憶體（簡寫為 a）

◎ 位元組資料運算類型指令

表 2-1　PIC18 系列微處理器的位元組資料運算類型指令

針對位元組的暫存器操作指令BYTE-ORIENTED FILE REGISTER OPERATIONS							
Mnemonic, Operands		Description	Cycles	16-Bit Instruction Word			Status Affected
				MSb		LSb	
ADDWF	f, d, a	WREG與f相加	1	0010	01da	ffff ffff	C, DC, Z, OV, N
ADDWFC	f, d, a	WREG與f及C進位旗標相加	1	0010	00da	ffff ffff	C, DC, Z, OV, N
ANDWF	f, d, a	WREG和f進行「AND（且）」運算	1	0001	01da	ffff ffff	Z, N
CLRF	f, a	暫存器f清除爲零	1	0110	101a	ffff ffff	Z
COMF	f, d, a	對f取補數	1	0001	11da	ffff ffff	Z, N
CPFSEQ	f, a	將f與WREG比較，=則跳過	1 (2 or 3)	0110	001a	ffff ffff	None
CPFSGT	f, a	將f與WREG比較，>則跳過	1 (2 or 3)	0110	010a	ffff ffff	None
CPFSLT	f, a	將f與WREG比較，<則跳過	1 (2 or 3)	0110	000a	ffff ffff	None
DECF	f, d, a	f減1	1	0000	01da	ffff ffff	C, DC, Z, OV, N
DECFSZ	f, d, a	f減1，爲0則跳過	1 (2 or 3)	0010	11da	ffff ffff	None
DCFSNZ	f, d, a	f減1，非0則跳過	1 (2 or 3)	0100	11da	ffff ffff	None
INCF	f, d, a	f加1	1	0010	10da	ffff ffff	C, DC, Z, OV, N
INCFSZ	f, d, a	f加1，爲0則跳過	1 (2 or 3)	0011	11da	ffff ffff	None
INFSNZ	f, d, a	f加1，非0則跳過	1 (2 or 3)	0100	10da	ffff ffff	None
IORWF	f, d, a	WREG和f進行「OR（或）」運算	1	0001	00da	ffff ffff	Z, N
MOVF	f, d, a	傳送暫存器f的內容	1	0101	00da	ffff ffff	Z, N
MOVFF	fs, fd	將來源fs（第一個位元組）傳送	2	1100	ffff	ffff ffff	None
		到目標fd（第二個位元組）		1111	ffff	ffff ffff	

表 2-1　PIC18 系列微處理器的位元組資料運算類型指令（續）

針對位元組的暫存器操作指令BYTE-ORIENTED FILE REGISTER OPERATIONS					
Mnemonic, Operands	Description	Cycles	16-Bit Instruction Word		Status Affected
			MSb	LSb	
MOVWF　f, a	WREG 的內容傳送到 f	1	0110　111a	ffff　ffff	None
MULWF　f, a	WREG 和 f 相乘	1	0000　001a	ffff　ffff	None
NEGF　f, a	對 f 求二的補數負數	1	0110　110a	ffff　ffff	C, DC, Z, OV, N
RLCF　f, d, a	含 C 進位旗標位元迴圈左移 f	1	0011　01da	ffff　ffff	C, Z, N
RLNCF　f, d, a	迴圈左移 f（無 C 進位旗標位元）	1	0100　01da	ffff　ffff	Z, N
RRCF　f, d, a	含 C 進位旗標位元迴圈右移 f	1	0011　00da	ffff　ffff	C, Z, N
RRNCF　f, d, a	迴圈右移 f（無 C 進位旗標位元）	1	0100　00da	ffff　ffff	Z, N
SETF　f, a	設定 f 暫存器所有位元為 1	1	0110　100a	ffff　ffff	None
SUBFWB　f, d, a	WREG 減去 f 和借位旗標位元	1	0101　01da	ffff　ffff	C, DC, Z, OV, N
SUBWF　f, d, a	f 減去 WREG	1	0101　11da	ffff　ffff	C, DC, Z, OV, N
SUBWFB　f, d, a	f 減去 WREG 和借位旗標位元	1	0101　10da	ffff　ffff	C, DC, Z, OV, N
SWAPF　f, d, a	f 半位元組交換	1	0011　10da	ffff　ffff	None
TSTFSZ　f, a	測試 f，為 0 時跳過	1 (2 or 3)	0110　011a	ffff　ffff	None
XORWF　f, d, a	WREG 和 f 進行「互斥或」運算	1	0001　10da	ffff　ffff	Z, N

◎ 位元資料運算類型指令

　　位元資料運算類型指令內容如表 2-2 所示。大部分的 PIC18 系列微處理器位元資料運算指令將會使用 3 個運算元：

■ 資料暫存器（簡寫爲 f）

■ 定義資料暫存器的位元位置（簡寫爲 b）

■ 運算所擷取的記憶體（簡寫爲 a）

表 2-2 　PIC18 　系列微處理器的位元資料運算類型指令

針對位元的暫存器操作指令BIT-ORIENTED FILE REGISTER OPERATIONS							
Mnemonic, Operands		Description	Cycles	16-Bit Instruction Word			Status Affected
				MSb		LSb	
BCF	f, b, a	清除f的b位元爲0	1	1001	bbba	ffff　ffff	None
BSF	f, b, a	設定f的b位元爲1	1	1000	bbba	ffff　ffff	None
BTFSC	f, b, a	檢查f的b位元，爲0則跳過	1 (2 or 3)	1011	bbba	ffff　ffff	None
BTFSS	f, b, a	檢查f的b位元，爲1則跳過	1 (2 or 3)	1010	bbba	ffff　ffff	None
BTG	f, b, a	反轉f的b位元	1	0111	bbba	ffff　ffff	None

■ 常數運算類型指令

常數運算類型指令內容如表 2-3 所示。常數運算指令將會使用一部分下列的運算元：

■ 定義將被載入暫存器的常數（簡寫爲 k）

■ 常數將被載入的檔案選擇暫存器 FSR（簡寫爲 f）

■ 不需要任何運算元（簡寫爲— ）

表 2-3 　PIC18 系列微處理器的常數運算類型指令

常數操作指令LITERAL OPERATIONS						
Mnemonic, Operands	Description	Cycles	16-Bit Instruction Word		Status Affected
			MSb	LSb	
ADDLW　k	WREG與常數相加	1	0000　1111	kkkk　kkkk	C, DC, Z, OV, N
ANDLW　k	WREG和常數進行"AND"運算	1	0000　1011	kkkk　kkkk	Z, N

CHAPTER

2

表 2-3　PIC18 系列微處理器的常數運算類型指令（續）

常數操作指令LITERAL OPERATIONS						
Mnemonic, Operands	Description	Cycles	16-Bit Instruction Word		Status Affected
			MSb	LSb	
IORLW　　k	WREG和常數進行"OR"運算	1	0000　1001	kkkk　kkkk	Z, N
LFSR　　f, k	將第二個引數常數（12位元）內容搬移到第一個引數 FSRx	2	1110　1110 1111　0000	00ff　kkkk kkkk　kkkk	None
MOVLB　k	常數內容搬移到BSR<3:0>	1	0000　0001	0000　kkkk	None
MOVLW　k	常數內容搬移到WREG	1	0000　1110	kkkk　kkkk	None
MULLW　k	WREG和常數相乘	1	0000　1101	kkkk　kkkk	None
RETLW　k	返回時將常數送入WREG	2	0000　1100	kkkk　kkkk	None
SUBLW　k	常數減去WREG	1	0000　1000	kkkk　kkkk	C, DC, Z, OV, N
XORLW　k	WREG和常數做"XOR"運算	1	0000　1010	kkkk　kkkk	Z, N

程式流程控制運算類型指令

　　程式流程控制運算類型指令內容如表 2-4 所示。控制運算指令將會使用一部分下列的運算元：

- 程式記憶體位址（簡寫為 n）
- 表列讀取或寫入（Table Read/Write）指令的模式（簡寫為 m）
- 不需要任何運算元（簡寫為—）

表 2-4　PIC18 系列微處理器的程式流程控制運算類型指令

程式流程控制操作CONTROL OPERATIONS					
Mnemonic, Operands	Description	Cycles	16-Bit Instruction Word		Status Af- fected
			MSb	LSb	
BC　　　n	進位則切換程式位址	1 (2)	1110　0010	nnnn　nnnn	None
BN　　　n	為負則切換程式位址	1 (2)	1110　0110	nnnn　nnnn	None
BNC　　n	無進位則切換程式位址	1 (2)	1110　0011	nnnn　nnnn	None
BNN　　n	不為負則切換程式位址	1 (2)	1110　0111	nnnn　nnnn	None
BNOV　n	不溢位則切換程式位址	1 (2)	1110　0101	nnnn　nnnn	None
BNZ　　n	不為零則切換程式位址	2	1110　0001	nnnn　nnnn	None
BOV　　n	溢位則切換程式位址	1 (2)	1110　0100	nnnn　nnnn	None
BRA　　n	無條件切換程式位址	1 (2)	1101　0nnn	nnnn　nnnn	None
BZ　　　n	為零則切換程式位址	1 (2)	1110　0000	nnnn　nnnn	None
CALL　n, s	呼叫函式，第一個引數 （位址） 第二個引數（替代暫存 器動作）	2	1110　110s 1111　kkkk	kkkk　kkkk kkkk　kkkk	None
CLRWDT　—	清除監視（看門狗）計 時器為 0	1	0000　0000	0000　0100	$\overline{\text{TO}}$, $\overline{\text{PD}}$
DAW　　—	十進位調整 WREG	1	0000　0000	0000　0111	C
GOTO　n	切換程式位址，第一個 引數 第二個引數	2	1110　1111 1111　kkkk	kkkk　kkkk kkkk　kkkk	None None
NOP　　—	無動作	1	0000　0000	0000　0000	None
NOP　　—	無動作	1	1111　xxxx	xxxx　xxxx	None
POP　　—	將返回堆疊頂部的內容 推出（TOS）	1	0000　0000	0000　0110	None
PUSH　—	將內容推入返回堆疊的 頂部（TOS）	1	0000　0000	0000　0101	None
RCALL　n	相對呼叫函式	2	1101　1nnn	nnnn　nnnn	None
RESET	軟體系統重置	1	0000　0000	1111　1111	All
RETFIE　s	中斷返回	2	0000　0000	0001　000s	GIE/GIEH, PEIE/GIEL

CHAPTER

2

表 2-4　PIC18 系列微處理器的程式流程控制運算類型指令（續）

程式流程控制操作CONTROL OPERATIONS					
Mnemonic, Operands	Description	Cycles	16-Bit Instruction Word		Status Af-fected
			MSb	LSb	
RETLW　　k	返回時將常數存入 WREG	2	0000　1100	kkkk　kkkk	None
RETURN　s	從函式返回	2	0000　0000	0001　001s	None
SLEEP　　—	進入睡眠模式	1	0000　0000	0000　0011	$\overline{TO}$, $\overline{PD}$

資料記憶體 ↔ 程式記憶體操作指令 DATA MEMORY ↔ PROGRAM MEMORY					
Mnemonic, Operands	Description	Cycles	16-Bit Instruction Word		Status Af-fected
			MSb	LSb	
TBLRD*	讀取表列資料	2	0000　0000	0000　0000	None
TBLRD*+	讀取表列資料，然後遞加1		0000　0000	0000　0000	None
TBLRD*-	讀取表列資料，然後遞減1		0000　0000	0000　0000	None
TBLRD+*	遞加1，然後讀取表列資料		0000　0000	0000　0000	None
TBLWT*	寫入表列資料	2 (5)	0000　0000	0000　0000	None
TBLWT*+	寫入表列資料，然後遞加1		0000　0000	0000　0000	None
TBLWT*-	寫入表列資料，然後遞減1		0000　0000	0000　0000	None
TBLWT+*	遞加1，然後寫入表列資料		0000　0000	0000　0000	None

　　除了少數的指令外，所有的指令都將只占據單一字元的長度。而這些少數的指令將占據兩個字元的長度，以便將所有需要運算的資料安置在這 32 個位元中；而且在第 2 個字元中，最高位址的 4 個位元將都會是 1。如果因爲程式錯誤而將第 2 個字元的部分視爲單一字元的指令執行，這時候第 2 字元的指令將被視爲 NOP。雙字元長度的指令將這兩個指令週期內執行完成。

　　除非指令執行的測試條件成立或者程式計數器的內容被修改，所有單一字元指令都將在單一個指令週期內被執行完成。在這些情況下，指令的執行將使用兩個指令週期，但是這個額外的指令週期中核心處理器將執行 NOP。

　　每一個指令週期將由 4 個震盪週期組成，所以如果使用 4MHz 的時序震盪來源，正常的指令執行時間將會是　　1us。當指令執行的測試條件成立或者是使程式計數器被修改時，程式執行時間將會變成 2us。雙字元長的跳行指令（BRA），在跳行的條件成立時，將會使用 3us。

　　所有的指令語法、運算元、運算動作、受影響的狀態暫存器位元、指令編碼、指令描述、所需程式記憶體字元長度、執行指令所需工作週期時間以及指令範例將逐一地列在附錄 B 中。

2.2 常用的虛擬指令

　　虛擬指令（Directive）是出現在程式碼中的組譯器（Assembler）命令，但是通常都不會直接被轉譯成微處理器的程式碼。它們是被用來控制組譯器的動作，包括處理器的輸入、輸出、以及資料位置的安排。

　　許多虛擬指令有多於一個的名稱與格式，主要是因為要保持與早期或者較低階控制器之間的相容性。由於整個發展歷史非常的久遠，虛擬指令也非常地眾多。但是如果讀者了解一般常見以及常用的虛擬指令相關的格式與使用方法，將會對程式撰寫有相當大的幫助。

　　接下來就讓我們介紹一些常用的虛擬指令。

⊙ banksel—產生區塊選擇程式碼

■語法

　　banksel *label*

■指令概要

　　這是一個組譯器與聯結器所使用的虛擬指令，它是用來產生適當的程式碼將資料記憶區塊切換到標籤 *label* 定義變數所在的記憶區塊。每次執行只能夠針對一個變數，而且這個變數必須事先被定義過。

　　對於 PIC18 系列微控制器，這個虛擬指令將會產生一個 movlb 指令來完成切換記憶區塊的動作。

範例

```
banksel Var1          ; 選擇正確的 Var1 所在區塊
movwf Var1            ; 寫入 Var1
```

code─開始一個目標檔的程式區塊

■語法

[*label*] code [*ROM_address*]

■指令概要

　這個虛擬指令宣告了一個程式指令區塊的開始。如果標籤沒有被定義的話，則區塊的名稱將會被定義為 .code。程式區塊的起始位址將會被初始化在所定義的位址，如果沒有定義的話，則將由聯結器自行定義區塊的位址。

範例

```
RESET code 0x01FE
        goto  START
```

config─設定處理器硬體設定位元

■語法

config　*setting=value* [, *setting=value*]

■指令概要

　這個虛擬指令用來宣告一連串的微控制器硬體設定位元定義。緊接著指令的是與設定微控制器相關的設定內容。對於不同的微控制器，可選擇的設定內容與方式必須要參考相關的資料手冊 [PIC18 Configuration Settings Addendum(DS51537)]。

　在同一行可以一次宣告多個不同的設定，但是彼此之間必須以逗點分開。

同一個設定位元組上的設定位元不一定要在同一行上設定完成。

在使用這個指令之前,程式碼必須要藉由虛擬指令 list 或者 MPLAB IDE 下的選項 Configure>Select Device 宣告使用 PIC18 微控制器。

在較早的版本中所使用的虛擬指令為 __config。

使用這個虛擬指令時,專案必須選擇組譯器的軟體為 mpasewin.exe。

當使用這個虛擬指令執行微控制器的設定宣告時,相關的設定將隨著組譯器的編譯而產生一個相對應的設定程式碼。當程式碼需要移轉對其他應用程式使用時,這樣的宣告方式可以確定程式碼相關的設定不會有所偏差。

使用這個虛擬指令時,必須要將相關的宣告放置在程式開始的位址,並且要將相對應微控制器的包含檔納入程式碼中;如果沒有納入包含檔,則編譯過程中將會發生錯誤的訊息。而且,同一個硬體相關的設定功能,只能夠宣告一次。

範例

```
#include p18f4520.inc              ;Include standard header file
                                   ;for the selected device.
;code protect disabled
        CONFIG      CP0=OFF
;Oscillator switch enabled, RC oscillator with OSC2 as I/O pin.
        CONFIG      OSCS=ON, OSC=LP
;Brown-OutReset enabled, BOR Voltage is 2.5v
        CONFIG      BOR=ON, BORV=25
;Watch Dog Timer enable, Watch Dog Timer PostScaler count - 1:128
        CONFIG      WDT=ON, WDTPS=128
;CCP2 pin Mux enabled
        CONFIG      CCP2MUX=ON
;Stack over/underflow Reset enabled
        CONFIG      STVR=ON
```

CHAPTER

2

▌db—宣告以位元組為單位的資料庫或常數表

▌語法

　　[*label*] db *expr*[,*expr*,...,*expr*]

▌指令概要

　　利用這個虛擬指令在程式記憶體中宣告並保留 8 位元的數值。指令可以重複多個 8 位元的資料，並且可以用不同的方式，例如 ASCII 字元符號、數字或者字串的方式定義。如果所定義的內涵為奇數個位元組時，編譯成 PIC18 微控制器程式碼時將會自動補上一個 0 的位元組。

> 範例

```
程式碼：db 't', 'e', 's', 't', '\n'
程式記憶體內容：ASCII: 0x6574 0x7473 0x000a
```

▌#define—定義文字符號替代標籤

▌語法

　　#define *name* [*string*]

▌指令概要

　　這個虛擬指令定義了一個文字符號替代標籤。在定義宣告完成後，只要在程式碼中 *name* 標籤出現的地方，將會以定義中所宣告的 *string* 字串符號取代。

　　使用時必須要注意所定義的標籤並沒有和內建的指令相衝突，或者有重複定義的現象。而且利用 #define 所定義的標籤是無法在開發環境下當作一個變數來觀察它的變化，例如 Watch 視窗。

> 範例

```
#define length 20
```

```
#define control 0x19,7
#define position(X,Y, Z)  (Y(2 * Z +X))
        :
        :
test_label dw      position(1, length, 512)
          bsf control  ; set bit 7 in f19
```

equ－定義組譯器的常數

■語法

label equ *expr*

■指令概要

在單一的組合語言程式檔中，equ 經常被用來指定一個記憶體位置給變數。但是在多檔案組成的專案中，避免使用此種定義方式。可以利用 res 虛擬指令與資料

範例

```
four equ 4              ; 指定數值 4 給 four 所代表的符號。
ABC equ 0x20            ; 指定數值 0x20 給 ABC 所代表的符號。
...
MOVF ABC,W             ; 此時 ABC 代表一個變數記憶體位址為 0x20。
MOVLW ABC              ; 此時 ABC 代表一個數值為 0x20。
```

extrn－宣告外部定義的符號

■語法

extrn *label* [, *label*...]

■指令概要

　　使用這個虛擬指令定義一些在現有程式碼檔案中使用到的符號名稱，但是他們相關的定義內容卻是在其他的檔案或模組中所建立而且被宣告為全域符號的符號。

　　在程式碼使用到相關符號之前，必須要先完成 extrn 的宣告之後才能夠使用。

範例

```
extrn Fcn_name
   :
call Fcn_name
```

▓global─輸出一個符號符號供全域使用

■語法

global *label* [, *label*...]

■指令概要

　　這個虛擬指令會將在目前檔案中的符號名稱宣告成為可供其他程式檔或者模組可使用的全域符號名稱。

　　當應用程式的專案使用多於一個檔案的程式所組成時，如果檔案彼此之間有互相共用的函式或者變數內容時，就必須要使用 global 及 extrn 虛擬指令來做為彼此之間共同使用的宣告定義。

　　當某一個程式檔利用 extrn 宣告外部變數符號時，必須要在另外一個檔案中使用 global 將所對應的變數符號作宣告定義，以便供其他檔案使用。

範例

```
        global Var1, Var2
        global AddThree
```

```
        udata
Var1   res  1
Var2   res  1
        code
AddThree
        addlw  3
        return
```

#include—將其他程式原始碼檔案內容納入

■語法

建議的語法

#include *include_file*

#include "*include_file*"

#include <*include_file*>

支援的語法

include *include_file*

include "*include_file*"

include <*include_file*>

■指令概要

這個虛擬指令會將所定義的包含檔內容納入到程式檔中，並將其內容視為程式碼的一部分。指令的效果就像是把納入檔的內容全部複製再插入到檔案中一樣。

檔案搜尋的路徑為：

- 目前的工作資料夾
- 程式碼檔案資料夾
- PIC-AS 組譯器執行檔資料夾

範例

```
#include <xc.inc>   ;standard include file
#include "c:\Program Files\mydefs.inc"   ;user defines
```

◉ macro─宣告巨集指令定義

■語法

label macro [*arg, ..., arg*]

■指令概要

　　巨集指令是用來使一個指令順序的集合，可以利用單一巨集指令呼叫的方式將指令集合插入程式中。巨集指令必須先經過定義完成之後，才能夠在程式中使用。

範例

```
;Define macro Read
Read macro device, buffer, count
      movlw  device
      movwf  ram_20
      movlw  buffer    ; buffer address
      movwf  ram_21
      movlw  count    ; byte count
      call   sys_21   ; subroutine call
endm
     :
;Use macro Read
Read 0x0, 0x55, 0x05
```

◉ org—設定程式起始位址

■ 語法

[*label*] org *expr*

■ 指令概要

將程式起始位址設定在 expr 所定義的地方。如果沒有定義的話，起始位址將被預設為從 0 的地方開始。

對於 PIC18 系列微控制器而言，只能夠使用偶數的位址作為定義的內容。

範例

```
int_1 org 0x20
  ; Vector 20 code goes here
int_2 org int_1+0x10
  ; Vector 30 code goes here
```

◉ res—保留記憶體空間

■ 語法

[*label*] res *mem_units*

■ 指令概要

保留所宣告的記憶體空間數給標籤變數並將記憶體位址由現在的位址遞加。

範例

```
buffer res 64    ; 保留 64 個位址作為 buffer 資料儲存的位置
```

udata—開始一個目標檔未初始化的資料記憶區塊

■語法

[*label*] udata [*RAM_address*]

■指令概要

這個虛擬指令宣告了一個未初始化資料記憶區塊的開始。如果標籤未被定義的話，則這個區塊的名稱將會被命名為 .udata。在同一個程式檔中不能夠有兩個以上的同名區塊定義。

範例

```
        udata
Var1    res 1
Double  res 2
```

值得一提的是，當使用者利用 C 語言來撰寫微處理器的應用程式時，上述的虛擬指令僅適用於在獨立檔案中撰寫的組合語言程式函式；如果使用者在 C 語言程式檔中夾帶嵌入式組合語言指令時，上述的虛擬指令是無法被接受並通過測試編譯的程序。使用嵌入式組合語言指令時，必須使用完整而正確的標準組合語言指令來撰寫。

資料記憶體架構

在使用組合語言撰寫微處理器應用程式時，必須對微處理器的記憶體架構有深入的了解才能夠有效的應用硬體所提供的優勢與效率。但是在使用 C 程式語言撰寫微處理器應用程式時，相關的記憶體規劃與呼叫函式時變數內容的數字傳遞都將由所使用的 C 程式語言編譯器自動的爲使用者規劃完成。因此使用 C 程式語言撰寫的優點之一便是無需耗費心力的計算或安排相關的記憶體容量與位址。

但是當使用者的應用程式需要使用到大量的記憶體空間，或者是配合使用組合語言所撰寫的函式時，使用者必須知道如何重新規劃記憶體空間以容納大量的變數與矩陣，或者是了解如何安排變數的存取以便使用組合語言函式。因此在本章中將詳細的爲讀者介紹說明 PIC18 微控制器的記憶體組成架構，以及各種不同的記憶體定址方式作爲未來開發高階應用程式的基礎。

3.1　資料記憶體組成架構

資料記憶體是以靜態隨機讀寫記憶體（Static RAM）的方式建立。每個資料記憶體的暫存器都有一個 12 位元的編碼位址，可以允許高達 4096 位元組的資料記憶體編碼。PIC18F4520 的資料記憶體組成如圖 3-1 所示。

整個資料記憶體空間被切割爲多達 16 個區塊（BANK），每一個區塊包含 256 個位元組，如圖 3-2 所示。區塊選擇暫存器（Bank Select Register）的最低四個位元（BSR<0:3>）定義那一個區塊的記憶體將會被讀寫。區塊選擇暫存器的較高四個位元並沒有被使用。

資料記憶體空間包含了特殊功能暫存器（Special Function Register, SFR）

及一般目的暫存器（General Purpose Register, GPR）。特殊功能暫存器被使用來控制或者顯示控制器與周邊功能的狀態；而一般目的暫存器則是使用來作為應用程式的資料儲存。特殊功能暫存器的位址是由 BANK 15 的最後一個位址

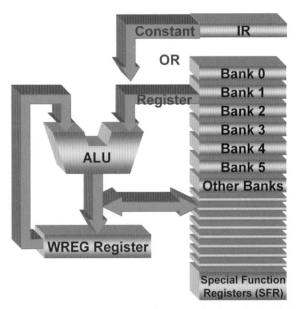

圖 3-1　PIC18F4520 的資料記憶體組成架構圖

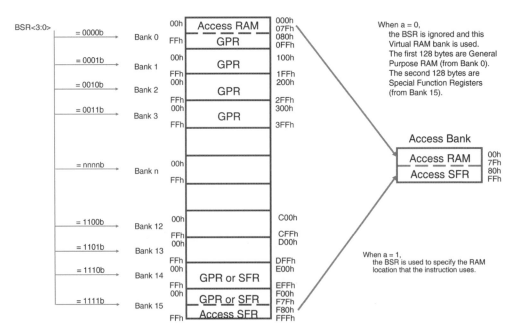

圖 3-2　PIC18F4520 的資料記憶體區塊與擷取區塊

開始，並且向較低位址延伸；特殊功能暫存器所未使用到的其他位址都可以被當作一般目的暫存器使用。一般目的暫存器的位址是由 BANK 0 的第一個位址開始並且向較高位址延伸；如果嘗試著去讀取一個沒有實際記憶體建置的位址，將會得到一個 0 的結果。

　　整個資料記憶體空間都可以直接或者間接地被讀寫。資料記憶體的直接定址方式可能需要使用區塊選擇暫存器，如圖 3-3 所示；而間接定址的方式則需要使用檔案選擇暫存器（File Select Register, FSR）以及相對應的間接檔案運算元（INDFn）。每一個檔案選擇暫存器記錄了一個 12 位元長的位址資料，可以在不更改記憶體區塊的情況下定義資料記憶體空間內的任何一個位址。

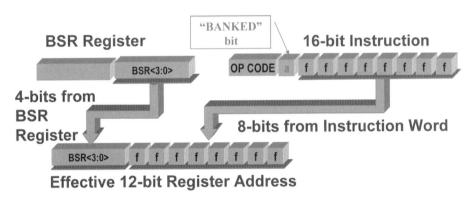

圖 3-3　使用區塊選擇暫存器的資料記憶體直接定址方式

　　PIC18　微處理器的指令集與架構允許指令更換記憶體區塊。區塊更換的動作可以藉由間接定址或者是使用 MOVFF 指令來完成。MOVFF 指令是一個雙字元長度且需要兩個指令週期才能完成的運算指令，它將會將一個暫存器中的數值搬移到另外一個暫存器。

3.2　資料記憶體的擷取區塊

　　由於使用記憶體時，在擷取資料前必須將使用一個指令將區塊選擇暫存器設定為對應值之後才能進行資料讀寫或處理的指令；因為需要執行區塊設定指令而增加執行時間。為降低執行時間，在微處理器的設計上，加入了擷取區塊的設計可以減少指令而較快速地進行資料擷取。

　　不論目前區塊選擇暫存器（BSR）的設定爲何，爲了要確保一般常用的暫存器可以在一個指令工作週期內被讀寫，PIC18 系列暫存器建立了一個虛擬的擷取區塊（Access Bank）。擷取區塊是由 Bank 0 及 BANK 15 的一個段落所組成。擷取區塊是一個結構上的改良，對於利用 C 語言程式所撰寫的程式最佳化是非常有幫助的。利用 C 編譯器撰寫程式的技巧也可以被應用在組合語言所撰寫的程式中。

　　擷取區塊的資料記憶單位可以被用作爲：

- 計算過程中數值的暫存區
- 函式中的區域變數
- 快速內容儲存或者變數切換
- 常用變數的儲存
- 快速地讀寫或控制特殊功能暫存器（不需要做區塊的切換）

　　擷取區塊是由 BANK 15 的最高 128 位元組以及 BANK 0 的最低 128 位元組所組成。這兩個區段將會分別被稱做爲高 / 低擷取記憶體（Access RAM High 及 Access RAM Low）。工作指令字元中的一個位元將會被用來定義所將執行的運算將會使用擷取區塊中或者是區塊選擇暫存器所定義區塊中的記憶體資料。當這個字元被設定爲 0 時（a=0），指令運算將會使用擷取區塊，如圖 3-4 所示。而低擷取記憶體的最後一個位址將會接續到高擷取記憶體的第一個位址，高擷取記憶體映射到特殊功能暫存器，所以這些暫存器可以直接被讀寫而不需要使用指令做區塊的切換。這對於應用程式檢查狀態旗標或著是修改控制位元是非常地有用。

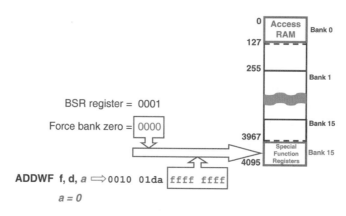

圖 3-4　運算指令使用擷取區塊暫存器

特殊功能暫存器位址定義

表 3-1　PIC18F4520 微控制器特殊功能暫存器位址定義

Address	Name	Address	Name	Address	Name	Address	Name
FFFh	TOSU	FDFh	INDF2	FBFh	CCPR1H	F9Fh	IPR1
FFEh	TOSH	FDEh	POSTINC2	FBEh	CCPR1L	F9Eh	PIR1
FFDh	TOSL	FDDh	POSTDEC2	FBDh	CCP1CON	F9Dh	PIE1
FFCh	STKPTR	FDCh	PREINC2	FBCh	CCPR2H	F9Ch	—
FFBh	PCLATU	FDBh	PLUSW2	FBBh	CCPR2L	F9Bh	OSCTUNE
FFAh	PCLATH	FDAh	FSR2H	FBAh	CCP2CON	F9Ah	—
FF9h	PCL	FD9h	FSR2L	FB9h	—	F99h	—
FF8h	TBLPTRU	FD8h	STATUS	FB8h	BAUDCON	F98h	—
FF7h	TBLPTRH	FD7h	TMR0H	FB7h	PWM1CON	F97h	—
FF6h	TBLPTRL	FD6h	TMR0L	FB6h	ECCP1AS	F96h	TRISE
FF5h	TABLAT	FD5h	T0CON	FB5h	ECCP1AS	F95h	TRISD
FF4h	PRODH	FD4h	—	FB4h	CMCON	F94h	TRISC
FF3h	PRODL	FD3h	OSCCON	FB3h	TMR3H	F93h	TRISB
FF2h	INTCON	FD2h	LVDCON	FB2h	TMR3L	F92h	TRISA
FF1h	INTCON2	FD1h	WDTCON	FB1h	T3CON	F91h	—
FF0h	INTCON3	FD0h	RCON	FB0h	SPBRGH	F90h	—
FEFh	INDF0	FCFh	TMR1H	FAFh	SPBRG	F8Fh	—
FEEh	POSTINC0	FCEh	TMR1L	FAEh	RCREG	F8Eh	—
FEDh	POSTDEC0	FCDh	T1CON	FADh	TXREG	F8Dh	LATE
FECh	PREINC0	FCCh	TMR2	FACh	TXSTA	F8Ch	LATD
FEBh	PLUSW0	FCBh	PR2	FABh	RCSTA	F8Bh	LATC
FEAh	FSR0H	FCAh	T2CON	FAAh	—	F8Ah	LATB
FE9h	FSR0L	FC9h	SSPBUF	FA9h	EEADR	F89h	LATA
FE8h	WREG	FC8h	SSPADD	FA8h	EEDATA	F88h	—
FE7h	INDF1	FC7h	SSPSTAT	FA7h	EECON2	F87h	—
FE6h	POSTINC1	FC6h	SSPCON1	FA6h	EECON1	F86h	—
FE5h	POSTDEC1	FC5h	SSPCON2	FA5h	—	F85h	—
FE4h	PREINC1	FC4h	ADRESH	FA4h	—	F84h	PORTE
FE3h	PLUSW1	FC3h	ADRESL	FA3h	—	F83h	PORTD
FE2h	FSR1H	FC2h	ADCON0	FA2h	IPR2	F82h	PORTC
FE1h	FSR1L	FC1h	ADCON1	FA1h	PIR2	F81h	PORTB
FE0h	BSR	FC0h	ADCON2	FA0h	PIE2	F80h	PORTA

表 3-2 PIC18F4520 微控制器特殊功能暫存器位元內容定義

File Name	Bit 7	Bit 6	Bit 5	Bit 4	Bit 3	Bit 2	Bit 1	Bit 0	Value on POR, BOR	
TOSU	—	—	—	Top-of-Stack upper Byte (TOS<20:16>)					- - -0	0000
TOSH	Top-of-Stack High Byte (TOS<15:8>)								0000	0000
TOSL	Top-of-Stack Low Byte (TOS<7:0>)								0000	0000
STKPTR	STKFUL	STKUNF	—	Return Stack Pointer					00- 0	0000
PCLATU	—	—	—	Holding Register for PC<20:16>					- - -0	0000
PCLATH	Holding Register for PC<15:8>								0000	0000
PCL	PC Low Byte (PC<7:0>)								0000	0000
TBLPTRU	—	—	bit21	Program Memory Table Pointer Upper Byte (TBLPTR<20:16>)					- -00	0000
TBLPTRH	Program Memory Table Pointer High Byte (TBLPTR<15:8>)								0000	0000
TBLPTRL	Program Memory Table Pointer Low Byte (TBLPTR<7:0>)								0000	0000
TABLAT	Program Memory Table Latch								0000	0000
PRODH	Product Register High Byte								xxxx	xxxx
PRODL	Product Register Low Byte								xxxx	xxxx
INTCON	GIE/GIEH	PEIE/GIEL	TMR0IE	INT0IE	RBIE	TMR0IF	INT0IF	RBIF	0000	000x
INTCON2	$\overline{RBPU}$	INTEDG0	INTEDG1	INTEDG2	—	TMR0IP	—	RBIP	1111	-1-1
INTCON3	INT2IP	INT1IP	—	INT2IE	INT1IE	—	INT2IF	INT1IF	11-0	0-00
INDF0	Uses contents of FSR0 to address data memory - value of FSR0 not changed (not a physical register)								n/a	
POSTINC0	Uses contents of FSR0 to address data memory - value of FSR0 post-incremented (not a physical register)								n/a	
POSTDEC0	Uses contents of FSR0 to address data memory - value of FSR0 post-decremented (not a physical register)								n/a	
PREINC0	Uses contents of FSR0 to address data memory - value of FSR0 pre-incremented (not a physical register)								n/a	
PLUSW0	Uses contents of FSR0 to address data memory - value of FSR0 (not a physical register). Offset by value in WREG.								n/a	
FSR0H	—	—	—	—	Indirect Data Memory Address Pointer 0 High Byte				----	0000
FSR0L	Indirect Data Memory Address Pointer 0 Low Byte								xxxx	xxxx
WREG	Working Register								xxxx	xxxx
INDF1	Uses contents of FSR1 to address data memory - value of FSR1 not changed (not a physical register)								n/a	
POSTINC1	Uses contents of FSR1 to address data memory - value of FSR1 post-incremented (not a physical register)								n/a	
POSTDEC1	Uses contents of FSR1 to address data memory - value of FSR1 post-decremented (not a physical register)								n/a	
PREINC1	Uses contents of FSR1 to address data memory - value of FSR1 pre-incremented (not a physical register)								n/a	
PLUSW1	Uses contents of FSR1 to address data memory - value of FSR1 (not a physical register). Offset by value in WREG.								n/a	
FSR1H	—	—	—	—	Indirect Data Memory Address Pointer 1 High Byte				----	0000
FSR1L	Indirect Data Memory Address Pointer 1 Low Byte								xxxx	xxxx
BSR	—	—	—	—	Bank Select Register				----	0000

表 3-2　PIC18F4520 微控制器特殊功能暫存器位元內容定義（續）

File Name	Bit 7	Bit 6	Bit 5	Bit 4	Bit 3	Bit 2	Bit 1	Bit 0	Value on POR, BOR	
INDF2	Uses contents of FSR2 to address data memory - value of FSR2 not changed (not a physical register)								n/a	
POSTINC2	Uses contents of FSR2 to address data memory - value of FSR2 post-incremented (not a physical register)								n/a	
POSTDEC2	Uses contents of FSR2 to address data memory - value of FSR2 post-decremented (not a physical register)								n/a	
PREINC2	Uses contents of FSR2 to address data memory - value of FSR2 pre-incremented (not a physical register)								n/a	
PLUSW2	Uses contents of FSR2 to address data memory - value of FSR2 (not a physical register). Offset by value in WREG.								n/a	
FSR2H	—	—	—	—	Indirect Data Memory Address Pointer 2 High Byte				----	0000
FSR2L	Indirect Data Memory Address Pointer 2 Low Byte								xxxx	xxxx
STATUS	—	—	—	N	OV	Z	DC	C	---x	xxxx
TMR0H	Timer0 Register High Byte								0000	0000
TMR0L	Timer0 Register Low Byte								xxxx	xxxx
T0CON	TMR0ON	T08BIT	T0CS	T0SE	PSA	T0PS2	T0PS1	T0PS0	1111	1111
OSCCON	IDLEN	IRCF2	IRCF1	IRCF0	OSTS	IOFS	SCS1	SCS0	----	--0
LVDCON	VDIRMAG	—	IRVST	LVDEN	LVDL3	LVDL2	LVDL1	LVDL0	0-00	0101
WDTCON	—	—	—	—	—	—	—	SWDTE	----	--0
RCON	$\overline{IPEN}$	SBOREN	—	$\overline{RI}$	$\overline{TO}$	$\overline{PD}$	$\overline{POR}$	$\overline{BOR}$	0q-1	11qq
TMR1H	Timer1 Register High Byte								xxxx	xxxx
TMR1L	Timer1 Register Low Byte								xxxx	xxxx
T1CON	RD16	T1RUN	T1CKPS1	T1CKPS0	T1OSCEN	$\overline{T1SYNC}$	TMR1CS	TMR1ON	0000	0000
TMR2	Timer2 Register								0000	0000
PR2	Timer2 Period Register								1111	1111
T2CON	—	TOUTPS3	TOUTPS2	TOUTPS1	TOUTPS0	TMR2ON	T2CKPS1	T2CKPS0	-000	0000
SSPBUF	SSP Receive Buffer/Transmit Register								xxxx	xxxx
SSPADD	SSP Address Register in I2C Slave mode. SSP Baud Rate Reload Register in I2C Master mode.								0000	0000
SSPSTAT	SMP	CKE	D/A	P	S	R/W	UA	BF	0000	0000
SSPCON1	WCOL	SSPOV	SSPEN	CKP	SSPM3	SSPM2	SSPM1	SSPM0	0000	0000
SSPCON2	GCEN	ACKSTAT	ACKDT	ACKEN	RCEN	PEN	RSEN	SEN	0000	0000
ADRESH	A/D Result Register High Byte								xxxx	xxxx
ADRESL	A/D Result Register Low Byte								xxxx	xxxx
ADCON0	—	—	CHS3	CHS2	CHS1	CHS0	GO/$\overline{DONE}$	ADON	0000	00-0
ADCON1	—	—	VCFG1	VCFG0	PCFG3	PCFG2	PCFG1	PCFG0	00--	0000
ADCON2	ADFM	—	ACQT2	ACQT1	ACQT0	ADCS2	ADCS1	ADCS0	0-00	0000

CHAPTER

3

表 3-2　PIC18F4520 微控制器特殊功能暫存器位元內容定義（續）

File Name	Bit 7	Bit 6	Bit 5	Bit 4	Bit 3	Bit 2	Bit 1	Bit 0	Value on POR, BOR	
CCPR1H	Capture/Compare/PWM Register1 High Byte								xxxx	xxxx
CCPR1L	Capture/Compare/PWM Register1 Low Byte								xxxx	xxxx
CCP1CON	P1M1	P1M0	DC1B1	DC1B0	CCP1M3	CCP1M2	CCP1M1	CCP1M0	- -00	0000
CCPR2H	Capture/Compare/PWM Register2 High Byte								xxxx	xxxx
CCPR2L	Capture/Compare/PWM Register2 Low Byte								xxxx	xxxx
CCP2CON	—	—	DC2B1	DC2B0	CCP2M3	CCP2M2	CCP2M1	CCP2M0	--00	0000
BAUDCON	ABDOVF	RCIDL	—	SCKP	BRG16	—	WUE	ABDEN	01-0	0-00
PWM1CON	PRSEN	PDC6	PDC5	PDC4	PDC3	PDC2	PDC1	PDC0	0000	0000
ECCP1AS	ECCPASE	ECCPAS2	ECCPAS1	ECCPAS0	PSSAC1	PSSAC0	PSSBD1	PSSBD0	0000	0000
CVRCON	CVREN	CVROE	CVRR	CVRSS	CVR3	CVR2	CVR1	CVR0	0000	0000
CMCON	C2OUT	C1OUT	C2INV	C1INV	CIS	CM2	CM1	CM0	0000	0111
TMR3H	Timer3 Register High Byte								xxxx	xxxx
TMR3L	Timer3 Register Low Byte								xxxx	xxxx
T3CON	RD16	T3CCP2	T3CKPS1	T3CKPS0	T3CCP1	T3SYNC	TMR3CS	TMR3ON	0000	0000
SPBRGH	EUSART Baud Rate Generator Register High Byte								0000	0000
SPBRG	EUSART Baud Rate Generator Register Low Byte								0000	0000
RCREG	EUSART1 Receive Register								0000	0000
TXREG	EUSART1 Transmit Register								0000	0000
TXSTA	CSRC	TX9	TXEN	SYNC	SENDB	BRGH	TRMT	TX9D	0000	0010
RCSTA	SPEN	RX9	SREN	CREN	ADDEN	FERR	OERR	RX9D	0000	000x
EEADR	Data EEPROM Address Register								0000	0000
EEDATA	Data EEPROM Data Register								0000	0000
EECON2	Data EEPROM Control Register 2 (not a physical register）								----	----
EECON1	EEPGD	CFGS	—	FREE	WRERR	WREN	WR	RD	xx-0	x000
IPR2	OSCFIP	CMIP	—	EEIP	BCLIP	LVDIP	TMR3IP	CCP2IP	11-1	1111
PIR2	OSCFIF	CMIF	—	EEIF	BCLIF	LVDIF	TMR3IF	CCP2IF	00-0	0000

表 3-2　PIC18F4520 微控制器特殊功能暫存器位元內容定義（續）

File Name	Bit 7	Bit 6	Bit 5	Bit 4	Bit 3	Bit 2	Bit 1	Bit 0	Value on POR, BOR	
PIE2	OSCFIE	CMIE	—	EEIE	BCLIE	LVDIE	TMR3IE	CCP2IE	00-0	0000
IPR1	PSPIP	ADIP	RCIP	TXIP	SSPIP	CCP1IP	TMR2IP	TMR1IP	1111	1111
PIR1	PSPIF	ADIF	RCIF	TXIF	SSPIF	CCP1IF	TMR2IF	TMR1IF	0000	0000
PIE1	PSPIE	ADIE	RCIE	TXIE	SSPIE	CCP1IE	TMR2IE	TMR1IE	0000	0000
OSCTUNE	INTSRC	PLLEN	—	TUN4	TUN3	TUN2	TUN1	TUN0	0q-0	0000
TRISE	IBF	OBF	IBOV	PSPMODE	Data Direction bits for PORTE				0000	-111
TRISD	Data Direction Control Register for PORTD								1111	1111
TRISC	Data Direction Control Register for PORTC								1111	1111
TRISB	Data Direction Control Register for PORTB								1111	1111
TRISA	TRISA7	TRISA6	Data Direction Control Register for PORTA						1111	1111
LATE	—	—	—	—	Read PORTE Data Latch, Write PORTE Data Latch				----	-xxx
LATD	Read PORTD Data Latch, Write PORTD Data Latch								xxxx	xxxx
LATC	Read PORTC Data Latch, Write PORTC Data Latch								xxxx	xxxx
LATB	Read PORTB Data Latch, Write PORTB Data Latch								xxxx	xxxx
LATA	Read PORTA Data Latch, Write PORTA Data Latch								-xxx	xxxx
PORTE	Read PORTE pins, Write PORTE Data Latch								----	xxxx
PORTD	Read PORTD pins, Write PORTD Data Latch								xxxx	xxxx
PORTC	Read PORTC pins, Write PORTC Data Latch								xxxx	xxxx
PORTB	Read PORTB pins, Write PORTB Data Latch								xxxx	xxxx
PORTA	Read PORTA pins, Write PORTA Data Latch								xx0x	0000

Legend: x = unknown, u = unchanged, - = unimplemented, q = value depends on condition

3.3　資料記憶體直接定址法

　　由於 PIC18 系列微控制器擁有一個很大的一般用途暫存器記憶體空間，因此需要使用一個記憶體區塊架構。整個資料記憶被切割為 16 個區塊，當需要使用直接定址方式時，區塊選擇暫存器必須要設定為想要使用的記憶體區塊。

　　區塊選擇暫存器中的 BSR<3:0> 記錄著 12 位元長的隨機讀寫記憶體位址中最高 4 位元，如圖 3-5 所示。BSR<7:4> 這四個位元沒有特別的作用，讀取的結果將會是 0。應用程式可以使用指令集中提供專用的 MOVLB 指令來完成區塊選擇的動作，如圖 3-6 所示。

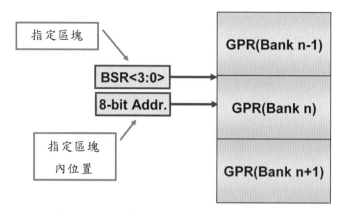

圖 3-5　使用區塊選擇暫存器直接指定資料記憶體位址

　　在使用記憶體較少的微控制器型號時，如果目前所設定的區塊並沒有實際的硬體建置，任何讀取記憶體資料的結果將會得到 0，而所有的寫入動作將會被忽略。狀態暫存器中的相關位元將會被設定或者清除以便顯示相關指令執行結果的變化。

　　每一個資料記憶體區塊都擁有 256 個位元組的（0x00～0xFF），而且所有的資料記憶體都是以靜態隨機讀寫記憶體（Static RAM）的方式建置。

　　當使用 MOVFF 指令的時候，由於所選擇的記憶體完整的位址位元已經包含在指令字元中，因此區塊選擇暫存器的內容將會被忽略，如圖 3-7 所示。

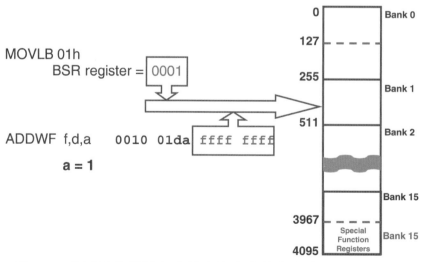

圖 3-6　使用區塊選擇暫存器與指令直接指定資料記憶體位址

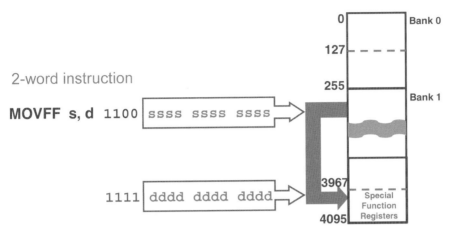

圖 3-7　使用 MOVFF 指令直接指定資料記憶體位址

3.4　資料記憶體間接定址法

　　間接定址是一種設定資料記憶體位址的模式，在這個模式下資料記憶體的位址在指令中並不是固定的。這時候必須要使用一個檔案選擇暫存器（FSRn）作為一個指標來設定資料讀取或者寫入的記憶體位址，檔案選擇暫存器 FSRn 包含了一個 12 位元長的位址。由於使用的是一個動態記憶體的暫存器，因此指標的內容將可以由應用程式修改。

　　間接定址得以實現是因為使用了一個 INDFn 間接定址暫存器。任何一個使用 INDFn 暫存器的指令實際上將讀寫由檔案選擇暫存器所設定的資料記憶體。間接的讀取間接定址暫存器（FSRn=FEFh 時）將會讀到 0 的數值。間接寫入 INDFn 暫存器則將不會產生任何作用。

　　間接定址暫存器 INDFn 並不是一個實際的暫存器，將位址指向 INDFn 暫存器實際上將位址設定到 FSRn 暫存器中所設定位址的記憶體。（還記得 FSRn 是一個指標嗎？）這就是我們所謂的間接定址模式。

　　下面的範例顯示了一個基本的間接定址模式使用方式，可以利用最少的指令清除區塊 BANK 1 中記憶體的內容。

```
          LFSR      FSR0 ,0x100        ;
    NEXT  CLRF      POSTINC0           ; 清除 INDF 暫存器並將指標遞加 1
          BTFSS     FSR0H, 1           ; 完成 Bank1 重置工作？
          GOTO      NEXT               ; NO，清除下一個
    CONTINUE                           ; YES，繼續
```

　　檔案選擇暫存器 FSRn 總共有三個組。為了要能夠設定全部資料記憶體空間（4096 個位元組）的位址，在這些暫存器都有 12 位元的長度。因此，為了要儲存 12 個位元的定址資料，將需要兩個 8 位元的暫存器。這些間接定址的檔案選擇暫存器包括：

　　FSR0：由 FSR0L 及 FSR0H 組成
　　FSR1：由 FSR1L 及 FSR1H 組成
　　FSR2：由 FSR2L 及 FSR2H 組成

　　除此之外，還有 3 個與間接定址相關的暫存器 INDF0、INDF1 與 INDF2，這些都不是具有實體的暫存器。對這些暫存器讀寫的動作將會開啟間接定址模式，進而使用所相對應 FSR 暫存器所設定位址的資料記憶體。當某一個指令將一個數值寫入到 INDF0 的時候，實際上這個數值將被寫入到 FSR0 暫存器所設定位址的資料記憶體；而讀取 INDF1 暫存器的動作，實際上將讀取由暫存器 FSR1 所設定位址的記憶體資料。在指令中任何一個定義暫存器位址的地方都可以使用 INDFn 暫存器。

　　當利用間接定址法透過 FSRn 來讀取 INDF0、INDF1 與 INDF2 暫存器的內容時，將會得到為 0 的數值。同樣的，當間接的寫入數值到 INDF0、INDF1 與 INDF2 暫存器時，這個動作相當於 NOP 指令，狀態位元將不會受到任何影響。

　　在離開資料暫存器的介紹之前，我們要介紹兩個與核心處理器運作相關的暫存器，狀態暫存器 STATUS 與重置控制暫存器 RCON。其他的特殊功能暫存器將會留到介紹周邊硬體功能時一一地說明。

3.5　狀態暫存器與重置控制暫存器

◎狀態暫存器

　　狀態（STATUS）暫存器記錄了數學邏輯運算單元（ALU, Arithmetic Logic Unit）的運算狀態，其位元定義如表 3-3 所示。狀態暫存器可以像其他一般的暫存器一樣作為運算指令的目標暫存器，這時候運算指令改變相關運算狀態位元 Z、DC、C、OV 或 N 的功能將會被暫時關閉。這些狀態位元的數值將視核心處理器的狀態而定，因此當指令以狀態暫存器為目標暫存器時，其結果可能會與一般正常狀態不同。例如，CLRF STATUS 指令將會把狀態暫存器的最高 3 個位元清除為零而且把 Z 位元設定為 1；但是對於其他的四個位元將不會受到改變。

　　因此，在這裡建議使用者只能利用下列指令：

BCF、BSF、SWAPF、MOVFF 及 MOVWF

　　來修改狀態暫存器的內容，因為上述指令並不會影響到相關狀態位元 Z、DC、C、OV 或 N 的數值。

■STATUS 狀態暫存器定義

表 3-3　STATUS 狀態暫存器記位元定義

U-0	U-0	U-0	R/W-x	R/W-x	R/W-x	R/W-x	R/W-x
—	—	—	N	OV	Z	DC	C

bit 7　　　　　　　　　　　　　　　　　　　　　　　　　　　bit 0

bit 7-5 **Unimplemented:** Read as '0'

bit 4　**N:** Negative bit

　　　　2的補數法運算符號位元。顯示計算結果是否為負數。

　　　　1 = 結果為負數。

　　　　0 = 結果為正數。

bit 3　**OV:** Overflow bit

2 的補數法運算溢位位元。顯示 7 位元的數值大小是否有溢位產生而改變符號位元的內容。

1 = 發生溢位。

0 = 無溢位發生。

bit 2　**Z:** Zero bit

1 = 數學或邏輯運算結果為 0。

0 = 數學或邏輯運算結果不為 0。

bit 1　**DC:** Digit carry/$\overline{\text{borrow}}$ bit

For ADDWF, ADDLW, SUBLW, and SUBWF instructions

1 = 低 4 位元運算發生進位。

0 = 低 4 位元運算未發生進位。

Note: For borrow, the polarity is reversed. A subtraction is executed by adding the two's complement of the second operand. For rotate (RRF, RLF) instructions, this bit is loaded with either the bit 4 or bit 3 of the source register.

bit 0　**C/$\overline{\text{BW}}$:** Carry/$\overline{\text{borrow}}$ bit

For ADDWF, ADDLW, SUBLW, and SUBWF instructions

1 = 8 位元運算發生進位。

0 = 8 位元運算未發生進位。

Note: For borrow, the polarity is reversed. A subtraction is executed by adding the two's complement of the second operand. For rotate (RRF, RLF) in structions, this bit is loaded with either the high or low order bit of the source register.

符號定義：
R = 可讀取位元　　　W = 可寫入位元　　　U = 未建置使用位元，讀取值為 '0'
- n = 電源重置數值　　'1'= 位元設定為 '1'　'0'= 位元清除為 '0'　　x = 位元狀態未知

本書後續暫存器位元定義與此表相同

重置控制暫存器

重置控制（RESET Control, RCON）暫存器包含了用來辨識不同來源所產生重置現象的旗標位元，其位元定義如表 3-4 所示。這些旗標包括了 $\overline{\text{TO}}$、$\overline{\text{PD}}$、$\overline{\text{POR}}$、$\overline{\text{BOR}}$ 以及 $\overline{\text{RI}}$ 旗標位元。這個暫存器是可以被讀取與寫入的。

■RCON 重置控制暫存器定義

表 3-4　RCON 重置控制暫存器位元定義

R/W-0	R/W-1	U-0	R/W-1	R-1	R-1	R/W-0	R/W-0
IPEN	SBOREN	—	$\overline{\text{RI}}$	$\overline{\text{TO}}$	$\overline{\text{PD}}$	$\overline{\text{POR}}$	$\overline{\text{BOR}}$

bit 7　　　　　　　　　　　　　　　　　　　　　　　　　　　　bit 0

bit 7　**IPEN:** Interrupt Priority Enable bit

　　　1 = 開啓中斷優先順序功能。

　　　0 = 關閉中斷優先順序功能。（PIC16 以下系列相容模式）

bit 6　**SBOREN:** Software BOR Enable bit

　　　If BOREN1:BOREN0 = 01:

　　　1 = 開啓電壓異常重置。

　　　0 = 關閉電壓異常重置。

　　　If BOREN1:BOREN0 = 00, 10 or 11:

　　　Bit is disabled and read as '0'.

bit 5　**Unimplemented:** Read as '0'

bit 4　**$\overline{\text{RI}}$:** RESET Instruction Flag bit

　　　1 = 重置指令未被執行。

　　　0 = 重置指令被執行而引起系統重置。清除後必須要以軟體設定為 1。

bit 3　**$\overline{\text{TO}}$:** Watchdog Time-out Flag bit

　　　1 = 電源啓動或執行 CLRWDT 與 SLEEP 指令後，自動設定為 1。

　　　0 = 監視計時器溢位發生。

bit 2　**$\overline{\text{PD}}$:** Power-down Detection Flag bit

　　　1 = 電源啓動或執行 CLRWDT 指令後，自動設定為 1。

CHAPTER

3

0 = 執行 SLEEP 指令後，自動設定為 0。

bit 1　$\overline{\text{POR}}$:　Power-on Reset Status bit

1 = 未發生電源開啓重置。

0 = 發生電源開啓重置。清除後必須要以軟體設定為 1。

bit 0　$\overline{\text{BOR}}$:　Brown-out Reset Status bit

1 = 未發生電壓異常重置。

0 = 發生電壓異常重置。清除後必須要以軟體設定為 1。

C 程式語言與 XC8 編譯器

　　從這一章開始，我們將開始利用 C 程式語言來撰寫 PIC18 系列微控制器的應用程式。在我們詳細地介紹 XC8 的各項內容及使用方法之前，將先用一個簡單的範例來說明程式撰寫的流程，以便使用者熟悉 XC8 開發工具的操作。

　　許多使用者會以 C 程式語言來撰寫 PIC 控制器所需要的程式。XC8 是一個符合 ANSI 標準的 C 語言編譯器。這個工具讓使用者可以撰寫一致的或模組化的 PIC 程式，這將會讓程式有更大的可攜性，並且比組合語言的程式更容易了解。除了 C 語言本身的優勢之外，XC8 所提供的函式庫讓它成為一個更強大有效的編譯器。例如，建立浮點運算變數、數學函數等等在組合語言中是相當困難的。但是有了周邊功能以及標準數學等函式庫，這些函式可以輕易地被呼叫。同時，C 程式語言的模組化特性降低了函式互相影響的可能性。

　　除此之外，利用 C 程式語言來撰寫 PIC 控制器的應用程式還可以節省使用者在撰寫過程當中，對於變數資料位置、函式的標籤與位置安排、資料建表、與各種指標或堆疊的存取處理等等所需要花費的時間與精神。這些在組合語言中相當瑣碎而頻繁的必要程序將會透過 XC8 程式編譯器自動的安排與調整，為使用者所撰寫應用程式變數作適當的規劃，而不需要使用者費心地去規劃、安排與執行。

　　本章的內容將簡單地描述 C 程式語言的詳細內容，並引導讀者了解 MPLAB XC8 程式編譯器的使用方法與流程。詳細的程式撰寫與函式庫介紹將會在後續的章節中說明。

4.1　C程式語言簡介

要使用 XC8 編譯器來撰寫 PIC 微控制器的程式，當然要對 C 程式語言有基本的認識。如果讀者對於 C 程式語言還不熟悉，在這裡我們會對這個程式語言的基本要素做一個介紹。如果讀者已有相關 C 語言程式撰寫經驗的高手，可以忽略掉這一個章節，直接進入後面的詳細內容。

C 程式語言是一種通用的程式語言，它是在 1970 年所發展出來的一個電腦程式語言。數十年來已成爲撰寫電腦程式的主流語言，並衍生出更進階的 C++ 與其他的程式語言。大部分與電腦相關的程式，不論是那一種作業平台，幾乎都是可以由 C 程式語言來撰寫。

特別是與工程相關的發展工具，除了廠商所提供的操作介面之外，都會提供使用 C 程式語言的系統發展工具作爲擴充功能的途徑。例如本書所介紹的 XC8 編譯器就是一個很好的例子，它提供了使用者在組合語言之外另一個發展工具的選擇。C 程式語言之所以成爲一個通用的程式撰寫工具，主要是因爲程式語言本身的可攜性、可讀性、可維護性以及極高的模組化設計特性。由於其語言的廣泛使用，早在 1983 年就由美國國家標準局，簡稱 ANSI，制定了一個明確而且與機器無關的 C 語言標準定義，這就是 ANSI 標準版本的由來。

許多人通常會對撰寫程式語言感到害怕，但是 C 語言不是一個龐大的程式語言；相反地，它是一個非常精簡的程式語言。也就是因爲它的精簡特性，使得 C 程式語言可以擁有很高的可攜性以及可讀性。同時，它也保留了非常好的擴充方式，讓使用者可以在基本的語法運算之外增加或擴充所需的功能函式。

在這裡，我們無意對 C 程式語言做一個詳細的介紹。坊間已經有許多引導讀者撰寫 C 語言的教材、課程與範例。在這個章節中，我們將簡介 C 程式語言中基本的運算元素、指令及語法。希望讀者在閱讀之後，能夠有基本的能力開始撰寫C語言程式，以便運用XC8編譯器來發展PIC微控制器的應用程式。

4.2　C程式語言檔的基本格式

讓我們以一個 C 語言範例程式 **my_first_c_code.c** 來說明 C 語言程式檔的

基本格式。

```
// my_first_c_code       , C語言範例程式
#include <xc.h> //  納入外部包含檔的內容

void main (void)  {
// TRISD 及 PORTD 的宣告
        PORTD = 0x00;          // 將 PORTD 清除為 0
        TRISD = 0;             // 將 TRISD 設為 0，PORTD 設定為輸出
        PORTDbits.RD0 = 0;    // 將 PORTD 的 0 位元設定為 0 點亮 LED0
        while (1) ;           // 無窮迴圈
}
```

在程式檔中，只要是以雙斜線（//）作為某一行開端的敘述，表示這一行是與程式無關的註解敘述。或者是當讀者看到某一行開端使用斜線加上星號（/*），表示這是一個註解敘述區塊的開始；而在註解區塊的結束，將會以星號加上斜線（*/）作為註記。除了這些註解敘述之外，其他所有的指述（Statement）都將會與程式的執行有關，這些指述就必須要依照標準 C 程式語法的規定來撰寫。

在範例程式的開端，我們看到了

```
#include <xc.h>
```

#include 不是 C 程式語言的標準指令，它們比較像是我們前面介紹的虛擬指令，用來定義或處理標準 C 程式語言所沒有辦法處理或執行的工作。例如，上述的兩行指述就使用了 #include 將另外一個表頭檔的內容〈xc.h〉，在這個位置納入到這個檔案中。

可執行程式碼的開端必須由一個 main（void）函式開始。在 main（void）前面所增加的 void 是用來宣告這一個程式回傳值的型別屬性；在此因為沒有回傳值，故用 void。我們將在稍後再詳細介紹型別屬性的意義。括號內的

CHAPTER

4

void 表示這個 main 函式不需要任何參數的傳遞。而 main 這個函式所包含的範圍將包括在兩個大括號 {} 之間。

在這兩個大括號 {} 之間，就是許多可執行程式碼的指述（Statement）。每一個程式指述都會以一個分號（ ; ）作為結束。這一些指述在經過 C 程式語言編譯器的轉譯之後，就會被改寫為可以在對應的機器以及作業系統下執行的指令集。每一個 C 程式語言編譯器都是針對特定的機器與系統，對這些指述作出特別的轉譯；因此，經過轉譯後的輸出是沒有辦法移轉到不同的系統或者機器上執行的。然而由於 C 語言有全球一致的標準，所以使用者仍然可以將以 C 語言撰寫的程式檔案移轉到不同的機器及系統上，經過重新編譯之後即可在不同的系統上執行。這也就是我們前面強調的可攜性。

在每一個指述裡面，都會包含有至少一個的運算子以及兩個以上的運算元。例如在第一個指述中，

```
PORTD=0x00;              // 將 PORTD 設定
```

PORTD 及 0xFF 就是兩個運算元，而等號（ = ）就是運算子。這一個指述將把一個常數 0xFF 寫入到 PORTD 變數符號所代表的記憶體位址。

C語言的基本運算子

基本上，C 程式語言包含了 3 種運算子：數學運算子、關係運算子及邏輯運算子。所有的基本運算子經過整理後，整理如表 4-1 所示。

表 4-1　C 程式語言的基本運算子

符號	功能	符號	功能
( )	群組	==	等於的關係比較
->	結構變數指標	!=	不等於的關係比較
!	邏輯反轉（NOT）運算	&	位元的且（AND）運算
～	1的補數法計算	^	位元互斥或（XOR）運算

表 4-1　C 程式語言的基本運算子（續）

符號	功能	符號	功能
++	遞增1	|	位元的或（OR）運算
	遞減1	&&	邏輯且（AND）運算
*	間接定址符號	||	邏輯或（OR）運算
&	讀取位址	?:	條件敘述式
*	乘法運算	=	數值指定
/	除法運算	+=	加法運算並存回
%	餘數運算	-=	減法運算並存回
+	加法運算	*=	乘法運算並存回
-	減法運算	/=	除法運算並存回
<<	向左移位	%=	餘數運算並存回
<	向右移位	>>=	向右移位運算並存回
<=	小於的關係比較	<<=	向左移位運算並存回
>	小於或等於的關係比較	&=	位元且（AND）運算並存回
>	大於的關係比較	^=	位元互斥或（XOR）運算並存回
>=	大於或等於的關係比較	|=	位元或（OR）運算並存回

CHAPTER 4

　　數學運算子主要是將定義的運算元做基本的算術運算；關係運算子則是在比較運算元之間的大小與差異關係；而邏輯運算子則是將其運算元做邏輯上的布林運算。

　　程式流程控制指述

　　除了運算子之外，在 C 語言裡面還有一個很重要的元素，就是控制程式流程的流程指述。控制流程指是用來描述程式碼及計算進行的順序，C 程式語言所包含的控制流程指述整理如下，

```
if（邏輯敘述）指述；　　[else　　　　指述；]
while（邏輯敘述）指述；
do　指述；while（邏輯敘述）
```

```
for(指述 1；邏輯敘述；指述 2)          指述；
switch(敘述){case: 指述；          …[ default: 指述；]}
return 指述；
goto label;
label: 指述；
break;
continue;
```

如果一個控制流程指述後面有超過一個以上的指述必須要執行，這時候可以用兩個大括號（{　}）來定義其開始與結束的範圍，這個範圍我們稱之為一個指述區塊（Block）。

　　{指述；…; 指述;}

4.3　變數型別與變數宣告

每一個程式指述裡面，都會有需要運算處理的數據資料。而這些數據資料都會被儲存在一個特別的記憶體位址，這些位址都需要一個符號作為在程式裡面的代表，這個符號就是我們所謂的變數（Variable）。由於運算需求的不同，每一個變數所需要的長度以及位址都有所不同，因此也產生了許多不同的變數型別（Data Type）。標準的 C 程式語言中定義了幾種可使用的變數型別，包含

int	整數
float	浮點數或實數
char	文字符號
short	短整數
long	長整數
double	倍準實數

這些基本的變數型別所佔用的記憶體長度，會隨著所使用的機器與編譯器的不同而有所改變。一般我們可以用下列的語法來宣告變數的型別屬性。

```
變數型別　　變數名稱 1,　變數名稱 2, … ;
例如： int　fahr, celsius;
```

4.4　函式結構

　　函式或稱作副程式，利用函式可以將大型計算處理工作分解成若干比較小型的工作，同時也可以快速地利用已經寫好的函式而不必重新撰寫。使用函式的時候，並不需要知道它們的內容；只要了解它們的使用方法、宣告方式及輸出入參數便可以利用它們來完成運算。因此，一般的 C 程式語言編譯器允許使用者利用已經編譯成目標檔的函式庫或程式碼，只要透過適當的聯結器處理，便可以將它們與使用者自行撰寫的程式聯結組合成一個完整的應用程式。一般的商業程式編譯器大多會提供一些函式庫的目標檔，雖然可以提供使用者應用這些函式庫，但保留了函式庫的原始程式碼以保護其商業利益。幸運的是，Microchip 在 XC8 編譯器中已經包含了函式庫中所有相關函式的原始程式碼，使用者如果有興趣了解相關的函式，或者希望訓練自己更好的程式技巧，不妨開啟這些函式庫的原始程式碼來學習更高階的程式技巧。要注意的是，部分的函式庫原始程式碼是以組合語言來撰寫的，其目的是要提高執行的效率。

　　一個函式的內容，基本上，就是一個指述區塊。為了方便編譯器了解這個指述區塊的開始與結束，在函式的起頭必須要給它一個名稱；同時要定義這個函式回傳值的資料屬性，以及需要從呼叫指述所在的位置傳入或傳輸函式的相關數據資料。例如，在範例程式中

```
void main (void)
```

就是一個函式定義的型別；在這裡，main 是函式名稱，void 指出這個函式沒有回傳值的資料，括號內的 void 告訴編譯器沒有任何的輸出或輸入數據資料。而整個函式的範圍就是用兩個大括號（{}）來定義開始與結束的位置。

　　由於 main（）是這個應用程式的主程式，所以在這個函式區塊的結束之前不需要加入 return 指述；但是如果是在一般的被呼叫函式中，最後一行或者是在需要返回呼叫程式的地方就必須要加上 return 指述，以便程式在執行中由

函式返回到呼叫的位址。

4.5　陣列

　　當程式中需要使用許多變數時，我們往往會發現變數的類別、名稱與數量常常會超出我們的想像。這時候，可以利用陣列（Array）將性質相近或相同的變數整合在一個陣列中，給予它一個共同的名稱，並由陣列指標數字區分性質相近的變數。例如，如果我們要定義一年中每個月的天數，我們可以用下面兩種不同的方法來宣告我們所要的變數。

```
int Jan, Feb, Mar, Apr, May, Jun, Jul, Aug, Sep, Oct, Nov, Dec;
int Month[12];
```

　　第一種方法定義了 12 個整數變數，可以讓程式碼將每個月的天數儲存到這些變數中；第二種方法則定義了一個叫做 Month 的整數陣列，並保留了 12 個位址來儲存這些天數。這樣的方式，可以讓程式寫的比較簡潔，而且在執行重複的工作時會特別有效率。要注意，在 C 語言中陣列註標是由 0 開始的；因此在上面的定義中，Month[0] 相當於第一種定義中的 Jan。

　　陣列的大小可以有好幾個陣列註標來擴張。所以如果使用者要定義一個陣列來表示每一年的某一天時，可以用下面的定義方式。

```
int day[12][31];
```

　　到這裡，我們已經介紹了 C 語言中比較基本且常用的元素。接下來，要介紹幾個 C 語言中比較進階而困難的元件，但是這些元件的使用將會大幅地提高程式撰寫以及執行的效率。

4.6　結構變數

　　結構變數（Structure）是 C 程式語言的一種特殊資料變數型別。在前面的陣列中，我們學到了如何將一群性質類似或相同的變數用陣列來宣告。但是，如果有一群不同型別的變數必須要一起處理，或者它們之間有某種共同的相關性時，要怎麼辦呢？

C 語言提供了一種變數型別叫作結構（Struct），它是由一個或多個變數組成，各個變數可為不同的型別，一起透過一個名稱宣告可以便於處理。例如，要定義一個點在平面上的座標，必須要定義兩個變數來使用。如果我們要定義兩個不同點的座標時，要怎麼處理呢？我們可以比較下面 4 個定義方式：

```
int  x1,  y1,  x2,  y2;
int  x[2],    y[2];
int  point1[2]  point2[2];
struct point {
    int x;
    int y;
} point1, point2;
```

如果使用的是第一種宣告，基本上這四個座標值是分開獨立的變數；第二種宣告則是將兩個不同點的 X 座標宣告成一個陣列，Y 座標宣告成一個陣列；第三種宣告則是將同一個點的 X 及 Y 座標宣告在各自的陣列中。這三種宣告的方式，在程式的撰寫上都有其使用的不方便。如果使用第四種，也就是結構型別的宣告，這時如果要處理第一個點的 X 或 Y 座標時，可以用下列的指述在執行。

```
point1.x=point1.y;
```

我們可以看到，這樣的結構型別宣告可以讓程式的撰寫簡潔而有效率；同時又能夠維持程式的可讀性。這一個方式在定義 PIC 微控制器輸出入埠的腳位時，變得非常地有幫助。就像在程式範例中所使用的 PORTDbits.RD0，直接用名稱就可以看出來這個變數是 PORTD 輸出入埠的第 0 隻接腳 RD0。有興趣的讀者不妨打開 XC8 所提供的各個 PIC 微控制器表頭檔，將會發現有許多的硬體周邊與腳位都是以這樣的方式來定義的。

4.7　集合宣告

集合（union）也是一種 C 語言的特殊資料變數宣告方式。這種宣告的目的是要將許多不同的變數經過集合的宣告後，放置到同樣一個記憶體的區塊內。有兩種情形使用者會需要以這種方式來做宣告：第一種是為了要節省記憶體空間，將一些不會同時使用到的變數宣告放到同一個記憶體區間，這樣可以節省程式所佔用的記憶體；另一種情形則是因為同一個記憶體在程式撰寫的過程中，或是在硬體的設計上有著不同的名稱。因此程式撰寫者希望藉由集合的宣告，將所使用或定義的不同名稱指向同一個記憶體位置。例如，我們可以把一個有關計時器的變數宣告如下，

```
union Timers {
  unsigned int lt;
  char bt[2];
} timer;

timer.bt[0] = TMRxL;    // Read Lower byte
timer.bt[1] = TMRxH;    // Read Upper byte
timer.lt++;
```

在這裡，我們宣告了一個集合變數 timer；它的 Timers 集合型別宣告形式定義了這個變數包含了一個 16 位元長度的變數 timer.lt 或者是可以用另一組兩個稱為 timer.bt[0] 及 timer.bt[1] 的 8 位元長度變數。所以在後續的指述中，使用者可以個別的將兩個 8 位元的資料儲存到 8 位元的變數；也可以用 16 位元長度的方式來作運算處理。要注意的是，任何一個集合形式或變數名稱的運算處理將會改變這個記憶體位置裡面的內容。

4.8 指標

指標（Pointer）是一種變數，它儲存著另一個變數的位址。指標在 C 程式中用得很多，一方面是因為有些工作只有指標才能完成，另一方面則是使用指標常可使程式更精簡而有效率。指標與陣列在使用上有密切的關係。

在指述中我們可以利用運算子 & 取得一個變數的位址。例如，

```
p=&c;
```

會將變數 c 的位址儲存到變數 p 中。這時候我們說 p 是變數 c 的指標。同時我們可以配合另外一個運算子 * 的運用，將指標所指向位址的記憶體內容讀取出來使用。位址藉由指標的使用這時候，我們可以用間接定址的方式來做一些運算處理。例如，

```
ip=&x;          //ip 是變數 x 的指標
y=*ip;          // 現在，變數 y 的內容等於變數 x 的內容
*ip=0;          // 現在，變數 x 的內容等於 0
```

由這個範例我們可以看出，在某一些特別的運算中，我們可以使用指標間接指向變數所在的位址，而不必直接使用變數名稱。

本書對於 C 程式語言的介紹就將在這裡告一段落，如果讀者覺得還需要更多對 C 語言的了解，可以參閱　he C Programming Language, B.W. Kerighan & D. M. Ritchie, 2nd Ed., Prentice Hall。

4.9 MPLAB XC8編譯器簡介

◉ MPLAB XC8專案

在附錄 A 的範例專案中，說明了如何使用 C 語言程式檔案完成專案。讀

者可以參考附錄 A 了解如何使用 XC8 建立專案的過程。

　　如圖 4-1 所示，建立一個 XC8 專案包含了兩個步驟的流程。首先，各個 C 原始程式檔案被編譯成目標檔；然後各個目標檔將被聯結並產生一個輸出檔作為下載到微控制器的程式燒錄檔案。

　　除了 C 程式語言檔之外，專案可能包含了函式庫檔案。這些函式庫檔案將會與目標檔聯結在一起。函式庫是由一些事先編譯過的目標檔所組成，它們是一些基本的函式，可以在專案中使用而不需要編譯。

　　XC8 使用一個叫做 hlink 的應用程式進行專案中相關檔案的聯結。在一般的情況下，使用者並不需要特別地執行這個程式來進行聯結，而是由 XC8 自行地呼叫這個聯結程式來完成。要單獨使用這一個 hlink 聯結器的程式來進行聯結的動作並不是一件簡單的事，使用者必須具備相當的程式編譯器（Compiler）以及程式聯結的相關知識才能夠完成。如果使用者真的需要進行手動聯結的設定，可以參閱相關的使用手冊說明。在聯結時，hlink 聯結器利用專案的聯結敘述檔來了解控制器中可以運用的記憶體。然後，它將目標檔以及函式庫檔案中所有的程式碼以及變數安置到控制器可用的記憶體。最後，聯結器將產生輸出檔以供除錯與燒錄使用。

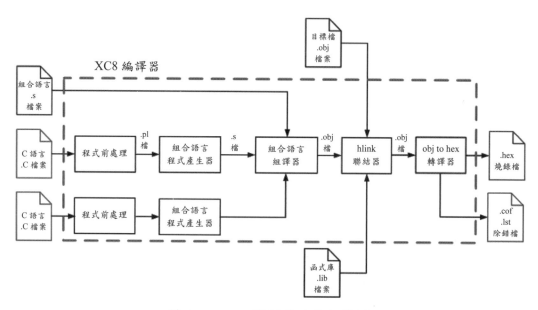

圖 4-1　XC8 編譯器功能架構圖

4.10　XC8編譯器程式語言功能與特性

　　MPLAB XC8 C 語言程式編譯器是一個可獨立執行而且經過最佳化的 ISO C90（也就是一般熟知的 ANSI C）編譯器。這個編譯器支援所有的 8 位元 PIC 微控制器，包括 PIC10/12/16 以及 PIC18 系列的裝置。這個編譯器的程式並且支援許多已知的電腦作業系統，包括 Windows®、Linux® 及 Mac OS® X。使用者可以在安裝 Microchip MPLAB X IDE 整合式開發環境軟體之後，再另行下載安裝 MPLAB XC8 編譯器軟體程式，便可以在整合式開發環境下使用這個編譯器。使用者並且可以在整合式開發環境下，進行相關 C 語言程式的編輯、檢查與除錯。

　　MPLAB XC8 編譯器提供三個不同的操作模式：免費版、標準版以及專業版。標準桿及專業版必須要取得一個註冊序號以便啟動相關的操作模式；免費版則不需要取得註冊就可以使用。所有的版本都支援一樣的基本編譯器執行、各種微控制器裝置及可使用的記憶體數量。版本之間的差異主要是在編譯器可進行的程式最佳化的效率及程度設定。在本書中將使用免費的版本進行範例的處理，以減少讀者的負擔。

　　MPLAB XC8 C 編譯器擁有些下列的特性：

- 與 ISO C90（即 ANSI C）標準相容
- 與 MPLAB X IDE 整合式發展環境整合，提供使用容易的專案管理及原始碼的除錯檢查
- 能夠產生可攜的函式庫模組以加強程式的應用性
- 與 PIC-AS 組譯器上所編輯的組合語言檔案相容，允許在單一的專案內完全自由地混合組合語言及 C 語言應用程式模組
- 簡單和透明的記憶體讀寫方法
- 支援嵌入式組合語言的撰寫以便完全地控制應用程式的執行
- 高效率的程式產生引擎，以及多層次設定的程式碼最佳化
- 眾多的周邊函式庫支援，包括周邊硬體、字串處理以及數學函式庫
- 使用者可完全控制的資料與程式記憶體位址分配

4.11　MPLAB XC8編譯器特定的C語言功能

◎資料型別與限制

■ 整數型別

　　MPLAB XC8 支援標準 ANSI 定義的整數型別。標準整數型別所能夠表示的數值範圍與所占的記憶體大小如表 4-2 所示。

表 4-2　標準整數型別所能夠表示的數值範圍與所占的記憶體大小

整數型別	記憶體大小	最小值	最大值
bit	1	0	1
signed char	8	-128	127
unsigned char	8	0	255
signed short	16	-32768	32767
unsigned short	16	0	65535
signed int	16	-32768	32767
unsigned int	16	0	65535
signed short long	24	-8,388,608	8,388,607
unsigned short long	24	0	16,777,215
signed long	32	-2,147,483,648	2,147,483,647
unsigned long	32	0	$2^{32}-1$
signed long long	32	-2^{31}	$2^{31}-1$
unsigned long long	32	0	$2^{32}-1$

註：只使用char宣告變數時，將會對應到unsign char的資料型別

■ 浮點數型別

　　MPLAB XC8 編譯器支援 24 或 32 浮點數的資料型別。以浮點數型別宣告的變數將會使用 IEEE 754 標準的 32 位元格式或者是縮減的 24 位元格式建立

對應的資料記憶體空間。

　　對於 double 或 float 資料型別 MPLAB XC8 自動預設使用 24 個位元長度的浮點數型別。浮點數型別所能夠表示的數值範圍與所占的記憶體大小如表 4-3 與 4-4 所示。

表 4-3　浮點數型別所占的記憶體大小

變數型別	使用位元（bits）	數值型式
float	24 or 32	實數
double	24 or 32	實數
long double	與double相同	實數

表 4-4　浮點數型別所表示的數值範圍

格式	正負號 Sign	偏移冪次 Biased Exponent	尾數 Mantissa
IEEE754 32-bit	x	xxxx xxxx	xxx xxxx xxxx xxxx xxxx xxxx
modified IEEE754 24bit	x	xxxx xxxx	xxx xxxx xxxx xxxx

數值 $=(-1)^{sign} \times 2^{(exponent-127)} \times 1.\, mantissa$

■ 資料型別的儲存方式

　　資料型別的位元儲存方式指的是對多位元變數數值的位元儲存順序。MPLAB XC8 採用的資料儲存方式是低位元優先（Little-endian）的儲存格式。換句話說，在交替位址的位元資料將會儲存著較小的數值，也就是所謂的低位數優先（little-end-first）。例如，在程式中下列的數值儲存方式

```
unsigned long long1;
long1=0xAABBCCDD;
```

經過定義後，在資料記憶體中的儲存位址分別為：

Address	0x0200	0x0201	0x0202	0x0203
Content	0xDD	0xCC	0xBB	0xAA

儲存類別

　　MPLAB XC8 編譯器支援標準 ANSI 的儲存類別，包括 auto 及 static。如果應用程式沒有特別宣告的話，一般的變數資料型別將會預設為 auto。依照 ANSI C 的標準，宣告為 auto 的變數，其記憶體空間將會依照宣告此變數的函式執行期間進行使用及控制，除非宣告為全域變數，一旦函示執行完畢並不保證所對應的記憶體空間內資料的保留。如果需要保留變數所對應的記憶體空間內資料以便在程式跳躍時仍然可以使用的話，必須在變數宣告的時候使用 static 的儲存類別。

　　如果應用程式沒有特別宣告的話，一般的變數資料型別將會預設為 auto。

資料儲存的分類

　　除了標準的儲存分類（Qualifier）const、eeprom 及 volatile 之外，MPLAB XC8 編譯器另外提供了下列幾種儲存記憶體分類：far 及 near。這些儲存分類將會決定宣告變數所使用的記憶體空間所在。簡單地以下面幾行的範例程式作為說明。

```
const unsiged char A;
eeprom unsigned int B;
volatile singed short C;
```

　　const 的宣告將會使變數 A 定義為一個不會改變數值的參數，因此 XC8 編譯器將會把 A 的資料儲存位置安排在程式記憶體空間。而 B 變數使用 eeprom 的儲存分類，將會指定它的記憶體空間使用 EEPROM。變數 C 因為使用 volatile 的儲存分類，將會使編譯器知道它的數值內容並不是一個固定的內容，可能由其他的功能所改變，例如各個周邊功能所使用的特殊功能暫存器，可能因為外部的訊號而改變其內容。

```
near signed char D;
far float E;
```

　　near 與 far 的儲存分類是為了要依照相關變數使用的頻率及存取速度來定義所安排的記憶體空間，所以當變數宣告使用 near 儲存分類時，XC8 編譯器將會把這些變數安置在可以比較快速取得的記憶體空間，也就是 PIC18 的擷取區塊（Access Bank）；因為使用擷取區塊的記憶體可以用較短的程式長度快速地取得資料。如果使用 far 的儲存分類宣告，通常是會將相關的變數安置在外部記憶體的空間，XC8 編譯器則是會將相關變數規劃安置在程式記憶體空間。如此一來，使用 far 儲存分類的變數存取速度將會相當地緩慢，除非是記憶體空間不敷使用，應該盡量避免。

包含檔案搜尋路徑

　　當使用

```
#include <filename>
```

指令將外部檔案的內容納入時，編譯器將會在編譯器執行檔所在的資料夾內尋找所列出的檔案，並將其內容納入到程式碼中。但是如果使用

```
#include "filename"
```

指令時，編譯器將會在專案預設的搜尋路徑內尋找所列出的檔案，並將其內容納入到程式碼中。這個選項可以在 MPLAB IDE 功能選項中的 Project>Build Option>Project 選項中設定。

字串常數

　　一般被安置在程式記憶體中的資料通常是作為靜態的字串使用。MPLAB XC8 編譯器會自動地將所有的字串常數安置在程式記憶體中。這一類的字串常數通常是以字元陣列（char array）的方式宣告的。例如，

```
const char table[][20] = { "string 1", "string 2", "string 3",
"string 4" };
```

將會為每個字串宣告 20 個位元長的程式記憶體位址，也就是 80 個位元組。

4.12　嵌入式組合語言指令

　　為了要讓使用者的應用程式能夠精確地掌握微處理器運算的時間與指令內容，MPLAB XC8 編譯器提供了一個內部的組譯器，並使用類似 PIC-AS 組譯器的語法指令，必須將每一個組合語言的指令引數完整而清楚地定義才能夠執行。

　　如果只要嵌入一行的組合語言指令時，可以使用 asm( ) 的方式處理。例如

```
asm("BCF 0,3");
```

如果有多行組合語言指令必須要加入，可以每一個指令逐行撰寫，例如：

```
// 嵌入式組合語言確保程序執行
asm("movlb    0x0F");
asm("movlw    0x55");
asm("movwf    EECON2, a");
asm("movlw    0xAA");
asm("movwf    EECON2, a");
asm("bsf      EECON1, 1, a");
```

或者使用 \n 插入指令之間連結各行，例如：

```
// 嵌入式組合語言連結的撰寫方式
asm("movlb   0x0F \nmovlw    0x55");
```

由於所撰寫的嵌入式組合語言區塊並不會由編譯器進行最佳化的處理，在一般的狀況下通常不建議使用嵌入式組合語言的方式撰寫程式。如果程式中有大量的嵌入式組合語言指令時，建議使用者利用專案中不同的檔案撰寫組合語言的程式檔，然後再使用聯結器連結，以便得到最佳的效果。

4.13 pragma

pragma 是 ANSI 標準中的一個定義字，利用這個定義字可以讓編譯器根據特定的需求產生相對應的程式設計或硬體規劃。MPLAB XC8 編譯器利用 pragma 定義字在應用程式中做了許多與硬體相關的規劃與使用。雖然這個定義字所定義的內容與應用程式的執行似乎沒有絕對的關係，但使用它可以有效地規劃編譯程式時的功能；所以妥善地利用 pragma 定義字將可以幫助與程式執行的效率。特別是利用 #pragma 來定義微控制器的設定位元以決定微控制器系統功能是一個必要的定義方式。

◉ #pragma config

虛擬指令 #pragma config   可以被用來定義特定微控制器的設定位元。XC8 編譯器將會自動地檢查相關的控制位元是否被定義過；如果沒有的話，編譯器將會自動產生相關的設定位元程式碼。否則的話，相關的設定位元將會被設定為預設的初始值。

例如，

```
#pragma config WDT = ON, WDTPS = 128
#pragma config OSC = HS
```

```
...
void main (void)
{
...
}
```

　　上述的程式碼將會把微控制器的監視計時器啓動；並設定監視計時器的後除器爲 1:128；並將微控制器所使用的時序震盪來源設定爲 HS。相關的設定位元設定方式可以利用 MPLAB X IDE 的設定位元視窗設定所需要的各項功能選項之後，輸出並儲存爲一個程式檔案，再由使用者自行納入專案中即可使用，這樣可以有效地減少系統設定時錯誤的發生。如圖 4-2 與 4-3 和所示。

圖 4-2　系統設定位元視窗與程式碼輸出

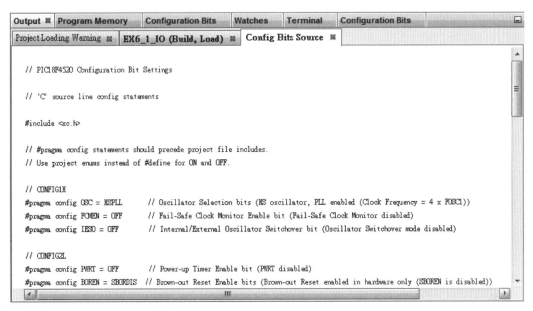

圖 4-3　系統設定位元輸出程式碼視窗

4.14　特定微控制器的表頭檔

　　為了要能夠在 C 程式語言的程式碼中快速地撰寫相關的暫存器名稱與相關位元的使用，XC8 編譯器提供了所有相關微控制器的表頭檔。在表頭檔中，將詳細地定義所有特定微控制器相關的暫存器名稱與位元定義，例如與 PORTA 暫存器相關的定義內容如下：

```
extern volatile near unsigned char PORTA;
```
以及
```
extern volatile near union {
  struct {
    unsigned RA0:1;
    unsigned RA1:1;
    unsigned RA2:1;
    unsigned RA3:1;
```

```
    unsigned RA4:1;
    unsigned RA5:1;
    unsigned RA6:1;
  } ;
  struct {
    unsigned AN0:1;
    unsigned AN1:1;
    unsigned AN2:1;
    unsigned AN3:1;
    unsigned T0CKI:1;
    unsigned SS:1;
    unsigned OSC2:1;
  } ;
  struct {
    unsigned :2;
    unsigned VREFM:1;
    unsigned VREFP:1;
    unsigned :1;
    unsigned AN4:1;
    unsigned CLKOUT:1;
  } ;
  struct {
    unsigned :5;
    unsigned LVDIN:1;
  } ;
} PORTAbits ;
```

如此一來，在 C 語言程式檔中，便可以直接以名稱定義相關的暫存器，
並作適當的運算處理。例如：

```
PORTA = 0x34;      /* 指定 0x34 數值到 PORTA 暫存器 */
```

```
PORTAbits.AN0 = 1; /* 設定 AN0 腳位為高電壓 */
PORTAbits.RA0 = 1; /* 與上一個敘述相同的作用 */
```

更進一步地，新的 XC8 表頭檔也提供了位元名稱的定義，因此使用者可以單獨使用位元名稱進行設定或者資料運算處理。例如，

```
RA0=1;
```

除此之外，表頭檔中並定義了一些在 C 程式語言中所沒有辦法撰寫的特定微處理器組合語言指令的巨集函式（macro），這些巨集指令包括：Nop ( )、ClrWdt ( )、Sleep ( )、Reset ( )。

4.15　MPLAB XC8的函式處理方式

在接下來的內容中，我們將討論與 XC8 編譯器執行方式與相關的設定內容產生的結果差異。

▌函式的程式記憶體位址

微控制器的程式為了要滿足韌體更新，或者是 bootloader 軟體燒錄程式的需求，有時候必須要指定相關函式的程式記憶體位址。如果需要指定特定的 C 語言函式的程式記憶體位址時，可以利用 @ 符號的方式處理。例如，如果要將函式 ABC 指定放在程式記憶體位址 0x400 開始的記憶體空間，可以使用下列的方式撰寫：

```
int ABC(unsigend char A) @ 0x400
{
        /* 程式內容 */
}
```

呼叫函式的方式

　　以 C 語言撰寫的函式在經過 XC8 編譯器的處理後，會以函式名稱前面再加上一個底線的符號 "_" 作為轉換成組合語言程式碼之後的標籤，作為被呼叫時的程式記憶體位址。例如，前面例子所使用的函式名稱 ABC 在經過 XC8 編譯器的處理後，將會在組合語言中以 _ABC 的標籤註記函式所在的記憶體位址。如果專案中有其他的組合語言程式需要呼叫這一個函式的時候，必須要使用 _ABC 的名稱呼叫。同樣地，如果有使用組合語言撰寫函式而必須要被 C 語言的程式呼叫時，也必須要在標籤的前面加上一個底線符號。例如，_XYZ 的組合語言函式可以在 C 語言程式中以 XYZ 的名稱被呼叫執行。

函式引數的傳遞位址

　　如果程式中的函式需要使用傳遞數值的引數時，XC8 編譯器將會使用 W 工作暫存器傳遞一個位元組的資料，如果需要的話也會使用其他的暫存器傳遞額外的引數內容。例如，下列的函式

```
void test(char a, int b);
```

　　將會從 W 工作暫存器收到引數 a 的數值內容，而引數 b 的部分將藉由與函式相關的記憶體區塊位址取得。例如，

```
test(xyz, 8);
```

將會由 XC8 編譯器轉換成類似於下列的組合語言程式碼：

```
MOVLW 08h         ;將常數 8 移到 W 工作暫存器
MOVWF ?_test      ;將 W 工作暫存器內容移到函式相關的第一個位元組記憶體
CLRF  ?_test+1    ;由於第二個引數為 16 位元長度的整數，因此清空高位元組的
                   內容
```

```
MOVF   xyz,w        ; 將變數 xyz 的內容一到 W 工作暫存器
CALL   (_test)      ; 在完成引數的數值移動後，呼叫 test 函式
```

▸ 函式的數值回傳

當被呼叫函式完成資料的運算之後，有時候必須要回傳資料結果回到原呼叫函式。如果所需要回傳的資料結果只有 8 位元的長度時，將會使用 W 工作暫存器；如果所需要回傳的資料結果長度大於八個位元的時候，將會使用相關的函式記憶體區塊進行資料的回傳。例如，

```
int  return_16(void)
{
    /* 程式內容 */
    return 0x1234;
}
```

執行完畢回傳數值時，將會產生類似於下列的組合語言程式碼：

```
MOVLW    34h
MOVWF    (?_return_16)
MOVLW    12h
MOVWF    (?_return_16)+1
RETURN
```

這時候，數值內容與記憶體位址的安排是使用 little-endian 的方式處理。

CHAPTER

4

4.16 混合C語言及組合語言程式碼

使用與撰寫微控制器應用程式的一個重要因素便是即時的程式運作,而為了要達成這樣的目的在撰寫程式的時候常常為了縮短程式的長度以提高程式執行的效率。使用組合語言來撰寫微控制器應用程式最大的優勢便是在於能夠更有效地掌控程式的效率,但是這往往也需要相當的實務經驗才能夠達到這樣的目的。而使用 C 程式語言來撰寫微處理器的應用程式時,最常用令人垢病與嫌棄的就是無法掌握程式執行的效率。這是因為使用者所撰寫的 C 語言應用程式必須經由特定的編譯器轉譯成組合語言程式碼,而這中間的轉換過程使用者並沒有辦法確切地掌握,因而產生執行上的差異。

為了解決這個困難,除了先前所介紹嵌入式組合語言的方法之外,為了更有效而且精確地掌握程式執行的效率與時間,MPLAB XC8 編譯器提供了使用者在程式中同時撰寫 C 語言及組合語言程式,並且可以彼此互相呼叫傳遞引數的方法。如此一來,使用者不但可以利用 C 語言的便利,同時也能夠在重要的部分利用組合語言掌握程式執行的效率。

◗ 組合語言程式呼叫C語言函式

如果使用者的應用程式需要由組合語言程式呼叫 C 語言所撰寫的函式時,必須要注意到下面的幾個事項:

除非在函式宣告時有額外的設定,否則 C 語言函式將內定為全域函式。

在組合語言程式檔中,必須將所要呼叫的 C 語言函式名稱宣告為外部(extrn)函式。在組合語言程式中,C 語言函式名稱前必須加一個底線符號

在組合語言程式中,必須要以 CALL 或者 RCALL 來呼叫 C 語言函式。

在撰寫組合語言程式時,必須要在程式最前端加上

```
#include <xc.inc>
```

的定義檔,才能夠正確的使用 XC8 在 C 語言程式中所使用的相關符號定義。

例如,在組合語言程式中需要呼叫一個 C 語言函式 add() 的時候,可以在

CHAPTER

4

組合語言程式中撰寫

```
extrn _add
;
; 相關程式內容
;

call _add
```

便可以使用 C 語言函式 add()。

C語言程式呼叫組合語言函式

如果使用者撰寫 C 語言程式而需要呼叫以組合語言撰寫的函式時，必須要注意到下列的事項：

在組合語言檔案中必須要將被呼叫的函式標籤宣告成全域（global）標籤

在 C 語言程式中必須要將被呼叫的函式宣告為外部（extern）函式

在撰寫組合語言程式時，必須要在程式最前端加上

```
#include <xc.inc>
```

例如，撰寫一個可以被 C 語言呼叫的 add(char x) 組合語言函式時，可以參考下面的範例。

```
#include <xc.inc>
GLOBAL  _add                ; 將函式名稱做全域宣告
SIGNAT  _add,4217           ; 為聯結器定義函式呼叫名稱與核對值
; 指定程式儲存的記憶體空間
PSECT mytext, local, class=CODE, delta=2
; 函式將 PORTB 與 W 相加後 ( 以 W) 回傳
```

```
_add:
; 呼叫時，被加數以儲存於 W
      BANKSEL (PORTB)              ; 選擇區塊
      ADDWF BANKMASK(PORTB),w   ; 與 W 相加
; 因為只有一個 8 位元回傳數值，故以 W 為回傳值
            RETURN
```

4.17 中斷執行程式的宣告

使用者可以利用程式分類定義字 interrupt 或者是 __interrupt 將任何一個函式定義成中斷訊號發生時所需要執行的中斷執行程式。由於 PIC18 系列的微控制器有高低優先中斷的設計，因此可以更進一步地使用 high_priority 定義高優先中斷訊號發生時的中斷執行程式，以及使用 low_priority 定義低優先中斷訊號發生時的中的執行程式。如果僅使用 interrupt 或 __interrupt 的話，將會是為高優先中斷執行程式。使用時不需要再額外定義中斷向量所在的程式記憶體位址。

以下是一個高優先中斷訊號的中斷執行程式範例。

```
int tick_count;
void interrupt tc_int(void)
{
      if (TMR0IE && TMR0IF) {
            TMR0IF=0;
            ++tick_count;
            return;
      }
// 其他程式內容
}
```

同樣地，低優先中斷訊號的中斷執行程式則可以參考下列的範例。

```
void interrupt low_priority tc_clr(void) {
    if (TMR1IE && TMR1IF) {
        TMR1IF=0;
        tick_count = 0;
        return;
    }
// 其他程式內容
}
```

4.18 MPLAB XC8函式庫

　　相信許多撰寫過微控制器組合語言程式的讀者都發現到，雖然組合語言的指令不多，但是要將它們串連起來成為一個功能完整的執行函式時必須要花費許多工夫。除了要藉由自己長時間的撰寫與磨練之外，另外一個方法就是不斷地收集適當的資源建立起可以使用的函式庫。

　　同樣地，即使是利用 C 程式語言撰寫微控制器的應用程式，也需要完整的函式庫才能夠有效地發揮微控制器硬體的功能，並且達到使用者所需要建立的功能。因此，為了減少使用者學習與撰寫微控制器收集語言程式的時間與困難，MPLAB XC8 編譯器提供了一套相當完整的 C 語言程式函式庫。使用者不但可以利用這些函式庫來撰寫相關的應用程式之外，同時有別於一般的商用函式庫，MPLAB XC8 編譯器並提供公開的函式庫程式碼。藉由程式碼的公開，使用者不但可以了解函式庫的執行方式與效率，同時也可以根據自我的需求改寫相關的函式內容以滿足不同的使用目的。

　　MPLAB XC8 編譯器所提供的函式庫可區分為四大部分：

1. 硬體周邊函式
2. 軟體周邊函式
3. 一般軟體函式

4. 數學運算函式

　　每一個的函式類別下面又根據個別的功能分類為不同的函式庫，在使用的時候只要在 XC8 專案的環境下適當定義專案性質中聯結函式庫的選項，將所需要的函式庫項目勾選，便可以直接使用這些 XC8 編譯器所提供的內建函式。

硬體周邊函式

　　根據不同的 PIC18 系列微控制器所配備的周邊硬體功能，MPLAB XC8 所提供的 PIC18F4520 硬體周邊函式庫（plib）包括下列的周邊硬體函式庫：

- 類比數位訊號轉換器（A/D Converter）
- 輸入訊號捕捉（Input Capture）
- IC 串列訊號通訊介面（I^2C^{TM}）
- 數位輸出入埠（I/O Ports）
- Microwire 串列訊號通訊介面（Microwire）
- 波寬調變模組（Pulse-Width Modulation, PWM）
- SPI 串列訊號通訊介面（SPI^{TM}）
- 計時器模組（Timer）
- 通用同步與非同步傳輸介面（USART）

每一個周邊硬體函式庫所包含的函式內容如下所列。

類比數位訊號轉換器（A/D Converter）

函式名稱	函式功能
BusyADC	Is A/D converter currently performing a conversion?
CloseADC	Disable the A/D converter.
ConvertADC	Start an A/D conversion.
OpenADC	Configure the A/D convertor.
ReadADC	Read the results of an A/D conversion.
SetChanADC	Select A/D channel to be used.

輸入訊號捕捉（Input Capture）

函式名稱	函式功能
CloseCapturex	Disable capture peripheral x.
OpenCapturex	Configure capture peripheral x.
ReadCapturex	Read a value from capture peripheral x.
CloseECapture	Disable enhanced capture peripheral x.
OpenECapturex	Configure enhanced capture peripheral x.
ReadECapturex	Read a value from enhanced capture peripheral x.

I^2C 串列訊號通訊介面（I^2C^{TM}）

函式名稱	函式功能
AckI2C	Generate I^2C^{TM} bus Acknowledgecondition.
CloseI2C	Disable the SSP module.
DataRdyI2C	Is the data available in the I^2C buffer?
getcI2C	Read a single byte from the I^2C bus.
getsI2C	Read a string from the I^2C bus operating in master I^2C mode.
IdleI2C	Loop until I^2C bus is idle.
NotAckI2C	Generate I^2C bus Not Acknowledgecondition.
OpenI2C	Configure the SSP module.
putcI2C	Write a single byte to the I^2C bus.
putsI2C	Write a string to the I^2C bus operating in either Master or Slave mode.
ReadI2C	Read a single byte from the I^2C bus.
RestartI2C	Generate an I^2C bus Restartcondition.
StartI2C	Generate an I^2C bus Startcondition.
StopI2C	Generate an I^2C bus Stopcondition.
WriteI2C	Write a single byte to the I^2C bus.

CHAPTER

4

數位輸出入埠（I/O Ports）

函式名稱	函式功能
ClosePORTB	Disable the interrupts and internal pull-up resistors for PORTB.
CloseRBxINT	Disable interrupts for PORTB pin x.
DisablePullups	Disable the internal pull-up resistors on PORTB.
EnablePullups	Enable the internal pull-up resistors on PORTB.
OpenPORTB	Configure the interrupts and internal pull-up resistors on PORTB.
OpenRBxINT	Enable interrupts for PORTB pin x.

Microwire 串列訊號通訊介面（Microwire）

函式名稱	函式功能
CloseMwire	Disable the SSP module used for Microwire communication.
DataRdyMwire	Indicate completion of the internal write cycle.
getcMwire	Read a byte from the Microwire device.
getsMwire	Read a string from the Microwire device.
OpenMwire	Configure the SSP module for Microwire use.
putcMwire	Write a byte to the Microwire device.
ReadMwire	Read a byte from the Microwire device.
WriteMwire	Write a byte to the Microwire device.

波寬調變模組（Pulse-Width Modulation, PWM）

函式名稱	函式功能
ClosePWMx	Disable PWM channel x.
OpenPWMx	Configure PWM channel x.
SetDCPWMx	Write a new duty cycle value to PWM channel x.
SetOutputPWMx	Sets the PWM output configuration bits for ECCP x.
CloseEPWMx	Disable enhanced PWM channel x.
OpenEPWMx	Configure enhanced PWM channel x.
SetDCEPWMx	Write a new duty cycle value to enhanced PWM channel x.
SetOutputEPWMx	Sets the enhanced PWM output configuration bits for ECCP x.

SPI 串列訊號通訊介面（SPI™）

函式名稱	函式功能
CloseSPI	Disable the SSP module used for SPI™ communications.
DataRdySPI	Determine if a new value is available from the SPI buffer.
getcSPI	Read a byte from the SPI bus.
getsSPI	Read a string from the SPI bus.
OpenSPI	Initialize the SSP module used for SPI communications.
putcSPI	Write a byte to the SPI bus.
putsSPI	Write a string to the SPI bus.
ReadSPI	Read a byte from the SPI bus.
WriteSPI	Write a byte to the SPI bus.

計時器模組（Timer）

函式名稱	函式功能
CloseTimerx	Disable timer x.
OpenTimerx	Configure and enable timer x.
ReadTimerx	Read the value of timer x.
WriteTimerx	Write a value into timer x.

通用同步與非同步傳輸介面（USART）

函式名稱	函式功能
BusyUSART	Is the USART transmitting?
CloseUSART	Disable the USART.
DataRdyUSART	Is data available in the USART read buffer?
getcUSART	Read a byte from the USART.
getsUSART	Read a string from the USART.
OpenUSART	Configure the USART.
putcUSART	Write a byte to the USART.
putsUSART	Write a string from data memory to the USART.

CHAPTER

4

通用同步與非同步傳輸介面（USART）（續）

函式名稱	函式功能
putrsUSART	Write a string from program memory to the USART.
ReadUSART	Read a byte from the USART.
WriteUSART	Write a byte to the USART.
baudUSART	Set the baud rate configuration bits for enhanced USART.

軟體周邊函式

對於配備較少硬體周邊的部分 PIC18 系列微控制器，當需要某些特定的周邊功能時也可以利用軟體及數位輸出入埠的運用方式完成特定功能。對於這一類的需求，MPLAB XC8 編譯器也提供了下列的軟體周邊函式庫，包括：

- 外部液晶顯示器控制函式庫（External LCD Functions）
- 外部 CAN 傳輸介面函式庫（External CAN2510 Functions）
- 軟體 I²C 傳輸介面函式庫（Software I²C™ Functions）
- 軟體 SPI 傳輸介面函式庫（Software SPI™ Functions）
- 軟體 UART 傳輸介面函式庫（Software UART Functions）

這一類軟體周邊函式庫所包含的函式內容如下所列。

外部液晶顯示器控制函式庫（External LCD Functions）

函式名稱	函式功能
BusyXLCD	Is the LCD controller busy?
OpenXLCD	Configure the I/O lines used for controlling the LCD and initialize the LCD.
putcXLCD	Write a byte to the LCD controller.
putsXLCD	Write a string from data memory to the LCD.
putrsXLCD	Write a string from program memory to the LCD.
ReadAddrXLCD	Read the address byte from the LCD controller.

外部液晶顯示器控制函式庫（External LCD Functions）（續）

函式名稱	函式功能
ReadDataXLCD	Read a byte from the LCD controller.
SetCGRamAddr	Set the character generator address.
SetDDRamAddr	Set the display data address.
WriteCmdXLCD	Write a command to the LCD controller.
WriteDataXLCD	Write a byte to the LCD controller.

外部 CAN 傳輸介面函式庫（External CAN2510 Functions）

函式名稱	函式功能
CAN2510BitModify	Modifies the specified bits in a register to the new values.
CAN2510ByteRead	Reads the MCP2510 register specified by the address.
CAN2510ByteWrite	Writes a value to the MCP2510 register specified by the address.
CAN2510DataRead	Reads a message from the specified receive buffer.
CAN2510DataReady	Determines if data is waiting in the specified receive buffer.
CAN2510Disable	Drives the selected PIC18CXXX I/O pin high to disable the Chip Select of the MCP2510.(1)
CAN2510Enable	Drives the selected PIC18CXXX I/O pin low to Chip Select the MCP2510.(1)
CAN2510ErrorState	Reads the current Error State of the CAN bus.
CAN2510Init	Initialize the PIC18CXXX SPI port for communications to the MCP2510 and then configures the MCP2510 registers to interface with the CAN bus.
CAN2510InterruptEnable	Modifies the CAN2510 interrupt enable bits (CANINTE register) to the new values.
CAN2510InterruptStatus	Indicates the source of the CAN2510 interrupt.
CAN2510LoadBufferStd	Loads a Standard data frame into the specified transfer buffer.

CHAPTER

4

外部 CAN 傳輸介面函式庫（External CAN2510 Functions）（續）

函式名稱	函式功能
CAN2510LoadBufferXtd	Loads an Extended data frame into the specified transfer buffer.
CAN2510LoadRTRStd	Loads a Standard remote frame into the specified transfer buffer.
CAN2510LoadRTRXtd	Loads an Extended remote frame into the specified transfer buffer.
CAN2510ReadMode	Reads the MCP2510 current mode of operation.
CAN2510ReadStatus	Reads the status of the MCP2510 Transmit and Receive Buffers.
CAN2510Reset	Resets the MCP2510.
CAN2510SendBuffer	Requests message transmission for the specified transmit buffer(s).
CAN2510SequentialRead	Reads the number of specified bytes in the MCP2510, starting at the specified address. These values will be stored in DataArray.
CAN2510SequentialWrite	Writes the number of specified bytes in the MCP2510, starting at the specified address. These values will be written from DataArray.
CAN2510SetBufferPriority	Loads the specified priority for the specified transmit buffer.
CAN2510SetMode	Configures the MCP2510 mode of operation.
CAN2510SetMsgFilterStd	Configures ALL of the filter and mask values of the specific receive buffer for a standard message.
CAN2510SetMsgFilterXtd	Configures ALL of the filter and mask values of the specific receive buffer for an extended message.
CAN2510SetSingleFilterStd	Configures the specified Receive filter with a filter value for a Standard (Std) message.
CAN2510SetSingleFilterXtd	Configures the specified Receive filter with a filter value for an Extended (Xtd) message.

外部 CAN 傳輸介面函式庫（External CAN2510 Functions）（續）

函式名稱	函式功能
CAN2510SetSingleMaskStd	Configures the specified Receive buffer mask with a mask value for a Standard (Std) format message.
CAN2510SetSingleMaskXtd	Configures the specified Receive buffer mask with a mask value for an Extended (Xtd) message.
CAN2510WriteBuffer	Initiates CAN message transmission of selected buffer.
CAN2510WriteStd	Writes a Standard format message out to the CAN bus using the first available transmit buffer.
CAN2510WriteXtd	Writes an Extended format message out to the CAN bus using the first available transmit buffer.

軟體 I²C 傳輸介面函式庫（Software I²C™ Functions）

函式名稱	函式功能
Clock_test	Generate a delay for slave clock stretching.
SWAckI2C	Generate an I²C™ bus Acknowledgecondition.
SWGetcI2C	Read a byte from the I²C bus.
SWGetsI2C	Read a data string.
SWNotAckI2C	Generate an I²C bus Not Acknowledgecondition.
SWPutcI2C	Write a single byte to the I²C bus.
SWPutsI2C	Write a string to the I²C bus.
SWReadI2C	Read a byte from the I²C bus.
SWRestartI2C	Generate an I²C bus Restart condition.
SWStartI2C	Generate an I²C bus Startcondition.
SWStopI2C	Generate an I²C bus Stopcondition.
SWWriteI2C	Write a single byte to the I²C bus.

CHAPTER

4

軟體 I²C 模組腳位設定巨集指令

IC控制線路	巨集指令	預設值	用途
DATA Pin	DATA_PIN	PORTBbits.RB4	Pin used for the DATA line.
	DATA_LAT	LATBbits.RB4	Latch associated with DATA pin.
	DATA_LOW	TRISBbits.TRISB4 = 0;	Statement to configure the DATA pin as an output.
	DATA_HI	TRISBbits.TRISB4 = 1;	Statement to configure the DATA pin as an input.
CLOCK Pin	SCLK_PIN	PORTBbits.RB3	Pin used for the CLOCK line.
	SCLK_LAT	LATBbits.LATB3	Latch associated with the CLOCK pin.
	CLOCK_LOW	TRISBbits.TRISB3 = 0;	Satement to configure the CLOCK pin as an output.
	CLOCK_HI	TRISBbits.TRISB3 = 1;	Statement to configure the CLOCK pin as an input.

軟體 SPI 傳輸介面函式庫（Software SPI™ Functions）

函式名稱	函式功能
ClearCSSWSPI	Clear the Chip Select (CS) pin.
OpenSWSPI	Configure the I/O pins for use as an SPI™.
putcSWSPI	Write a byte of data to the software SPI.
SetCSSWSPI	Set the Chip Select (CS) pin.
WriteSWSPI	Write a byte of data to the software SPI bus.

軟體 SPI 模組腳位設定巨集指令

SPI 控制線路	巨集指令	預設值	用途
CS Pin	SW_CS_PIN	PORTBbits.RB2	Pin used for the Chip Select (CS) line.
	TRIS_SW_CS_PIN	TRISBbits.TRISB2	Bit that controls the direction of the pin associated with the CS line.
DIN Pin	SW_DIN_PIN	PORTBbits.RB3	Pin used for the DIN line.
	TRIS_SW_DIN_PIN	TRISBbits.TRISB3	Bit that controls the direction of the pin associated with the DIN line.
DOUT Pin	SW_DOUT_PIN	PORTBbits.RB7	Pin used for the DOUT line.
	TRIS_SW_DOUT_PIN	TRISBbits.TRISB7	Bit that controls the direction of the pin associated with the DOUT line.
SCK Pin	SW_SCK_PIN	PORTBbits.RB6	Pin used for the SCK line.
	TRIS_SW_SCK_PIN	TRISBbits.TRISB6	Bit that controls the direction of the pin associated with the SCK line.

軟體 UART 傳輸介面函式庫（Software UART Functions）

函式名稱	函式功能
getcUART	Read a byte from the software UART.
getsUART	Read a string from the software UART.
OpenUART	Configure I/O pins for use as a UART.
putcUART	Write a byte to the software UART.
putsUART	Write a string to the software UART.

CHAPTER

4

軟體 UART 傳輸介面函式庫（Software UART Functions）（續）

函式名稱	函式功能
ReadUART	Read a byte from the software UART.
WriteUART	Write a byte to the software UART.

UART 控制線路	巨集指令	預設值	用途
TX Pin	SWTXD SWTXDpin TRIS_SWTXD	PORTB 4 TRISB	Port used for the transmit line. Bit in the SWTXD port used for the TX line. Data Direction register associated with the port used for the TX line.
RX Pin	SWRXD SWRXDpin TRIS_SWRXD	PORTB 5 TRISB	Port used for the receive line. Bit in the SWRXD port used for the RX line. Data Direction register associated with the port used for the RX line.

巨集指令名稱	用途
DelayTXBitUART	Delay for: $((((2*Fosc) / (4*baud)) + 1) / 2) - 12$ cycles
DelayRXHalfBitUART	Delay for: $((((2*Fosc) / (8*baud)) + 1) / 2) - 9$ cycles
DelayRXBitUART	Delay for: $((((2*Fosc) / (4*baud)) + 1) / 2) - 14$ cycles

一般軟體函式

MPLAB XC8 同時也提供了許多在控制器應用程式中常使用到的功能函式庫（clib、stdio、stlib），例如資料型別轉換、時間延遲等等函式，方便使用者在撰寫 C 語言程式時可以直接引用。

- 字元資料判別函式（Character Classification Functions）
- 資料型別轉換函式（Data Conversion Functions）
- 記憶體與字串處理函式（Memory and String Manipulation Functions）
- 時間延遲函式（Delay Functions）

■ 字串輸出函式（Character Output Functions）

這一類一般軟體函式庫所包含的函式如下所列。

字元資料判別函式

函式名稱	函式功能
isalnum	Determine if a character is alphanumeric.
isalpha	Determine if a character is alphabetic.
iscntrl	Determine if a character is a control character.
isdigit	Determine if a character is a decimal digit.
isgraph	Determine if a character is a graphical character.
islower	Determine if a character is a lowercase alphabetic character.
isprint	Determine if a character is a printable character.
ispunct	Determine if a character is a punctuation character.
isspace	Determine if a character is a white space character.
isupper	Determine if a character is an uppercase alphabetic character.
isxdigit	Determine if a character is a hexadecimal digit.

資料型別轉換函式（Data Conversion Functions）

函式名稱	函式功能
atof	Convert a string into a floating point value.
atoi	Convert a string to a 16-bit signed integer.
atol	Convert a string into a long integer representation.
itoa	Convert a 16-bit signed integer to a string.
ltoa	Convert a signed long integer to a string.
rand	Generate a pseudo-random integer.
srand	Set the starting seed for the pseudo-random number generator.
tolower	Convert a character to a lowercase alphabetical ASCII character.
toupper	Convert a character to an uppercase alphabetical ASCII character.
utoa	Convent an unsigned long integer to a string

記憶體與字串處理函式（Memory and String Manipulation Functions）

函式名稱	函式功能
memcmp	Compare the contents of two arrays.
memcpy	Copy a buffer.
memmove	Copy a buffer, where the source and destination may overlap.
memset	Initialize an array with a single repeated value.
strcat	Append a copy of the source string to the end of the destination string.
strchr	Locate the first occurrence of a value in a string.
strcpy	Copy a string from data or program memory into data memory.
strcspn	Calculate the number of consecutive characters at the beginning of a string that are not contained in a set of characters.
strlen	Determine the length of a string.
strlwr	Convert all uppercase characters in a string to lowercase.
strncat	Append a specified number of characters from the source string to the end of the destination string.
strncmp	Compare two strings, up to a specified number of characters.
strncpy	Copy characters from the source string into the destination string, up to the specified number of characters.
strpbrk	Search a string for the first occurrence of a character from a set of characters.
strrchr	Locate the last occurrence of a specified character in a string.
strrspn	Calculate the number of consecutive characters at the beginning of a string that are contained in a set of characters.
strstr	Locate the first occurrence of a string inside another string.
strtok	Break a string into substrings or tokens, by inserting null characters in place of specified delimiters.
strupr	Convert all lowercase characters in a string to uppercase.

時間延遲函式（Delay Functions）

函式名稱	函式功能
_delay	Delay one instruction cycle.
_delay3	Delay 3 instruction cycles.
__delay_us	Delay one micro-second.
__delay_ms	Delay one milli-second.

字串輸出函式（Character Output Functions）

函式名稱	函式功能
fprintf	Formatted string output to a stream.
fputs	String output to a stream.
printf	Formatted string output to stdout.
putchar	Character output to a stream
puts	String output to stdout.
sprintf	Formatted string output to a data memory buffer.

CHAPTER

4

▌ 數學運算函式

除了一般的加減乘除運算之外，MPLAB XC8 編譯器也提供了許多常用的浮點數學運算函式。MPLAB XC8 採用的是 IEEE-754 標準的浮點數記憶體使用方式，對於每個浮點數總共使用 3-4 個位元組來儲存內容。

例如：浮點數 0.085 便可以轉換成 IEEE-745 格式（32 位元）的位元組如下：

Exponent Byte	Byte 0	Byte 1	Byte 2
0 *0111101*	*1* 0101110	00010100	01111011

編譯器所提供的數學運算函式包括：

函式名稱	函式功能
acos	Compute the inverse cosine (arccosine).
asin	Compute the inverse sine (arcsine).
atan	Compute the inverse tangent (arctangent).
atan2	Compute the inverse tangent (arctangent) of a ratio.
ceil	Compute the ceiling (least integer).
cos	Compute the cosine.
cosh	Compute the hyperbolic cosine.
exp	Compute the exponential e^x.
fabs	Compute the absolute value.
floor	Compute the floor (greatest integer).
fmod	Compute the remainder.
frexp	Split into fraction and exponent.
ieeetomchp	Convert an IEEE-754 format 32-bit floating point value into the (expired) Microchip 32-bit floating point format.
ldexp	Load exponent - compute $x * 2^n$.
log	Compute the natural logarithm.
log10	Compute the common (base 10) logarithm.
mchptoieee	Convert a Microchip format 32-bit floating point value into the IEEE-754 32-bit floating point format.
modf	Compute the modulus.
pow	Compute the exponential x^y.
sin	Compute the sine.
sinh	Compute the hyperbolic sine.
sqrt	Compute the square root.
tan	Compute the tangent.
tanh	Compute the hyperbolic tangent.

CHAPTER

4

　　由於 MPLAB XC8 編譯器提供了眾多功能的函式庫，使讀者在使用 C 程式語言撰寫控制器應用程式時可以更容易發揮微控制器的功能，而不需要過於擔心基礎硬體處理程式的撰寫。但是讀者也必須小心的是，在眾多的函式庫中偶而也會有錯誤的發生，因此在使用時必須要完全徹底地了解各個函式的定義與使用方法，以便能夠在錯誤發生時快速地找到錯誤而解決問題。

CHAPTER 5

PIC 微控制器實驗板

要學習 PIC 微控制器的使用，讀者必須要選用一個適當的實驗板。Micro-chip 提供了許多種不同的PICDEM 實驗板，包括 PICDEM 2 Plus 、PICDEM 4，以及 Mechatronics 等等各種不同需求的實驗板。如果讀者對於上述實驗板有興趣的話，可以透過代理商或與原廠連絡購買；雖然原廠的實驗板價格稍高，但是一般皆附有完整的使用說明與範例程式供使用者參考。即使是沒有這些原廠的電路板在手邊，讀者也可以下載範例程式作為參考與練習。本書過去也配合 Microchip APP025 提供許多範例練習供讀者作為學習的輔助工具，隨著經濟與生產模式的變化，本書將以 APP025 mini 實驗板為工具提供新的範例作為各個功能練習與學習的基礎，希望可以讓讀者更有效的學習。

5.1 PIC微控制器實驗板元件配置與電路規劃

為了加強讀者的學習效果，並配合本書的範例程式與練習說明，我們將使用配合本書所設計的 PIC 微控制器實驗板 APP025 mini。這個實驗板的功能針對本書所有的範例程式與說明內容配合設計，並使用一般坊間可以取得的電子零件為規劃的基礎。希望藉由硬體的規劃以及本書範例程式的軟體說明，使讀者可以獲得最大的學習效果。

PIC 微控制器實驗板 APP025 mini 的完成圖與元件配置圖如圖 5-1 及圖 5-2 所示：

圖 5-1　APP025 mini 微控制器實驗板的完成圖

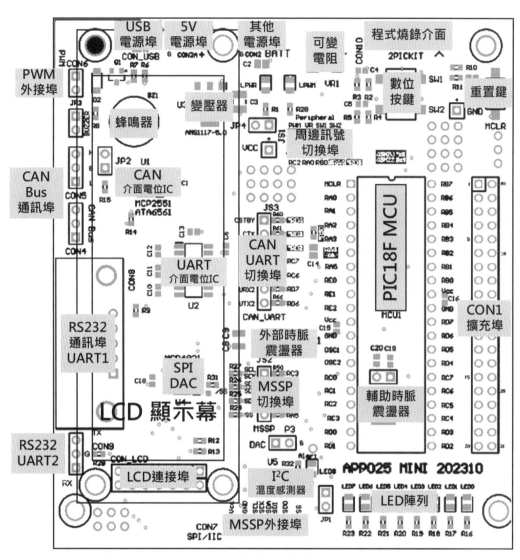

圖 5-2　APP025 mini 微控制器實驗板的元件配置圖

　　APP025 mini 微控制器實驗板的設計規劃使用 Microchip PIC16/18 40Pin DIP 規格的微處理器，由於 Microchip PIC 系列微處理器的高度相容性，因此這個實驗板可以廣泛地應用在許多不同型號的 Microchip 微處理器實驗測試。PIC 微控制器實驗板的規劃與設計是以本書所介紹的 PIC18F4520 微處理器為核心，並針對了 PIC 微控制器的相關周邊功能作適當的硬體安排，藉由適當的輸入或輸出訊號的觸發與顯示，加強讀者的學習與周邊功能的使用。

APP025 mini 微控制器實驗板所能進行的功能包括數位按鍵的訊號輸入、LCD 液晶顯示器的資訊顯示、LED 發光二極體的控制、類比訊號的感測、CCP 模組訊號驅動的蜂鳴器與 LED 、RS-232 傳輸介面驅動電路以及 IC 與 SPI 訊號驅動外部元件功能；同時並設置了訊號的外接插座作為擴充使用的介面，包括了線上除錯器 ICD 介面、CCP 訊號輸出介面，以及一個完整的 40 接腳擴充介面連接至 PIC 微控制器；當然，實驗板上也配置了必備的石英震盪器作為時脈輸入，並附有重置開關。APP025 mini 微控制器實驗板的設計也考慮到未來擴充使用時的需求，配置了數個功能切換電阻電路，讓使用者可以自由地切換實驗板上的訊號控制或者是外部訊號的輸出入，能夠更彈性的使用實驗板而發揮 PIC 微控制器最大的功能。除此之外，APP025 mini 微控制器實驗板上也配置有 USB 插座，因此使用者可以利用電腦的 USB 電源而無須額外添購電源供應器；將來亦可以使用跳線的方式使用具備 USB 功能的 PIC18 系列微處理器。同時 APP025 mini 也可以使用 Microchip J 其他系列的微處理器，例如 PIC18F45K22、PIC18F4xQxx 微控制器。完整的 APP025 mini 微控制器實驗板電路圖如圖 5-3 所示。

CHAPTER

5

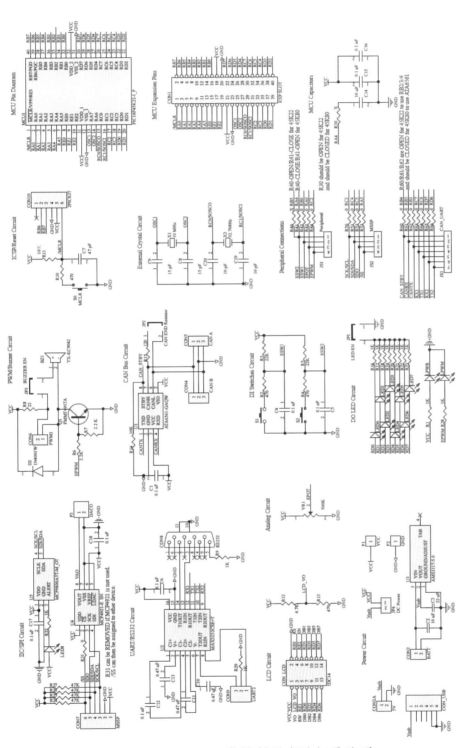

圖 5-3　APP025 mini 微控制器實驗板電路圖

　　為了增加使用者的了解，接下來將逐一地介紹 APP020 mini 微控制器實驗板的電路組成。

▣ 電源供應

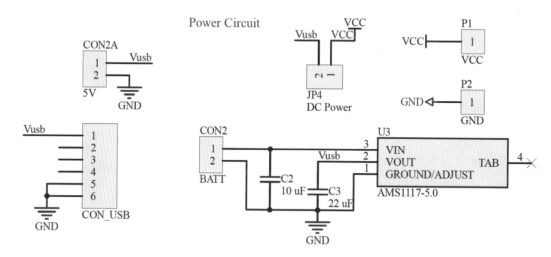

圖 5-4　PIC 微控制器實驗板電源供應電路圖

　　APP020 mini 微控制器實驗板可選擇使用 USB（CON_USB）插座或其他電源（CON2A）所提供的 5 伏特電源或外部 9 伏特直流電源（CON2），配有 AMS1117-5.0 穩壓晶片藉以提供電路元件 5 伏特的直流電壓。因此，APP020 mini 微控制器實驗板上的電路元件只能使用 5 伏特直流電源。APP020 mini 微控制器實驗板並提供 JP4 短路器作為電源開閉的選擇，或利用 JP4（開路的情況下），串聯電表測量電路元件所消耗的總電流量。

5.2 PIC微控制器實驗板各部電路說明

◎ 電源顯示與重置電路

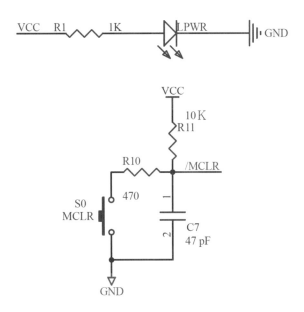

圖 5-5　APP020 mini 微控制器實驗板電源顯示與重置電路圖

APP020 mini 微控制器實驗板上有一個發光二極體 LPWR 作為電源顯示之用，同時並使用按鍵 MCLR 作為 PIC 微控制器電源重置的開關。當按下按鍵 MCLR 時，將會使重置腳位成為低電位，而達到控制器重置的功能。

◎ 數位按鍵開關與LED訊號輸出入

PIC 微控制器實驗板上提供兩個數位按鍵開關，SW1 與 SW2，可以模擬 RB0/INT0 及 RA4/T0CKI 的觸發訊號輸入；同時也提供了八個發光二極體，LED0~LED7，作為 PORTD 數位訊號輸出的顯示。SW1 與 SW2 數位按鍵開關是以低電位觸發的方式所設計的，也就是 Active-Low，因此它們都接有提升電位的電阻，也有硬體濾波電路可以去除按鍵彈跳多重觸發訊號。因此，當按鍵開關按下時，相對應的腳位將會接收到低電位的訊號；放開時則會收到高電位的訊號。發光二極體的驅動電路則可以藉由 JP1 短路器選擇使用與否。在預設狀況下，當連接發光二極體 LEDx 的 RDx 腳位輸出高電位訊號時，則相對應的發光二極體將會發亮；相反地，當輸出低電位的訊號時，則發光二極體將不會有所顯示。實驗範例將利用這些數位按鍵開關與發光二極體進行基本的數位訊號產生與偵測。PORTD 同時也作為液晶顯示器的資料匯流排。為了避免訊號干擾，在 JS1 上可以去除 R41 或 R42 將 SW1 與 SW2 的功能阻隔，以便使用者另行外加測試元件。如果需要使用 CAN Bus 通訊而改用 PIC18F4xK80 系列微控制器時，則因為 RA4 需作為 Vcap 連接腳位，故須改用 RB5 作為 SW2 的連接腳位，因此必須將 R40 與 R30 利用 0 電阻短路連接，並解焊 R41。

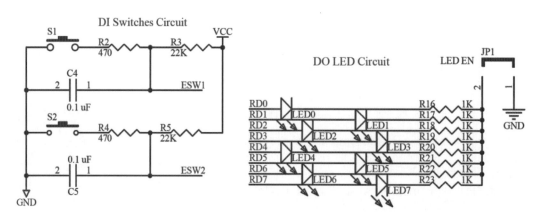

圖 5-6　APP020 mini 微控制器實驗板數位按鍵開關與 LED 訊號輸出入電路圖

▣ 類比訊號轉換電路

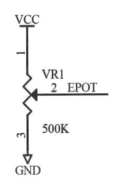

Analog Circuit

圖 5-7   APP020 mini 微控制器實驗板類比訊號轉換電路圖

APP020 mini 微控制器實驗板簡化了類比電路，只提供一種類比訊號感測的電路模式：連續電壓訊號式的可變電阻 VR1。VR1 變化的電壓訊號連接到 PIC 微控制器的類比訊號轉換腳位 RA0/AN0 腳位，因而可以使用內建的 10 位元類比數位訊號轉換器來量測所對應的電壓訊號變化。為了增加使用的功能，APP020 mini 微控制器實驗板並提供 JS1 的 R43 作為實驗板類比訊號的選擇與阻隔。如果需要練習更多的類比訊號量測，可以使用 CON1 擴充埠；例如，將 RB0 連接至 RA1，便可以使用 SW1 按鍵改變腳位電壓（按下去為高電壓，未按下則為低電壓）。同樣的也可以將 RA4（或 RB2）連結到 RA2，也可以產生因為 SW2 按鍵動作產生電壓變化的效果。

RS-232串列傳輸介面

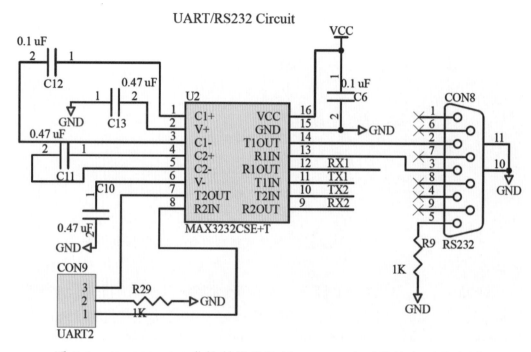

圖 5-8　APP020 mini 微控制器實驗板 RS-232 串列傳輸介面電路圖

APP020 mini 微控制器實驗板配置有兩組標準的 RS-232 串列訊號傳輸介面（CON8/CON9）以及所需的電位驅動晶片（U2，MAX3232），以進行 PIC 微控制器 UART 傳輸介面（RC6/RC7 與 RD6/RD7，作為 TX1/RX1 與 TX2/RX2）的使用練習。APP020 mini 微控制器實驗板並提供 JS3 的 R63～R66 作為 PIC 微控制器與實驗板 UART 相關硬體訊號的阻隔。CON8 提供 DB9 連接埠，但也保留使用 Molex 或 Dupont 接頭所需的三孔電路；CON9 則由使用者視需求選擇 UART2 連接埠硬體。

LCD液晶顯示器連接介面

APP020 mini 微控制器實驗板配置有一個可顯示二行各十六個符號的液晶顯示器介面 CON_LCD，而相關的驅動訊號將連接到 PIC 微控制器上的十個輸出入腳位（PORTD 與 PORTE），使用者可以選擇使用四個或八個資料位元傳輸（PORTD）及三個控制位元傳輸匯流排（PORTE）即可控制 LCD 的顯示功能。

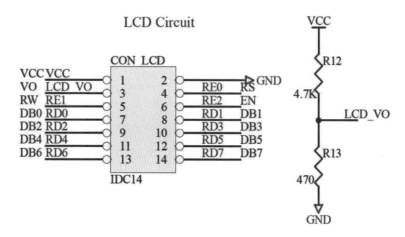

圖 5-9　APP020 mini 微控制器實驗板 LCD 液晶顯示器連接介面電路圖

CCP模組訊號驅動周邊

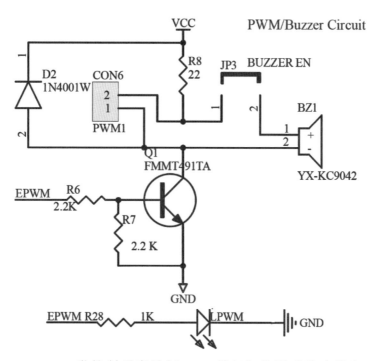

圖 5-10　APP020 mini 微控制器實驗板 CCP 模組訊號驅動蜂鳴器與 LED 電路圖

　　為了提供讀者學習使用 PIC 微控制器所提供的 CCP 模組訊號產生的功能，PIC 微控制器實驗板提供了一組蜂鳴器與 LPWM 燈號作爲聲光效果的輸出。CCP 模組訊號產生器將可以產生單一的脈衝訊號或者連續的 PWM 波寬調變訊號於 RC2 腳位，以驅動 LPWM 或者藉由功率放大電路驅動壓電材料的蜂鳴器。APP020 mini 微控制器實驗板並提供一個訊外接埠（CON6），可以直接驅動低功率的直流馬達。在外接其他裝置時，可以把 JS1 的 R44 解焊而將蜂鳴器與 LPWM 相關的 PWM 硬體與 PIC 微控制器斷開。

▌微處理器時脈輸入震盪器

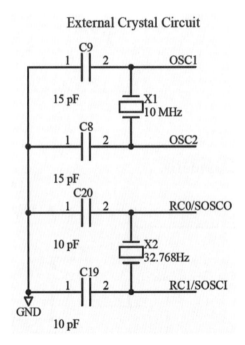

圖 5-11　APP020 mini 微控制器實驗板時脈輸入震盪器電路圖

　　APP020 mini 微控制器實驗板使用一個 10 MHz 的石英震盪器（X1）作爲 PIC 微控制器的外部時脈輸入來源。而由於 PIC18F 微處理器內建有 4 倍鎖相迴路（Phase Lock Loop, PLL），因此處理器最高可以 10MIPS 的速度執行指令。除此之外，實驗板上並配置有一個 32768Hz 的低頻震盪器（X2）作爲計時器

TIMER1 的外部時序來源，可以作為精確計時的訊號源。如果應用改用內部時脈來源，可以將 X1、X2 及相關的電容移除，便能適當的使用相關的 RA6/7 與 RC0/1 腳位。

◢ MSSP訊號介面與相關外部元件

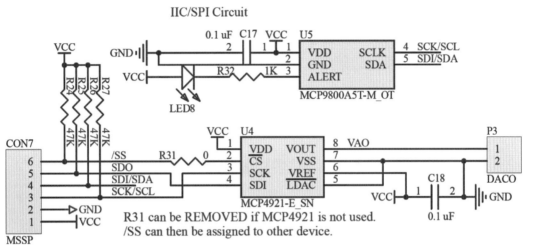

圖 5-12　APP020 mini 微控制器實驗板 MSSP 訊號介面與相關外部元件電路圖

■I^2C 訊號介面與相關外部元件

APP020 mini 微控制器實驗板為方便讀者學習 I^2C 通訊協定的使用，配置有溫度感測器 MCP9800-A5（U5）作為通訊的目標。由於 I^2C 通訊協定是以元件位址為基礎，因此建置時需注意 MCP9800 的位址選擇。而 LED8 則可以作為 MCP9800 溫度警示訊號輸出的顯示。I^2C 訊號與外部元件並可以利用 JS3 的 R50/R51 解焊與否來選擇連接或斷開。

■SPI 訊號介面與相關外部元件

APP020 mini 微控制器實驗板為方便讀者學習 SPI 通訊協定的使用，配置有外部數位轉類比電壓轉換器（Digital/Analog Converter, DAC）MCP4921（U4）作為通訊的目標。MCP4921 所轉換的類比電壓並可以藉由 P3 測試點輸出或者量測電壓值。SPI 訊號與外部元件並可以利用 JS3 的 R50 ～ R53 解焊與否來選擇連接或斷開。

　　由於 I²C 與 SPI 共用 MSSP 的腳位，即便在 APP020 mini 實驗板上兩者相關硬體可以存在而不會互相干擾，一般應用並不建議兩者在 PIC18F 的電路板上並存；而且因為共用 MSSP 腳位的關係，任一時間 SPI 與 I²C 兩者只能有一個周邊功能被使用。為簡化讀者的學習，實驗板並未將 MCP9800 與 MCP4921 實際建置，只是預留電路供需要時使用。讀者可以使用 CON7 外接 MCP9800 與 MCP4921 模組以降低電路的衝突。如果需要的話，可以將 JS2 的 R50 ～ R53 電阻解焊以隔離實驗板上 SPI 與 I²C 的相關電路元件。

　　在使用其他外接 SPI 元件時，如果要使用 / SS 腳位而又要避免與 MCP4921 衝突時，可以將 R31 電阻解焊以避免干擾。

CAN Bus訊號介面與相關電路

　　由於車輛電子的需求日益增加，APP020 mini 實驗板新增加了 CAN Bus 通訊電路與相關元件的設計供使用者學習。雖然 CAN Bus 功能在 PIC18F 系列屬於高階功能，本書所使用的 PIC18F4520 並未配置，但讀者在完成基礎功能的學習與程式撰寫的技巧後，只要更換核心微控制器並對電路板做些微的調整後便可以使用。CAN Bus 現行規格以 2.0B 為大宗，但已經發布 CAN FD 的規格，因此 APP020 mini 實驗板設計可以使用 MCP2551（2.0B）或 ATA6561（CAN FD）介面 IC。硬體腳位則依高度相容於 PIC18F4520 的 PIC18F45K80 或較早一代的 PIC18F4585 規劃，使用 RB2/RB3 腳位對應 CANTX/CANRX 功能；如果使用 ATA6561 時，則還有 RB4 對應 Standby 的功能。使用 CAN Bus 通訊介面時，實驗板提供 CON4 與 CON5 兩個連接埠與外部通訊網路連接使用。當需要提供CAN Bus特有的120 Ω終端電阻時，可以使用 JP1 短路夾即可。

　　需要特別注意的是，如果使用具備 CAN Bus 功能的較新 PIC18F 系列微控制器時，如 PIC18F45K80，RA4 腳位需要連接一個電容以穩定核心電路，導致影響 SW2 按鍵的使用；因此實驗板提供替代的 RB5 腳位作為 SW2 按鍵的觸發腳位。綜合上述的電路設計考量，需要使用 CAN Bus 時必須要對實驗板進行下列的調整：

腳位	短路或斷開電阻	功能說明
RA4/RB5選擇	R40/R41（JS1）短路（0Ω）	選擇SW2按鍵連接腳位
RB2	R62（JS3）短路	CANTX
RB3	R61（JS3）短路	CANRX
RB4	R60（JS3）	使用MCP2551斷開。使用ATA6551時，不需Standby時斷開，需要時短路。
RA4	R30斷開	微控制器需要連接Vcap時

　　APP020 mini 微控制器實驗板與 CAN Bus 訊號介面與相關外部元件電路圖如圖 5-13 所示。

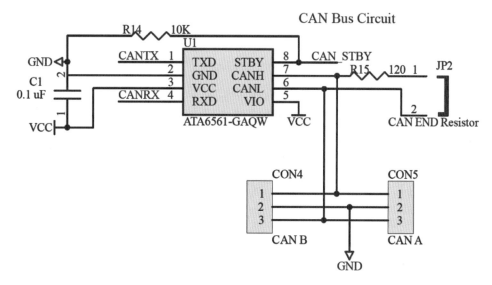

圖 5-13　APP020 mini 微控制器實驗板 CAN Bus 訊號介面與相關外部元件電路圖

微處理器ICD程式除錯與燒錄介面

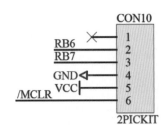

圖 5-14　微處理器 PICkit 程式除錯與燒錄介面電路圖

APP020 mini 微控制器實驗板提供 ICD 程式除錯與燒錄介面 CON10 以方便使用者以 PICKit5 燒錄器作爲程式燒錄與除錯的工具。

切換開關與跳接器使用

爲了使用的方便性，APP020 mini 微控制器實驗板電路提供了三個切換電路將預設功能的方式利用 0 Ω 電阻短路便可以使用，有必要調整時，只要以電阻或導線短路即可以調整功能，降低切換使用的困擾，也可以加強使用者對電路的了解。少數常用的切換功能則仍提供以短路夾進行調整，方便調整使用。它們的功能描述如下：

JS1：一般周邊短路選擇

　　　1：蜂鳴器與 LPWM 燈號短路選擇（R44）

　　　2：類比訊號元件 VR1 短路選擇（R43）

　　　3：數位訊號按鍵開關 SW1 短路選擇（R42）

　　　4：數位訊號按鍵開關 SW2 短路選擇（R40/R41 分別對應 RA4/RB5）

JS2：MSSP（SPI/I2C）短路選擇

　　　1：SCK/SCL 短路選擇（R50）

　　　2：SDI/SDA 短路選擇（R51）

　　　3：SDO 短路選擇（R52）

　　　4：/SS 短路選擇（R53）

JS3：CAN Bus 與 UART 短路選擇

　　　1：CAN_Standby 短路選擇（R60）

　　　2：CANRX 短路選擇（R61）

　　　3：CANTX 短路選擇（R62）

　　　4：U1RX 短路選擇（R63）

　　　5：U1TX 短路選擇（R64）

　　　6：U2RX 短路選擇（R65）

　　　7：U2TX 短路選擇（R66）

JP1：LED 致能選擇短路夾 5V 直流電源來源選擇（EXT 與 USB）

JP2：CAN Bus 終端電阻致能選擇短路夾 5

JP3：蜂鳴器致能選擇短路夾

JP4：5V 直流電源致能選擇短路夾

實驗板所提供的外部元件連接介面表列如下：

CON1：PIC 微控制器 40-Pin 訊號連接埠

CON2：外部電源（小於 12V，建議 9 V）連接埠

CON2A：外部電源（限定 5 V）連接埠

CON3（CON_USB）：USB 電源連接埠

CON4/5：CAN Bus 連接埠

CON6：PWM 訊號連接埠

CON7：MSSP（SPI/I2C）訊號外接埠

CON8/9：UART1/UART2 訊號外接埠

CON10：PICkit5 線上燒錄與除錯器連接埠

CON11（CON_LCD）：LCD 訊號連接埠

CHAPTER

5

CHAPTER 6

數位輸出入埠

數位輸出入是微處理器的基本功能。藉由數位輸出可以將微處理器內部的資料或訊號傳遞到外部的元件，或者是藉由輸出腳位驅動觸發外部元件的動作。而藉由數位輸入的功能可以將外部元件的訊號或狀態擷取到微處理器的內部暫存器，並加以作適當的運算處理以達成使用者應用程式的目的。

基本上，所有微處理器的工作都是以數位訊號的方式來處理，包括其他功能的周邊硬體也是以數位訊號的方式完成；所不同的是，一些較常用或者是運作較為複雜的功能已經由微處理器製造商直接以硬體電路完成，而針對一些比較特別或者是不常用的數位訊號輸出入則必須由使用者自行依照規格撰寫相對應的程式來進行。這些常見的數位輸出入訊號應用包括：燈號顯示、按鍵偵測、馬達驅動、外部元件開啟狀態等等。

對於學習微處理器應用的使用者而言，數位輸出入埠的使用是非常重要的基本技能，除了針對上述的簡單應用之外，原則上所有的數位訊號系統皆可以用這些數位輸出入的功能完成。因此，如果能夠學習良好的數位輸出入應用技巧，在面對特殊元件或者是較為複雜的系統整合時，才能夠發揮微處理器的強大功能。

除了介紹微處理器數位輸出入埠的使用之外，將引導讀者進行簡單的 C 語言程式撰寫藉以開發基本應用程式的技巧與能力。

6.1　數位輸出入埠的架構

PIC18 系列微控制器所有的腳位，除了電源（V_{DD}、V_{SS}）、主要重置（$\overline{MCLR}$）及石英震盪器時脈輸入（OSC1/CLKIN）之外，全部都以多工處理

CHAPTER

6

的方式作為數位輸出入埠與周邊功能的使用。因此，每一個 PIC 微控制器都有為數眾多的腳位可以規劃作為數位訊號的輸出或輸入使用。訊號輸入埠分別使用 Schmitt Trigger/TTL/CMOS 輸入架構，因此在使用上會有不同的輸入特性。每一個 PIC 微控制器的輸出入埠都會被劃分為數個群組，而一般的微處理器都會採用所謂的檔案暫存器系統管理（File Register System），所以每一個群組都有相對應的暫存器作為相關的控制與資料讀寫用途。應用時，必須要先將適當的控制暫存器做好所需要的設定，然後針對相對應的暫存器作必要的讀取或者寫入的動作，如此便可以完成所設計的數位輸出或者輸入的工作。

　　例如，PIC18F4520 微控制器的數位輸出入埠總共被區分為五個群組，分別為：

- PORTA
- PORTB
- PORTC
- PORTD
- PORTE

各個群組的使用方式稍後將會做詳細的說明。這些數位輸出入埠的結構示意圖如圖 6-1 所示。每一組輸出入埠都有三個暫存器作為相關動作的控制與資料存取，他們分別是：

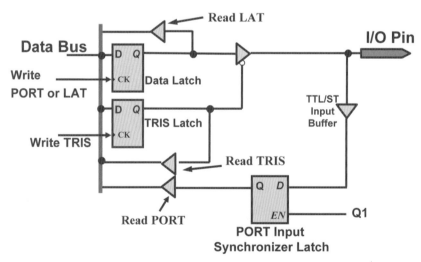

圖 6-1　PIC18 微控制器輸出入腳位架構示意圖

- TRIS 暫存器（資料方向暫存器）
- PORT 暫存器（讀取腳位電位值）
- LAT 暫存器（輸出栓鎖暫存器）

資料栓鎖暫存器 LAT 對於在同一個指令中執行讀取—修改—寫入動作時非常的有幫助。

由 PIC 微控制器輸出入腳位架構示意圖可以看到，當方向控制位元 TRIS 被設定為 1 的時候，TRIS Latch 將會輸出 1，這將使 Data Latch 的輸出被關閉而無法傳輸到輸出入腳位；但是輸出入腳位上面的訊號則可以透過輸入緩衝器而儲存在輸入的 PORT 資料暫存器中。因此，應用程式可以透過 PORT 暫存器而讀取到輸出入腳位上的訊號狀態。

相反地，當方向控制位元 TRIS 被設定為 0 時，則 Data Latch 暫存器的輸出可以被傳輸到輸出入腳位，因此核心處理器可以藉由資料匯流排傳輸資料到 Data Latch 暫存器，進而將資料傳送到輸出入腳位而完成輸出訊號狀態的改變。

6.2　多工使用的輸出入埠

所有輸出入埠腳位都有三個暫存器直接地和這些腳位的操作聯結。資料方向暫存器（TRISx）決定這個腳位是一個輸入或者是一個輸出。當相對應的資料方向位元 "1" 的話，這個腳位被設定為一個輸入。所有輸出入埠腳位在重置後都會被預設定義為是輸入。這時候如果從輸出入埠暫存器（PORTx）讀取資料，將會讀取到所鎖定的輸入值。要將數據寫入到栓鎖，只要將數值寫入到相對應的栓鎖暫存器即可。一般而言，在操作時如果要讀取這個輸出入埠的腳位狀態，則讀取輸出入埠暫存器（PORTx）；若是要將一個數值從這個輸出入埠輸出，則將數值寫入栓鎖暫存器 LATx 中。

要注意的是，一般都是由 PORTx 暫存器讀取輸入值而由 LATx 暫存器寫入輸出值；但是當程式寫入一個數值到 PORTx 暫存器時，同時也會更改 LATx 暫存器的內容進而影響到輸出。不過在此建議養成正確的使用習慣，由 PORTx 暫存器讀取輸入值而由 LATx 暫存器寫入輸出值；在某些特殊情況下，正確的使用可以加快數位資料的讀寫或擷取。

通常每個輸出入埠的腳位都會與其他的周邊功能分享。這時候，在硬體上會建立多工器來作為這個腳位輸出或者輸入時資料流向的控制。當一個周邊功能被啓動而且這個周邊功能正實際驅動所連接的腳位時，這個腳位作為一般數位輸出的功能將會被關閉。所有腳位的相關功能，請參見表 2-2。

　　值得注意的是，如果某一個數位輸出入埠是與類比訊號轉換模組作多工使用時，由於腳位的電源啓動預設狀態是設定作為類比訊號轉換模組使用，因此如果要將這個特定的腳位作為數位輸出入埠使用的話，必須要先將類比腳位設定暫存器 ADCON1 中相對的位元作適當的設定。以 PIC18F4520 微控制器為例，所有的 PORTA 腳位都可以多工作為類比訊號輸入模組使用，因此如果要使用所有的類比腳位作為一般的數位輸出入埠使用時，必須先將設定暫存器 ADCON1 設定為 xxxx1111b（較高的 4 位元無關），才可以正常地作為數位輸出入使用。

▓ 數位輸出入埠相關暫存器

　　所有與 PORTA、PORTB、PORTC、PORTD 及 PORTE 輸出入埠相關的暫存器如表 6-1 所示。

表 6-1(1)　數位輸出入埠 PORTA 相關的暫存器

Name	Bit 7	Bit 6	Bit 5	Bit 4	Bit 3	Bit 2	Bit 1	Bit 0
PORTA	RA7	RA6	RA5	RA4	RA3	RA2	RA1	RA0
LATA	LATA7	LATA6	PORTA Data Latch Register (Read and Write to Data Latch)					
TRISA	TRISA7	TRISA6	PORTA Data Direction Control Register					
ADCON1	—	—	VCFG1	VCFG0	PCFG3	PCFG2	PCFG1	PCFG0
CMCON	C2OUT	C1OUT	C2INV	C1INV	CIS	CM2	CM1	CM0
CVRCON	CVREN	CVROE	CVRR	CVRSS	CVR3	CVR2	CVR1	CVR0

Legend: x = unknown, u = unchanged, - = unimplemented locations read as '0'. Shaded cells are not used by PORTA.

表 6-1(2)　數位輸出入埠 PORTB 相關的暫存器

Name	Bit 7	Bit 6	Bit 5	Bit 4	Bit 3	Bit 2	Bit 1	Bit 0
PORTB	RB7	RB6	RB5	RB4	RB3	RB2	RB1	RB0
LATB	PORTB Data Latch Register (Read and Write to Data Latch)							
TRISB	PORTB Data Direction Control Register							
INTCON	GIE/GIEH	PEIE/GIEL	TMR0IE	INT0IE	RBIE	TMR0IF	INT0IF	RBIF
INTCON2	RBPU	INTEDG0	INTEDG1	INTEDG2	—	TMR0IP	—	RBIP
INTCON3	INT2IP	INT1IP	—	INT2IE	INT1IE	—	INT2IF	INT1IF
ADCON1	—	—	VCFG1	VCFG0	PCFG3	PCFG2	PCFG1	PCFG0

表 6-1(3)　數位輸出入埠 PORTC 相關的暫存器

Name	Bit 7	Bit 6	Bit 5	Bit 4	Bit 3	Bit 2	Bit 1	Bit 0
PORTC	RC7	RC6	RC5	RC4	RC3	RC2	RC1	RC0
LATC	PORTC Data Latch Register (Read and Write to Data Latch)							
TRISC	PORTC Data Direction Control Register							

表 6-1(4)　數位輸出入埠 PORTD 相關的暫存器

Name	Bit 7	Bit 6	Bit 5	Bit 4	Bit 3	Bit 2	Bit 1	Bit 0
PORTD	RD7	RD6	RD5	RD4	RD3	RD2	RD1	RD0
LATD	PORTD Data Latch Register (Read and Write to Data Latch)							
TRISD	PORTD Data Direction Control Register							
TRISE	IBF	OBF	IBOV	PSPMODE	—	TRISE2	TRISE1	TRISE0
CCP1CON	P1M1	P1M0	DC1B1	DC1B0	CCP1M3	CCP1M2	CCP1M1	CCP1M0

表 6-1(5)　數位輸出入埠 PORTE 相關的暫存器

Name	Bit 7	Bit 6	Bit 5	Bit 4	Bit 3	Bit 2	Bit 1	Bit 0
PORTE	—	—	—	—	RE3	RE2	RE1	RE0
LATE	—	—	—	—	LATE Data Output Register			
TRISE	IBF	OBF	IBOV	PS-PMODE	—	TRISE2	TRISE1	TRISE0
ADCON1	—	—	VCFG1	VCFG0	PCFG3	PCFG2	PCFG1	PCFG0

CHAPTER

6

　　稍後我們將以一個數位輸出入埠群組的相關暫存器 PORTD 、TRISD 及 LATD 的使用範例來說明數位輸出入埠的相關運作。

　　在學習了微控制器數位輸出入相關的各項功能及 C 程式語言撰寫程式的基本能力，接下來將以由淺入深的範例逐步地帶領讀者學習撰寫 C 語言應用程式的技巧，並引用各種微處理器的功能完成相關的應用程式。

6.3　建立一個C語言程式的專案

　　讀者可以參考附錄 A 的方法建立一個新的專案；唯一不同的地方時，在這個專案下必須選擇所使用的語言工具為 MPLAB C18 編譯器。這個選項可以在功能選項 Project>Select Language Suite 的功能視窗下選擇 MPLAB C18 編譯器，然後便可以在這個專案下建立各個所需要的程式檔案或者聯結檔等等的相關內容。

範例

　　假設讀者已經熟悉了這個過程，讓我們建立一個 my_first_c_project 專案，並且在專案內建立一個 my_first_c_code.c 程式檔。其內容如下：

```
// my_first_c_code    , C 語言範例程式
#include <xc.h>              // 納入外部包含檔的內容

void main (void) {
                             // TRISD 及 LATD 的宣告
    LATD=0x00;               // 將 PORTD 歸零，關閉 LED
    TRISD = 0;               // 將 TRISD 設為 0，PORTD 設定為輸出
    LATDbits.LATD0 = 1;      // 將 PORTD 的 LATD0 設定為 1 點亮 LED0
    while (1)  ;             // 無窮迴圈
}
```

　　這個檔案表現了一個 C 語言程式檔的基本內容，包括：主程式函式 main( )
宣告及運算敘述。除此之外，程式的開始並納入了一個表頭檔的內容 <xc.h>，
這是因為我們並不希望在 C 語言程式撰寫中仍然使用組合語言的數值位址定
義方式，而希望採用簡潔易懂的符號名稱；因此利用編譯器所提供的 <xc.h>
表頭檔定義中納入專案所選定的微控制器表頭檔的宣告定義來達到這個目的。
在對應的微控制器表頭檔中，以 <p18F4520.h> 為例，讀者將可以發現它提供
了所有微控制器相關的暫存器、位元、腳位、控制位元、特殊功能等等的名稱
定義，以及巨集指令等等的宣告。建議讀者不妨有空一窺其內容，可以學到許
多絕招和密技。也正因為如此，我們將會在後續的各個專案中發現微控制器的
暫存法納入指令將會是程式檔起頭的第一行。

　　在主函式 main( ) 中由於並未使用到硬體內建的特殊功能暫存器之外的任
何變數，因此不需要做任何的變數宣告。而且在函式中只使用了一個簡單的運
算子「＝」，這是一個設定內容的運算子，相當於組合語言指令中的 move 之
類的指令。

　　我們可以運用這一個「＝」運算子指定任何一個位元組、位元或者任何已
宣告變數的內容。特別是在設定或檢查微控制器特殊功能暫存器的內容時，使
用這樣的方式不但簡單明瞭，而且在編譯過後所產生的指令長度也會相當的精
簡，有助於提昇程式執行的效率。這樣的使用方式，本書稱之為「類組合語言
指令」。

　　以讀者現在對微控制器的了解，相信不必再對前三行敘述多作解釋。讓我
們直接看程式的最後一行所使用的

```
while(1)  ;
```

敘述。這是在使用 C 語言程式中常用的一個永久迴圈手法。如果 while(1) 流
程控制後有可執行的敘述區塊 { }，則微控制器將會反復地執行區塊內的敘述；
相反地，像範例程式中並沒有可執行的敘述區塊時，則程式將會陷入一個永久
的 GOTO/BRA 迴圈而滯留不進。

　　除了主程式檔案外，專案也必須加入一個定義硬體功能的 Config.c 檔案，
藉此進行各個系統功能的設定位元定義。完成這個動作之後，讀者便可以選擇

RUN>Build Project 選項建立一個完整的微控制器可執行檔。接著讀者便可以將程式燒錄到微控制器之中,然後一點也不意外地讓 LED0 持續的點亮。

到這個階段爲止,你覺得使用組合語言或 C 程式語言撰寫應用程式哪一個是比較方便或有效率的?

因爲這個應用程式太簡單了,所以很難分出一個高下。倒是讓我們選擇 Window>Debugging>Output>Disassembly Listing File 的選項打開 Disassembly 視窗來看一些有趣的內容。

Disassembly 視窗包含了組譯器或編譯器將所有相關的程式檔案聯結編譯過後組成的應用程式檔編譯內容。在這個視窗裡,我們可以看到所有實際應用程式如何地被編譯 / 組譯成爲控制器的機械碼,它們被安排的順序、流程及大小。所以在這裡我們可以觀察到讀者所撰寫的 C 語言程式如何地被轉譯成組合語言及機械碼。

當讀者打開這個 Disassembly 視窗的時候,一定嚇了一大跳:「爲什麼短短幾行程式變成了這麼一大串的機械碼?」這是因爲專案所設定的聯結檔、啓動模組以及 MPLAB XC8 編譯器數自動設定安排的一連串初始化動作所加入的執行程式碼就佔據了絕大部分的程式碼。難道這就告訴我們用 C 語言來撰寫微控制器的應用程式是沒有效率的嗎?

如果我們所撰寫的應用程式都是這麼的精簡,則答案必然是肯定的;但這麼簡單的應用程式是沒有價值的。而從另外一方面來看,這些初始化程式只有在系統重置的時候才會被執行一次,只要程式進入讀者所撰寫的正常執行程式時,這些初始化程式便不再有任何執行效率與時間的問題。所剩下的問題是,這些初始化程式所爲讀者執行的工作值不值得所花費的初始化時間。我想這就是見仁見智的問題了。

剩下來的部分,就是讀者所撰寫的 C 語言程式究竟被編譯成什麼樣子呢?如果使用 Build for Debugging 選項功能後,在 Window>Debugging>Output>Disassembly Listing File 視窗中我們看到了下列的內容:

```
---   H:/EX for XC8/XC8/ex_my_first_c_project/my_first_c_code.c
-------------------------------------------
1:              // my_first_c_code        , C語言範例程式
```

```
2:              #include <xc.h>                 // 納入外部包含檔的內容
3:
4:              void main (void) {
5:
6:              LATD = 0x00;                     // 將 LATD 設定關閉 LED
7CF4   0E00     MOVLW 0x0
7CF6   6E83     MOVWF LATD, ACCESS
7:              TRISD = 0;            // 將 TRISD 設為 0，LATD 設定為輸出
7CF8   0E00     MOVLW 0x0
7CFA   6E95     MOVWF TRISD, ACCESS
8:              LATDbits.LATD0 = 1;              // 設定 RD0 為 1，點亮 LED0
7CFC   808C     BSF LATD, 0, ACCESS
9:              while (1) ;                      // 無窮迴圈
7CFE   D7FF     BRA 0x7CFE
10:             }
```

在這些交錯的內容中，讀者可以發現到從 LATD=0x00; 開始的四行 C 語言程式碼（7～10）也被轉譯成 6 行相關的組合語言程式，它們對應的程式位址及機械碼也被列印在左邊。

不曉得到這裡讀者認為 C 語言與組合語言可以分出一個勝負了嗎？至少在量的方面，它們是 4 對 6 有所不同的。例如，

```
LATD = 0x00;
```

被 XC8 編譯器轉換成下面兩行組合語言指令，

```
7CF4   0E00     MOVLW 0x0
7CF6   6E83     MOVWF LATD, ACCESS
```

如果熟習組合語言的讀者可能會懷疑為什麼不用 CLRF 指令以提高效率？但是一旦選定使用特定的編譯器後，這些都不是使用者可以掌控的行為，一

切就要仰賴開發編譯器的工程師提供有效的程式轉換。有部分編譯器，例如 XC8，可以調整程式最佳化的程度進而改變城市的長度或執行的效率。

　　希望讀者可以從這個地方了解到，利用 C 程式語言來撰寫微控制器應用程式有其方便與有效率的地方；但是更重要的是，必須要使用一個好的 C 語言程式編譯器以及有效率的設定方式才能夠眞正地提高應用程式的品質。

6.4　數位輸出

　　根據前一章實驗板的說明，如果要將某一個發光二極體 LED 點亮，則必須將所對應的數位輸出腳位設定爲高電壓。而且要將一個腳位設定爲數位輸出，必須先將相對應的資料方向控制暫存器 TRISx 的位元設定爲 0。讓我們以前面的 C 語言程式來做一個說明。

　　由於這是本書的第一個 C 語言程式範例，讓我們從最基礎的方法開始引導讀者學習利用 C 程式語言撰寫應用程式。

▐ 範例 my_first_c_project

　　將 PIC18F4520 的數位輸出入埠 PORTD 上 RD0 腳位的 LED 發光二極體點亮。

```
// my_first_c_code        , C語言範例程式
#include <xc.h>        // 納入外部包含檔的內容


void main (void) {

    LATD = 0x00;                    // 將 LATD 歸零，關閉 LED
    TRISD = 0;                      // 將 TRISD 設爲 0，PORTD 設定爲輸出
    LATDbits.LATD0 = 1;             // 設定 LATD0 爲 1，點亮 LED0
    while (1) ;                     // 無窮迴圈
}
```

在這個範例程式中，我們直接使用 TRISD 資料方向控制暫存器和 PORTD 資料控制暫存器名稱作為 C 語言程式中的變數，並利用指定運算元（＝）將 TRISD 與 LATD 設定成所要的預設值；由於 TRISD 所設定的是 0，因此所有的 PORTD 所對應的 8 個腳位全部被設定為輸出腳位。由於在範例程式一開始便利用 xc.h 納入 C 編譯器所建立的 PIC18F4520 微控制器暫存器名稱與暫存器位址對應的定義表頭檔 p18f4520.h，因此在程式中使用者便可以利用熟悉的暫存器名稱直接作為變數來進行相關的程式運算與處理，可以省卻許多繁瑣的特殊功能暫存器定義的過程。

除了可以直接使用特殊功能暫存器名稱作為變數運算處理之外，XC8 編譯器也藉由對應的定義表頭檔 p18f4520.h 讓使用者可以對特殊功能暫存器的特定位元作運算處理，例如程式中第三行的 LATDbits.LATD0 所指的便是 LATD 特殊功能暫存器的第 0 位元，也就是 RD0 所對應的位元。XC8 編譯器對於特殊功能暫存器的位元名稱定義是使用 C 語言所特有的結構變數（struct）與集合宣告（union）來完成的。首先以 union 宣告 LATD 與 LATDbits 使用同樣的暫存器記憶體，然後再以結構變數的方式逐一地宣告各個位元的名稱而完成位元變數的定義。有興趣的讀者不妨開啟定義表頭檔 p18f4520.h 的內容，便可以看到所有特殊功能暫存器及其所屬位元的定義資料。為了統一位元名稱定義的方式，C18 編譯器在定義位元名稱時的規則為：

特殊功能暫存器名稱 + "bits." + 位元名稱

例如，LATDbits.LATD0，TRISDbits.TRISD0 等等。除了 "bits." 之外的名稱一律大寫。

雖然 XC8 編譯器也提供直接使用位元名稱的定義方式，例如 LATD0/ TRISD0 的寫法，但是這樣可能會降低未來更換硬體時的程式可攜性。建議讀者盡量使用完整的位元定義方式撰寫程式。

因此主程式第三行便直接將 RD0 腳位利用 LATDbits.LATD0 位元變數直接將 LATD 暫存器的第 0 個位元設定為 1，使所對應的 RD0 腳位便會輸出高電壓點亮發光二極體。然後再利用 while(1) 指令形成永久迴圈，使微控制器永遠保持上述的狀態。

CHAPTER

6

　　這個範例程式的寫法當然不是一個有效率的程式撰寫，我們的目的只是要讓讀者了解最原始的 C 語言撰寫方式。例如 while(1) 所造成的程式迴圈會一直重複無謂的循環動作，但是這樣的循環動作仍會持續消耗電能；因此，在這裡可以直接執行 Sleep() 指令讓處理器進入睡眠狀態。更進一步的使用留待後續章節中說明。

　　接下來，就讓我們一同學習較為複雜的微控制器 C 語言程式。希望藉由觀摩本書的範例程式，能夠提供讀者有效率的 C 語言程式撰寫與學習的途徑，培養 C 語言程式撰寫的能力與技巧。

範例 6-1

　　使用 PIC18F4520 的數位輸出入埠 PORTD 上的 LED 發光二極體，每間隔 100ms 將 LED 的發光數值遞加 1。

```
//********************************************************
//*                    Ex6_1.c
//********************************************************
#include         <xc.h>

void delay_ms(int A) {
    int i, j;
    for(i=0;i<A;i++) {
        for(j=0;j<110;j++) Nop();
    }
    return;
}
void main (void) {
```

```
        LATD = 0x00;                    // 將 LATD 歸零，關閉 LED
        TRISD = 0;                      // 將 TRISD 設為 0，PORTD 設定為輸出
        while (1) {                     // 無窮迴圈
                delay_ms(100);          // 延遲 100ms
                LATD++;                 // 遞加 LATD
        }
}
```

在這個範例程式中，首先我們看到了納入編譯器定義檔敘述：

#include   <xc.h>

這一行宣告透過 <xc.h> 定義檔將 PIC18F4520 相關的所有名稱定義的檔案 p18f4520.h 包含到這個範例程式中；因此使用者可以直接以各個暫存器的名稱撰寫程式，而不需要使用複雜難記的位址數值。

由於主程式中需要一個延遲 100ms 的動作，因此在主程式之前先行撰寫一個延遲時間的函式 delay_ms。這個 delay_ms 時間延遲程式是利用 for 迴圈的重複循環來消耗時間已達到延遲的效果，因此並不是一個有效率的寫法。而且使用 C 語言所撰寫的程式必須經過編譯器轉譯，因此無法像使用組合語言撰寫程式時可以計算執行指令所耗費的時間。但是使用者仍可以利用 MPLAB Simulator 模擬的功能，藉由模擬或者實測的方式調整實際延遲的時間。由於自建的時間延遲函式不夠精準且調校曠日廢時，在後續的範例中，將會介紹其他更精確的時間延遲函式。

在緊接著的主程式中，我們使用了一個 while(1) 來達成一個迴圈的目的。在這個迴圈的開始，程式先呼叫了一個可以延遲 1ms 的函式並傳遞參數值 100 以達到延遲 100ms 的目的，因此在這裡程式計數器的內容將轉換到函式 delay_1ms 所在的程式記憶體位址。由於 XC8 組譯器會自動地處理這個函式所代表的位址數值，使用者在程式撰寫的過程中不需要知道實際的位址為何。同時 XC8 編譯器也會產生呼叫函式所需要堆疊處理與函式參數傳遞的相關程序，大幅的減輕使用者撰寫程式的負擔。接下來的程式敘述將 LATD 的數值利用（++）運算子遞加 1 並將結果回存到 LATD 暫存器進而使得對應的 LED 燈號顯示遞加 1。所以整個程式將會每隔 100 毫秒就會改變 LATD 的輸出結果，

使用者可以在實驗板上看到 LED 發光二極體將會呈現二進位的數值改變。

在前一個範例中利用了簡單的遞加指令來完成 LED 發光二極體的變化，並且利用簡單的迴圈執行時間完成了時間延遲。從範例中我們學習到如何使用呼叫函式，及使用設定暫存器 TRISD 與 LATD 資料暫存器來完成特定腳位的數位訊號輸出變化。雖然這個範例不是一個很有效率的應用程式，但是我們可以看到使用 C 程式語言撰寫 PIC 微控制器程式的容易與改變輸出入訊號的方便。

精準的時間控制是撰寫微處理器應用程式的一個重要項目之一，其中一個直接的方法就是利用時間延遲來達到控制時間的目的。由於 XC8 編譯器提供了一個完整的時間延遲函式庫，可以用來改善範例 6-1 不夠精確的時間延遲函式。因此就讓我們一方面學習如何利用這個函式庫，一方面也學習如何在 C 語言中呼叫外部函式。接下來讓我們使用另外一個製作霹靂燈的範例，以不同的程式撰寫方式學習較為複雜的輸出訊號控制。

範例 6-2

利用 PORTD 的發光二極體製作向左循環閃動的霹靂燈，並加長燈號閃爍的時間間隔。

```
//**********************************************************
//*                  Ex6_2_shift.c
//**********************************************************
#include <xc.h> // 微控制器硬體名稱宣告


#define _XTAL_FREQ 10000000 // 使用 __delay_ms(x) 時，一定要先定義此符號
//__delay_ms(x); x 不可以太大
#define OSC_CLOCK 10


voiddelay_ms(unsigned long A) {
// 使用 XC8 內建時間延遲函式 __delay_ms(x) 進行時間控制
    unsigned long i;
```

```
/*  自建延遲迴圈，以 1000 個 TCY 爲基礎
    unsigned long ms2TCYx1000,j;
    ms2TCYx1000=(OSC_CLOCK>>2);        // >>2 相當於除以 4
    j=A*ms2TCYx1000;
    for(i=0;i<j;i++) _delay(1000);
 */
for(i=0;i<A;i++) __delay_ms(1);
}


void main (void) {


    LATD = 0x01;                    // 將 LATD 設定點亮 LED0
    TRISD = 0;                      // 將 TRISD 設爲 0，LATD 設定爲輸出
    while (1) {                     // 無窮迴圈
      delay_ms(200);                // 延遲 200ms
      if(LATD<128)                  // LATD<128，向左移動
        LATD=(LATD<<1);
      else                          // LATD>=128，回歸至 RD0
          LATD=0X01;
    }
}
```

首先，爲了能夠使用 XC8 編譯器所提供的時間延遲函式庫，程式開始必須納入時間延遲函式的原型定義，這些定義都整理在 xc.h 表頭檔所納入的定義中。因此程式的開端便必須要加入下列敘述：

```
#include    <xc.h>
```

納入相關暫存器與函式定義。除此之外，必須要在 File>Project Properties>

XC8 Linker 選項下 Link C Library 的選項，如此才可以使用時間延遲函式進行程式的撰寫。修改後的延遲時間函式如下：

```
#define _XTAL_FREQ 10000000 // 使用 __delay_ms(x) 時，一定要先定義此符號
//__delay_ms(x); x 不可以太大

voiddelay_ms(unsigned long A) {
// 使用 XC8 內建時間延遲函式 __delay_ms(x) 進行時間控制
    unsigned long i;
    for(i=0;i<A;i++) __delay_ms(1);
}
```

在這裡使用 C 編譯器提供的函式 _delay_ms() 完成延遲 1ms 的工作。程式中並利用 #define 的符號替換方式，將時序脈波頻率 _XTAL_FREQ 10000000 定義為 10000000，這樣的定義方式是使用這個時間延遲函式一定要定義的符號，以便在調整硬體時仍能保持時間延遲的精確度。除了延遲一個毫秒的函式 __delay_ms( ) 之外，XC8 編譯器也提供延遲一個微秒的函式 __delay_us( ) 及延遲一個指令週期的 _delay( )。由於 __delay_ms( ) 與 __delay_us( ) 中的引數必須是可接受大小的常數，所以專案中另行以自定義的 delay_ms( ) 將其包含在迴圈中以達到所需要的時間延遲。但是讀者必須了解，這些時間延遲函式會因為微控制器是一個狀態機器（State Machine）而占據核心處理器的效能，而無法進行其他的工作處理。這是多數使用者在使用 C 語言撰寫微處理器程式時容易犯下的錯誤，也是本書詳細介紹微處理器相關硬體運作的原因。唯有了解並善用相關硬體的功能，即便是使用 C 語言也能夠撰寫出高效率的應用程式。

最後在主程式的 while(1) 迴圈中，程式使用 if…else…的程式流程控制敘述，藉由判斷 LATD 的數值來決定對 LATD 訊號的調整進而達成燈號移動的目的。

6.5　數位輸入

在前面的範例中，我們學習到單純使用微控制器腳位輸出不同的訊號，藉以達成應用程式的目的；但是現實世界的應用程式並不是只需要單方向的數位輸出訊號而已，大多數的應用條件下也需要擷取外部的訊號輸入藉以調整內部微處理機程式執行的內容。要如何得到輸入的訊號呢？首先當然必須在微控制器所連接的硬體上產生不同的訊號電壓變化，藉以表達不同訊號的狀態。讓我們以範例 6-3 說明如何完成訊號輸入的程式撰寫。

範例 6-3

建立一個霹靂燈顯示的應用程式，並利用連接到 RA4 的按鍵 SW2 決定燈號移動的方向。當按鍵放開時，燈號將往高位元方向移動；當按鍵按下時，燈號將往低位元方向移動。

```
//************************************************************
//*                 Ex6_3_ROT_Button.c
//************************************************************
#include        <xc.h>

#define_XTAL_FREQ 10000000 // 使用 __delay_ms(x) 時，一定要先定義此符號
//__delay_ms(x); x 不可以太大

// 函式原型宣告
void delay_ms(unsigned long A);
void rot_right(void);
void rot_left(void);

void main (void) {

    LATD = 0x01;                    // 將 LATD 設定點亮 LED0
```

```
    TRISD = 0;                      // 將 TRISD 設為 0，PORTD 設定為輸出
    TRISAbits.TRISA4=1;             // 設定 RA4 為數位輸入腳位
    while (1) {                     // 無窮迴圈
        delay_ms(200);             // 延遲 200ms
        if(PORTAbits.RA4==1)       // 按鍵未按下時，向左移動
            rot_left();
        else                       // 否則，向右移動
            rot_right();
    }
}


void delay_ms(unsigned long A) {
// 使用 XC8 內建時間延遲函式 __delay_ms(x) 進行時間控制
    unsigned longi;
    for(i=0;i<A;i++)  __delay_ms(1);
}


void rot_right(void) {
    if(LATD>1)                      // LATD>1，向右移動
        LATD=(LATD>>1);
    else                            // LATD=1，回歸至 RD7
        LATD=127;
}


void rot_left(void) {

    if(LATD<128)                    // LATD<128，向左移動
        LATD=(LATD<<1);
    else                            // LATD>=128，回歸至 RD0
        LATD=0x01;
}
```

　　和範例 6-2 比較，藉由宣告 PORTA 的 RA4 為數位輸入腳位，得以在主程式中藉由偵測 RA4 腳位上按鍵觸發的狀態而決定所需要的燈號調整動作。如同使用組合語言撰寫程式一樣，在 C 語言撰寫的程式中也可以直接藉由 PORTAbits.RA4 的變數定義直接讀取到 RA4 腳位的變化。

　　另外值得一提的是，C 程式語言要求程式所需要使用的函式必須先行定義方可呼叫使用，如同在範例 6-2 中的時間延遲函式 delay_ms( ) 定義於主程式之前。但是為了避免在撰寫或閱讀程式必須由下而上的由各個函式開始著手，反而無法建立完整主程式架構的困擾，C 語言允許程式只先宣告函式的原型，也就是僅須宣告函式的回傳資料型別與所需的各項參數資料型別，而將實際的函式運算敘述內容安置在較後的位置或其他檔案中。如範例 6-3 中僅先行宣告三個函式的原型，而將函式內容放置在主程式之後。這樣的安排可以增加程式的維護性與可讀性。事實上，如果讀者開啟各個函式庫表頭檔的內容，將會發現其中只有函式的原型宣告，實際的函式內容是建立在其他的檔案中。

　　在這一個章節中，我們介紹了如何使用 C 程式語言撰寫有關微處理器數位訊號輸出入的功能及簡單的訊號運算處理。同時也介紹了如何撰寫並呼叫函式，及使用 C 所提供的時間延遲函式庫。藉由 XC8 編譯器的功能，讀者可以快速地撰寫微處理器應用程式，而無需處理低階的硬體設定工作，例如變數記憶體規劃，堆疊處理與參數傳遞等等。因此使用者可以更專注於應用程式特定工作的程式架構設計與運算處理，發展更有效率的微處理器應用程式。

6.6　受控模式的並列式輸出入埠

　　除了前面所敘述的個別腳位當做數位輸出入功能之外，PIC18F4520 微控制器同時也提供將 PORTD 當成一個 8 位元的受控模式並列式輸出入埠（Parallel Slave Port）的通訊介面；並配合 PORTE 的 3 個腳位作為主控端控制微控制器讀寫（Read/Write）與選擇（Chip Select）的功能，如圖 6-2 所示。

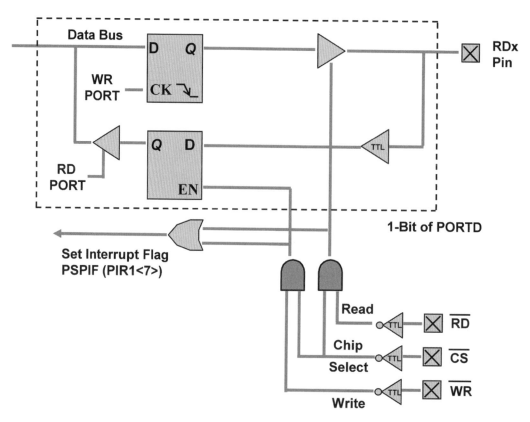

圖 6-2　受控模式的並列式輸出入埠

　　在這個模式下，當外部的主控系統發出晶片選擇與讀 / 寫的訊號時，微控制器的 PORTD 將會被視作一個並列輸出入埠的緩衝器，藉由完整的 8 個腳位讀 / 寫 8 位元的外部資料。

　　不過由於這種並列式的輸出入方式所佔用的腳位資源過多，通常在實際的應用上較少使用。

CHAPTER 7
PIC18 微控制器系統功能與硬體設定

7.1 微控制器系統功能

PIC18 微控制器在硬體設計上規劃了一些系統的功能以提高系統的可靠度，並藉由這些系統硬體的整合減少外部元件的使用以降低成本，同時也建置了一些省電操作的模式與程式保護的機制。這些系統功能包含：

- 系統震盪時序來源選擇
- 重置的設定
  電源啟動重置（Power-on Reset, POR）
  電源啟動計時器（Power-up Timer, PWRT）
  震盪器啟動計時器（Oscillator Start Timer, OST）
  電壓異常重置（Brown-out Reset）
- 中斷
- 監視計時器（或稱看門狗計時器，Watchdog Timer, WDT）
- 睡眠（Sleep）
- 程式碼保護（Code Protection）
- 程式識別碼（ID Locations）
- 線上串列燒錄程式（In-circuit Serial Programming）
- 低電壓偵測（Low Voltage Detection）或高低電壓偵測（High/Low Voltage Detection）

大部分的 PIC18 系列微控制器，建置有一個監視計時器，並且可以藉由軟體設定或者開發環境下的結構位元設定而永久地啟動。監視計時器使用自己獨立的 RC 震盪電路以確保操作的可靠性。

　　微控制器並提供了兩個計時器用來確保在電源開啓時核心處理器可以得到足夠的延遲時間之後再進行程式的執行，以確保程式執行的穩定與正確；這兩個計時器分別是震盪器啓動計時器（OST）及電源啓動計時器（PWRT）。OST 的功用是在系統重置的狀況下，利用計時器提供足夠的時間確保在震盪器產生穩定的時脈序波之前，核心處理器是處於重置的狀況下。PWRT 則是在電源啓動的時候，提供固定的延遲時間以確保核心處理器在開始工作之前電源供應趨於穩定。有了這兩種計時器的保護，PIC18 系列微控制器並不需要配置有外部的重置保護電路。

　　睡眠模式則是設計用來提供一個非常低電流消耗的斷電模式，應用程式可以使用外部重置、監視計時器、或者中斷的方式將微控制器從睡眠模式中喚醒。

　　PIC18 系列微控制器提供了數種震盪器選項以便使用者可以針對不同的應用程式選擇不同速度的時脈序波來源。系統也可以選擇使用價格較爲便宜的RC 震盪電路，或者使用低功率石英震盪器（LP）以節省電源消耗。

　　上述的這些微控制器系統功能只是 PIC18 系列微控制器所提供的一部分；而爲了要適當地選擇所需要的系統功能，必須要藉由系統設定位元來完成相對應的功能選項。

7.2　設定位元

　　PIC18F4520 微控制器的設定位元（Configuration Bits）可以在燒錄程式時設定爲 0，或者保留其原有的預設值 1 以選擇適當的元件功能設定。這些設定位元是被映射到由位址 0x300000 開始的程式記憶體。這一個位址是超過一般程式記憶空間的記憶體位址，在硬體的規劃上它是屬於設定記憶空間（0x300000~0x3FFFFF）的一部分，而且只能夠藉由表列讀取或表列寫入（Table Read/Write）的方式來檢查或更改其內容。

　　要將資料寫入到設定暫存器的方式和將資料寫入程式快閃記憶體的方式是非常類似的；由於這個程序是比較複雜的一個方式，因此通常在燒錄程式的過程中便會將設定位元的內容一併燒錄到微控制器中。如果在程式執行中需要更改設定暫存器的內容時，也可以參照燒錄程式記憶體的程序完成修改的動作。唯一的差異是，設定暫存器每一次只能夠寫入一個位元組（byte）的資料。

▌ 微控制器設定暫存器定義

與微控制器設定相關的暫存器與位元定義如表 7-1 所示。

表 7-1 PIC18F4520 微控制器設定相關的暫存器與位元定義

File Name		Bit 7	Bit 6	Bit 5	Bit 4	Bit 3	Bit 2	Bit 1	Bit 0	Default Value
300001h	CONFIG1H	IESO	FCMEN	—	—	FOSC3	FOSC2	FOSC1	FOSC0	00-- 0111
300002h	CONFIG2L	—	—	—	BORV1	BORV0	BOREN1	BOREN0	PWRTEN	---1 1111
300003h	CONFIG2H	—	—	—	WDTPS3	WDTPS2	WDTPS1	WDTPS0	WDTEN	---1 1111
300005h	CONFIG3H	MCLRE	—	—	—		LPT1OSC	PBADEN	CCP2MX	1--- -011
300006h	CONFIG4L	DEBUG	XINST	—			LVP		STVREN	10-- -1-1
300008h	CONFIG5L	—	—	—	—	CP3$_{(1)}$	CP2$_{(1)}$	CP1	CP0	---- 1111
300009h	CONFIG5H	CPD	CPB	—						11-- ----
30000Ah	CONFIG6L	—	—	—	—	WRT3$_{(1)}$	WRT2$_{(1)}$	WRT1	WRT0	---- 1111
30000Bh	CONFIG6H	WRTD	WRTB	WRTC						111- ----
30000Ch	CONFIG7L	—	—	—	—	EBTR3$_{(1)}$	EBTR2$_{(1)}$	EBTR1	EBTR0	---- 1111
30000Dh	CONFIG7H	—	EBTRB	—						-1-- ----
3FFFFEh	DEVID1$_{(1)}$	DEV2	DEV1	DEV0	REV4	REV3	REV2	REV1	REV0	xxxx xxxx$_{(2)}$
3FFFFFh	DEVID2$_{(1)}$	DEV10	DEV9	DEV8	DEV7	DEV6	DEV5	DEV4	DEV3	0000 1100

Note 1: Unimplemented in PIC18F2420/4420 devices; maintain this bit set.

2: 000x xxxx for PIC18F4520. DEVID registers are read-only and cannot be programmed by the user.

7.3 調整設定位元

由於設定暫存器相關的功能眾多，而每一個系統功能的定義選項也非常地繁多；因此，如果要將這些系統功能的定義逐一地表列，不但在學習上有所困難，即便是在程式撰寫的過程中要仔細地查清楚各個選項的功能都是非常困難的一件事。有鑑於此，一般在發展環境下都會提供兩種方式供使用者對微控制器作適當的功能設定。

以 PIC18 系列微控制器作爲範例，使用者可以在發展環境 MPLAB X IDE

的 Window>PIC Memory View>Configuration Bits 選項下開啓一個功能設定選項視窗,如附錄 A 所示。在這個選項下,使用者可以針對每一個可設定的功能項目點選想要設定的方式以完成相關的功能設定。這些設定的結果將會可以被輸出成檔案並加入所開啓的專案中,在程式編譯與燒錄的過程中也會一併地被燒錄到微控制器的設定暫存器空間中。利用這樣的方式,使用者可以快速地完成功能設定的選項。但是這個方法有潛在性的缺點,也就是當使用者將相關的程式移轉到其他專案使用,相關的微控制器功能設定檔案將不一定會移轉到其他的專案。在這種情況下,應用程式中可能使用到的系統功能設定將會失去原先設定的關聯性而產生錯誤。

如果要將設定位元與應用程式相結合,則使用者必須利用另外一種設定位元定義的方式,將相關的微處理器設定利用虛擬指令定義在應用程式中。如此一來,當應用程式移轉的時候,相關的設定暫存器內容便會一併地移轉,而減少可能的錯誤發生。在目前的 XC8 編譯器中,使用者可以直接使用方便簡潔的虛擬指令定義方式,使用

#pragma config [功能代碼] = [設定狀態]

的格式進行微控制器的設定。例如如果要將震盪器時脈來源設定爲 HS,並將監視計時器的功能關閉,則可以使用下列的指令:

#pragma config OSC = HS, WDT = OFF

如果使用者仍然有其他的功能需要設定,可以在上述的指令後面附加其他的功能設定項目,或者在另外一行指令中重新用 #pragma config 指令完成上述的定義設定方式。在程式中沒有定義的功能項目,編譯器將會以硬體預設值進行組譯然後再載入控制器的設定暫存器,預設的內容可以參考各個微控制器參數定義表頭檔的內容,如 p18F4520.h;對於所有微控制器可設定的功能,以及每個功能可以設定的選項,使用者可以參考微控制器資料手冊。如果專案沒有加入系統功能定義檔也沒有在程式中做適當的系統功能定義,則一般會在燒錄程式後發現微控制器沒有任何動作。這是因爲預設的系統時脈震盪器訊號來

源與預設的來源不同，導致微控制器沒有時脈訊號做為執行指令的觸發訊號。

在這裡我們列出應用程式經常使用的震盪器設定功能作一個簡單的說明。

7.4 震盪器的設定

可設定的工作時序脈波來源如下所列：

1. LP — 低功率石英震盪器

2. XT — 石英震盪器

3. HS — 高速石英震盪器 High Speed Crystal/Resonator

4. HS + PLL — 高速石英震盪器合併使用相位鎖定迴路

5. RC — 外部 RC 震盪電路

6. RCIO — 外部 RC 震盪電路並保留 OSC2 做一般數位輸出入腳位使用

7. EC — 外部時序來源

8. ECIO — 外部時序來源並保留 OSC2 做一般數位輸出入腳位使用

震盪器電路結構如圖 7-1 所示。時脈來源選項與微控制器執行速度選擇如表 7-1 所示。

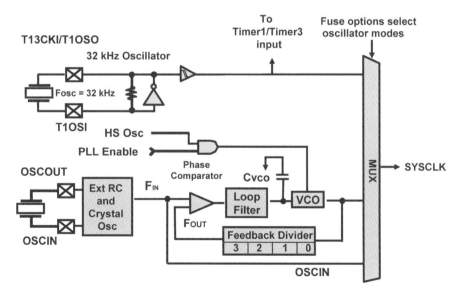

圖 7-1　震盪器電路結構

時脈來源選項可以參考表 7-2 以選擇適當的執行速度。

表 7-2　時脈來源選項與微控制器執行速度選擇

Configuration	Symbol	Characteristic	Min	Max	Units
EC, ECIO,	Fosc	External CLKI Frequency	DC	40	MHz
RC osc		Oscillator Frequency	DC	4	MHz
XT osc			0.1	4	MHz
HS osc			4	25	MHz
HS + PLL osc			4	10	MHz
LP osc			5	33	kHz
EC, ECIO,	Tosc	External CLKI Period[1]	25	—	ns
RC osc		Oscillator Period	250	—	ns
XT osc			250	10,000	ns
HS osc			40	250	ns
HS + PLL osc			100	250	ns
LP Osc			25	—	μs
Tcy4/Fosc	Tcy	Instruction Cycle Time	100	—	ns
XT osc	TosL,	External Clock in	30	—	ns
LP osc	TosH	(OSC1) High or Low	2.5	—	μs
HS osc		Time	10	—	ns
XT osc	TosR,	External Clock in	—	20	ns
LP osc	TosF	(OSC1) Rise or Fall	—	50	ns
HS osc		Time	—	7.5	ns

7.5　監視計時器

監視計時器（Watchdog Timer, WDT）是一個獨立執行的系統內建 RC 震盪電路計時器，因此並不需要任何的外部元件。由於使用獨立的震盪電路，因此監視計時器即使在系統的時脈來源故障或停止時，例如睡眠模式下，仍然可以繼續地執行而不會受到影響。

監視計時器的結構方塊圖如圖 7-2 所示。

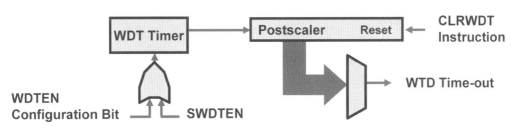

圖 7-2　監視計時器的結構方塊圖

在正常的操作下，監視計時器的計時中止（Time-out）或溢位（Overflow）將會產生一個系統的重置（RESET）；如果系統是處於睡眠模式下，則監視計時器的計時中止將會喚醒微控制器進而恢復正常的操作模式。當發生計時中止的事件時，RCON 暫存器中的狀態位元 $\overline{TO}$ 將會被清除為 0。

監視計時器是可以藉由元件設定位元來開啟或關閉的。如果監視計時器的功能被開啟，則在程式的執行中將無法中斷這個功能；但是如果監視計時器致能位元 WDTEN 被清除為 0 時，則可以藉由監視計時器軟體控制位元 SWDTEN 來控制計時器的開啟或關閉。

監視計時器並配備有一個後除器的降頻電路，可以設定控制位元 WDTPS2: WDTPS0 選擇 1～8 倍的比例來調整計時中止的時間長度。

7.6　睡眠模式

應用程式可藉由執行一個 Sleep( ) 指令而讓微控制器進入節省電源的睡眠模式。

在執行 Sleep( ) 指令的同時，監視計時器的計數器內容將會被清除為 0，但是將會持續地執行計時的功能，同時 RCON 暫存器的 $\overline{PD}$ 狀態位元將會被清除為 0 表示進入節能（Power-down）狀態，$\overline{TO}$ 狀態位元將會被設定為 1，而且微控制器的震盪器驅動電路將會被關閉。每一個數位輸出入腳位將會維持進入睡眠模式之前的狀態。

為了要在這個模式下得到最低的電源消耗，應用程式應當將所有的數位輸出入腳位設定為適當的電壓狀態，以避免外部電路持續地消耗電能，並且關閉類比訊號轉換模組及中斷外部時序驅動電路。

▶ 喚醒微控制器

下列事件可以用來將微控制器從睡眠模式中喚醒（Wake-up）：

■ 外部系統重置輸入訊號

■ 監視計時器喚醒

■ 中斷腳位、RB 輸入埠的訊號改變或者周邊功能所產生的中斷訊號

可以喚醒微控制器的周邊功能所產生的中斷訊號包括：

■ 受控模式平行輸入埠（Parallel Slave Port）的讀寫

■ 非同步計數器操作模式下的 TIMER1 或 TIMER3 計時器中斷

■ CCP 模組的輸入訊號捕捉中斷

■ 非同步計數器操作模式下的 TIMER1 計時器特殊事件觸發

■ MSSP 傳輸埠的傳輸開始／中止位元偵測中斷

■ MSSP 受控（Slave）模式下的資料收發中斷

■ USART 同步資料傳輸受控（Slave）模式下的資料收發中斷

■ 使用內部 RC 時序來源的類比數位訊號轉換中斷

■ EEPROM 寫入程序完成中斷

■（高）低電壓偵測中斷

如果微控制器是藉由中斷的訊號從睡眠模式下喚醒，應用程式必須要注意到喚醒時相關中斷執行函式的運作與資料儲存，以避免可能的錯誤發生。

7.7　閒置模式

傳統微控制器僅提供正常執行模式與睡眠模式，應用程式的功能受到相當大的限制；為了省電而進入睡眠模式時，大部分的周邊硬體一併隨著關閉功能，使得微控制器幾乎進入了多眠狀態而無法進行任何的工作。為了改善這個缺失，新的微控制器提供了一個所謂的閒置模式，在這個新的閒置模式下，應用程式可以將核心處理器的運作暫停以節省電能，同時又可以選擇性的設定所需要的周邊硬體功能繼續執行相關的工作。而當周邊硬體操作滿足某些特定條件而產生中斷的訊號時，便可以藉由中斷重新喚醒核心處理器執行所需要應對的工作程序。為了達成不同的執行目的與節約用電能的要求，閒置模式的設定

可分為下列 3 種選擇：

　　PRI_IDLE

　　SEC_IDLE

　　RC_IDLE

各個執行模式下的微控制器功能差異如表 7-3 所示。

表 7-3　各個執行模式下的微控制器功能差異

模式	核心處理器CPU	周邊硬體Peripheral
RUN	ON	ON
IDLE	OFF	ON
SLEEP	OFF	OFF

閒置模式是藉由 OSCCON 暫存器的 IDLEN 位元所控制的，當這個位元被設定為 1 時，執行 SLEEP 指令將會使微控制器進入閒置模式；進入閒置模式之後，周邊硬體將會改由 SCS1:SCS0 位元所設定的時序來源繼續操作。改良的微控制器時序震盪來源設定的選擇如表 7-4 所示。

表 7-4　改良的微控制器時序震盪來源設定的選擇

模式	OSCCON位元設定		模組時序操作		可用時序與震盪器來源
	IDLEN <7>	SCS1:SCS0 <1:0>	CPU	Peripherals	
Sleep	0	N/A	Off	Off	None - All clocks are disabled
PRI_RUN	N/A	00	Clocked	Clocked	Primary - LP, XT, HS, HSPLL, RC, EC and Internal Oscillator Block. This is the normal full power execution mode.
SEC_RUN	N/A	01	Clocked	Clocked	Secondary - Timer1 Oscillator
RC_RUN	N/A	1x	Clocked	Clocked	Internal Oscillator Block
PRI_IDLE	1	00	Off	Clocked	Primary - LP, XT, HS, HSPLL, RC, EC
SEC_IDLE	1	01	Off	Clocked	Secondary - Timer1 Oscillator
RC_IDLE	1	1x	Off	Clocked	Internal Oscillator Block

CHAPTER

7

一旦進入閒置的模式後，由於核心處理器不再執行任何的指令，因此可以離開閒置模式的方法就是中斷事件的發生、監視計時器溢流（Overflow）及系統重置。

■PRI_IDLE 模式

在這個模式下，系統的主要時序來源將不會被停止運作，但是這個時序只會被傳送到微控制器的周邊裝置，而不會被送到核心處理器。這樣的設定模式主要是為了能夠縮短系統被喚醒時重新執行指令所需要的時間延遲。

■SEC_IDLE 模式

在這個模式下，系統的主要時序來源將會被停止，因此核心處理器將會停止運作；而微控制器的其他周邊裝置將會藉由計時器 TIMER1 的時序持續地運作。這樣的設定可以比 PRI_IDLE 模式更加的省電，但是在系統被喚醒時必須要花費較多的時間延遲來等待系統主要時序來源恢復正常的運作。

■RC_IDLE 模式

這個閒置模式的使用將可以提供更多的電能節省選擇。當系統進入閒置模式時，核心處理器的時序來源將會被停止，而其他的周邊裝置將可以選擇性的使用內部時序來源時序的進行相關的工作。而由於內部的時序來源可藉由程式調整相關的除頻器設定，因此可以利用軟體調整閒置模式下周邊裝置的執行速度，而達到調整電能節省能選擇的目的。

7.8　系統的時序控制功能

在較新的 PIC18 系列微控制器中，對於時序控制的功能有許多新增加的功能，包括：

- 兩段式時序微控制器啟動程序
- 時序故障保全監視器

兩段式時序微控制器啟動程序

兩段式時序微控制器啟動程序的功能主要是為了減少時序震盪器啟動與微控制器可以開始執行程式碼之間的時間延遲。在較新的微控制器中，如果應用程式使用外部的石英震盪時序來源時，應用程式可以將兩段式時序啟動的程序功能開啟；在這個功能開啟的狀況下，微控制器將會使用內部的時序震盪來源作為程式執行的控制時序，直到主要的時序來源穩定而可以使用為止。因此，在這個功能被開啟的狀況下，當系統重置或者微控制器由睡眠模式下被喚醒時，微控制器將會自動使用內部時序震盪來源立刻進行程式的執行，而不需要等待石英震盪電路的重新啟動與訊號穩定所需要的時間，因此可以大幅地縮短時間延遲的效應。

時序故障保全監視器

時序故障保全監視器（Fail-Safe Clock Monitor）是一個硬體電路，藉由內部 RC 震盪時序的開啟，持續地監測微控制器主要的外部時序震盪來源是否運作正常；當外部時序故障時，時序故障保全監視器將會發出一個中斷訊號，並將微控制器的時序來源切換至內部的 RC 震盪時序，以便使微控制器持續地操作，並藉由中斷訊號的判斷作適當的工作處理，可安全有效地保護微控制器操作。

其他的設定項目

由於 PIC18 微控制器的功能眾多，其他的設定項目可參考資料手冊進行調整，包括：

■ 重置的設定
電源啟動重置（Power-on Reset, POR）
電源啟動計時器（Power-up Timer, PWRT）
震盪器啟動計時器（Oscillator Start Timer, OST）
電壓異常重置（Brown-out Reset）

- 中斷
- 監視計時器（或稱看門狗計時器, Watchdog Timer, WDT）
- 睡眠（Sleep）
- 程式碼保護（Code Protection）
- 程式識別碼（ID Locations）
- 線上串列燒錄程式（In-circuit Serial Programming）
- 低電壓偵測（Low Voltage Detection）或高低電壓偵測（High/Low Voltage Detection）

在離開這個章節之前，利用範例程式 7-1 說明使用程式軟體完成相關功能設定的程式撰寫方式。

範例 7-1

修改範例程式 6-1，將所有相關的微控制器系統功能設定項目包含到應用程式中。

```
//*************************************************************
//*                    Ex7_1.C
//*    範例程式示範如何在程式中設定結構位元 configuration bits
//*************************************************************
#include <xc.h> // 微控制器硬體名稱宣告
#define _XTAL_FREQ 10000000 // 使用 __delay_ms(x) 時，一定要先定義此符號
//__delay_ms(x);  x 不可以太大


// 函式原型宣告
void delay_ms(long A);


// 宣告設定暫存器的參數，也可以將參數使用獨立檔案 Config.c 加入到專案原始碼資
料夾
#pragma config  OSC=HS, BOREN=OFF, BORV = 2, PWRT=ON, WDT=OFF, LVP=OFF


#pragma config  CCP2MX=PORTC, STVREN=ON, DEBUG=OFF
```

```
#pragma config   CP0=OFF,  CP1=OFF,  CP2=OFF,  CP3=OFF,  CPB=OFF,  CPD=OFF
#pragma config   WRT0=OFF,  WRT1=OFF,  WRT2=OFF,  WRT3=OFF
#pragma config   WRTC=OFF,  WRTB=OFF,  WRTD=OFF
#pragma config   EBTR0=OFF,  EBTR1=OFF,  EBTR2=OFF,  EBTR3=OFF,  EBTRB=OFF


void main (void) {

    LATD = 0x00;                    // 將 LATD 設定關閉 LED
    TRISD = 0;                      // 將 TRISD 設為 0，PORTD 設定為輸出
    while (1) {                     // 無窮迴圈
        delay_ms(100);              // 延遲 100ms
        LATD++;                     // 遞加 LATD
    }
}


void delay_ms(unsigned long A) {
// 使用 XC8 內建時間延遲函式 __delay_ms(x) 進行時間控制
    unsigned long i;
    for(i=0;i<A;i++)  __delay_ms(1);
}
```

CHAPTER

7

在範例程式中，使用 config 虛擬指令對於各個設定位元的功能做詳細的定義。在第一行列出了比較常用或者較常修改的設定位元功能：

```
#pragma config   OSC=HS,  BOREN=OFF,  BORV = 2,  PWRT=ON,  WDT=OFF,  LVP=OFF
```

其他相關的設定位元功能則列在接續的數行中，所列出的是組譯器的預設值。如果應用程式所使用的是預設值的話，並不需要將這些功能全部的列出，而只需要列出想要修改的設定位元即可。

至於在 MPLAB X IDE 發展環境下的 Configuration Bits 視窗選項進行微處理器設定並輸出檔案的處理方式，請參考附錄 A 的說明。

中斷與周邊功能運用

8.1　基本的周邊功能概念

在前一個章節的數位輸出入埠使用程式範例中,相信讀者已經學習到如何使用微控制器的腳位做一般輸出或者輸入訊號的方法。應用程式可以利用輸入訊號的狀態決定所要進行的運算與動作,並且利用適當的暫存器記取某一些事件發生的次數以便作為某些事件觸發的依據。

在微控制器發展的早期,也就是所謂的微處理器階段,核心處理器本身只能夠做一些數學或者邏輯的計算,並且像前一章的範例一樣利用資料暫存器的記憶空間保留某一些事件的狀態。這樣的方式雖然可以完成某一些工作,但是由於所有的處理工作都要藉由指令的撰寫以及核心處理器的運算才能夠完成,因此不但增加程式的長度以及撰寫的困難,甚至微處理器本身執行的速度效率上都會有相當大的影響。

為了增加微處理器的速度以及程式撰寫的方便,在後續的發展上將許多常常應用到的外部元件,例如計數器、EEPROM 、通訊元件、編碼器等等周邊元件(Peripherals),逐漸地納入到微控制器的系統裡面而成為單一的系統晶片(System on Chip, SOC)。所以隨著微控制器的發展,不但在核心處理器的功能與指令逐漸地加強;而且在微控制器所包含的周邊元件也一直在質與量方面不斷地提升,進而提高了微控制器等應用層次與功能。

為了要將這些周邊元件完整的合併到微處理器上,通常製造廠商都會以檔案暫存器系統(File Register System)的觀念來進行相關元件的整合。基本上,以 PIC18 系統微控制器為例,所有的內建周邊功能元件都會被指定由相關的特殊功能暫存器作為一個介面。核心的處理器可以藉由指令的運作將所需要設定的周邊元件操作狀態寫入到相關的暫存器中而完成設定的動作，或者是藉由某一個暫存器的內容來讀取特定周邊功能目前的狀態或者設定條件。由 PIC18F4520 微控制器的架構圖便可以看到這些相關的周邊元件是與一般的記憶體在系統層次有著相同的地位，它們都使用同樣的資料傳輸匯流排與相關的指令來與核心處理器作資料的溝通運算。這些相關的特殊功能暫存器便成為周邊功能元件與核心處理器之間的一個重要橋樑，因此在微控制器的記憶體中特殊功能暫存器占據了一個相當大的部分。而要提升微控制器的使用效率，必須要詳細地了解相關特殊功能器的設定與使用。

基本的 PIC18F 微控制器周邊功能包括：

- 外部中斷腳位
- 計時器／計數器
- 輸入捕捉／輸出比較／波寬調變（CCP）模組
- 高採樣速率的 10 位元類比數位訊號轉換器模組
- 類比訊號比較器

在這一章，我們將以幾個簡單的範例來說明使用周邊元件的程式撰寫，並藉由不同範例的比較讓讀者了解善用周邊元件的好處。在這裡我們將使用一個最簡單的計時器與計數器的使用，說明相關的周邊元件使用技巧與觀念。其他周邊元件詳細的使用方法將會在後續的章節中逐一地說明，並作深入的介紹與程式示範。

8.2 計數的觀念

在前一章的範例程式中，為了要延遲時間我們利用幾個暫存器作為計數內容的儲存，當計數內容達到某一個設定的數值時，經過比較確定，核心處理器便會執行所設定的工作以達到時間延遲的目的。在這裡我們用一個較為簡單的範例來重複這樣的觀念，以作為後續程式修改的參考依據。

範例 8-1

利用按鍵 SW2 作為輸入訊號，當按鍵被觸發累計次數達到四次時，將發光二極體高低四個位元的燈號顯示狀態互換。

```
//*********************************************************
//*                    Ex8_1_But_Toggle.c
//*********************************************************
#include <xc.h>  // 使用 XC8 編譯器表頭檔宣告


#define _XTAL_FREQ 10000000  // 使用 __delay_ms(x) 時，一定要先定義此符號
//__delay_ms(x); x 不可以太大

// 函式原型宣告
void delay_ms(unsigned long A);


//#pragma config OSC=HS


void main (void) {

    unsigned char push_no=4;        // 宣告設定的可按鍵次數變數並初始化為 4

    LATD = 0x0F;                    // 將 LATD 設定為 b'00001111'
    TRISD = 0;                      // 將 TRISD 設為 0，PORTD 設定為輸出
    TRISAbits.TRISA4=1;             // 將按鍵 2 所對應的 RA4 設定為輸入
    while (1) {                     // 無窮迴圈
        delay_ms(10);               // 時間延遲
        if(PORTAbits.RA4==0) {      // 如果 SW2 按下
            push_no--;                   // 遞減可按鍵次數
            while(PORTAbits.RA4==0);      // 等待按鍵鬆開
            if(push_no==0) {             // 當可按鍵次數為 0 時
```

```
                push_no=4;                    // 重設可按鍵次數為 4
//              LATD=LATD^0xFF;               // 方法 1：使用運算敘述將 LED
                                              // 燈號反轉
//              LATD=(LATD >> 4) | (LATD << 4); // 方法 2
                #asm("swapf LATD,f");         // 方法 3：使用嵌入式組合語言
                                              // 指令將 LED 燈號對調

            }
        }
    }
}


void delay_ms(long A) {
// 使用 XC8 內建時間延遲函式 __delay_ms(x) 進行時間控制
    long  i;
    for(i=0;i<A;i++)  __delay_ms(1);
}
```

　　在程式中使用 C 語言的 while 與 if 的程式流程控制指令，藉由對 RA4 按鍵訊號的偵測改變 push_no 變數的內容並於其為 0 時改變 LED 燈號。程式中使用 XC8 編譯器所提供的嵌入式組合語言指令的方式將燈號反轉，而非註解行中的兩種運算敘述；使用嵌入式組合語言指令可以減少程式的運算時間而提升效率。這是由於部分微處理器所特有的運算指令是在 C 語言的運算子中所未包含，要達到同樣的運算目的必須使用較為複雜的運算指令完成。讀者不妨檢查 Disassembly 視窗中不同 C 語言指述的編譯結果就可以了解其中的差異。

組合語言巨集指令

　　除了使用嵌入式組合語言指令外，XC8 編譯器提供下列的組合語言巨集指令：

Nop( )

ClrWdt( )

Sleep( )

Reset( )

可以直接對應到相關的組合語言指令。

在範例 8-1 的程式中，使用 push_no 暫存器儲存計數次數的內容；因此每一次循環，必須要更新這個暫存器並做為比較的依據。除此之外，程式每一次循環必須要去檢查 PORTA, RA4 位元的狀態以決定按鍵是否被觸發。這樣的做法，雖然可以達到程式設計的目的，但是核心處理器必須要多花費一些時間來進行相關腳位的判讀，以及暫存器內容的讀寫計算（例如遞加或遞減）。還記得我們在做邏輯電路回顧時曾經介紹過的計數器邏輯元件嗎？在 PIC18F4520 微處理器上便有著這樣的計數器周邊元件。為了追求比較更有效率的作法，讓我們改變程式以使用計數器的程式來觀察一些可行的作法。

在後續的範例程式中，我們計畫使用的計數器 TIMER0 這個周邊元件來儲存計數的內容。由於按鍵 SW2 所接的腳位也正好就是計數器 TIMER0 的外部訊號輸入腳位，因此我們可以直接利用計數器 TIMER0 周邊元件記錄按鍵被觸發的次數。在介紹範例程式內容前，讓我們先說明計數器 TIMER0 的硬體架構其相關的設定與使用方法，讓讀者了解微控制器中使用周邊元件的方法與觀念。

8.3 TIMER0計數器／計時器

TIMER0 計時器／計數器是 PIC18F4520 微控制器中最簡單的一個計數器，它具備有下列的特性：

- 可由軟體設定選擇為 8 位元或 16 位元的計時器或計數器
- 計數器的內容可以讀取或寫入
- 專屬的 8 位元軟體設定前除器（Prescaler）或者稱做除頻器
- 時序來源可設定為外部或內部來源
- 溢位（Overflow）時產生中斷事件。在 8 位元狀態下，於 0xFF 變成 0x00 時；或者在 16 位元狀態下，於 0xFFFF 變成 0x0000 時產生中斷事件
- 當選用外部時序來源時，可以軟體設定觸發邊緣形態（H→L 或 L→H）

◉ T0CON設定暫存器定義

與 TIMER0 計時器相關的 T0CON 設定暫存器位元內容與定義如表 8-1 所示。

表 8-1　T0CON 設定暫存器位元內容與定義

R/W-1	R/W-1	R/W-1	R/W-1	R/W-1	R/W-1	R/W-1	R/W-1
TMR0ON	T08BIT	T0CS	T0SE	PSA	T0PS2	T0PS1	T0PS0

bit 7　　　　　　　　　　　　　　　　　　　　　　　　　　bit 0

bit 7 **TMR0ON:** Timer0 On/Off Control bit

　　1 = 啓動 Timer0 計時器。

　　0 = 停止 Timer0 計時器。

bit 6 **T08BIT:** Timer0 8-bit/16-bit Control bit

　　1 = 將 Timer0 設定為 8 位元計時器 / 計數器。

　　0 = 將 Timer0 設定為 16 位元計時器 / 計數器。

bit 5 **T0CS:** Timer0 Clock Source Select bit

　　1 = 使用 T0CKI 腳位脈波變化。

　　0 = 使用指令週期脈波變化。

bit 4 **T0SE:** Timer0 Source Edge Select bit

　　1 = T0CKI 腳位 H→L 電壓邊緣變化時遞加。

　　0 = T0CKI 腳位 L→H 電壓邊緣變化時遞加。

bit 3 **PSA:** Timer0 Prescaler Assignment bit

　　1 = 不使用 Timer0 計時器的前除器。

　　0 = 使用 Timer0 計時器的前除器。

bit 2-0 **T0PS2:T0PS0:** Timer0 計時器前除器設定位元。

　　111 = 1:256 prescale value

　　110 = 1:128 prescale value

　　101 = 1:64 prescale value

　　100 = 1:32 prescale value

　　011 = 1:16 prescale value

```
010 = 1:8 prescale value
001 = 1:4 prescale value
000 = 1:2 prescale value
```

　　對於 TIMER0 計數器的功能先暫時簡單地介紹到此，詳細的功能留到後面介紹其他計時器 / 計數器時再一併詳細說明。現在先讓我們看看修改過後的範例程式內容。

範例 8-2

　　利用 TIMER0 計數器計算按鍵觸發的次數，設定計數器初始值為 0，使得當計數器內容符合設定值時，進行發光二極體燈號的改變。

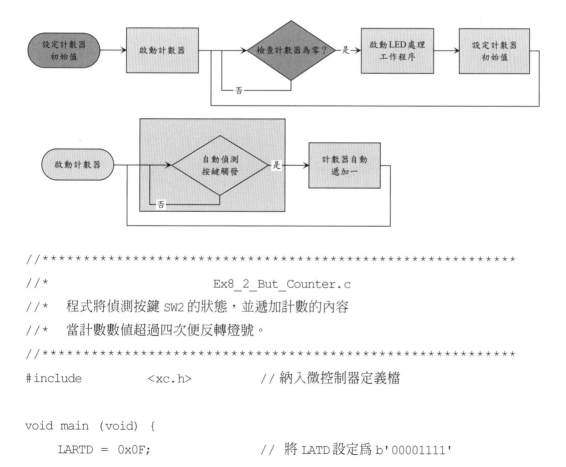

```
//**************************************************************
//*                    Ex8_2_But_Counter.c
//*   程式將偵測按鍵 SW2 的狀態，並遞加計數的內容
//*   當計數數值超過四次便反轉燈號。
//**************************************************************
#include        <xc.h>              // 納入微控制器定義檔

void main (void) {
    LARTD = 0x0F;                   // 將 LATD 設定為 b'00001111'
```

```
    TRISD = 0;                    // 將 TRISD 設為 0，PORTD 設定為輸出
    TRISAbits.TRISA4=1;           // 將按鍵 2 所對應的 RA4 設定為輸入


    T0CON=0xE8 ;                  // 0xE8=b'11101000'
    TMR0L=0;                      // 當將計數器觸發次數歸零
    while (1) {                   // 無窮迴圈
        if(TMR0L==4) {                // 當觸發次數為 4
            TMR0L=0;                  // 當將計數器觸發次數歸零
            LATD=LATD^0xFF;           // 使用運算敘述將 LED 燈號反轉
        }
    }
}
```

當程式將 b'1101000' 寫入到 T0CON 控制暫存器時，根據暫存器位元定義表 8-1，在這個指令中便完成下列的設定動作

第 7 位元：設定 1 將計數器開關位元開啟，

第 6 位元：設定 1 將 TIMER0 設定為 8 位元計數器

第 5 位元：設定 1 選擇外部時序輸入來源作為計數器的觸發脈搏

第 4 位元：設定 0 選擇 L → H 電壓變換邊緣作為觸發訊號

第 3 位元：設定 1 關閉前除器設定

第 0-2 位元：由於前除器關閉，因此設定位元狀態與計數器運作無關

除非周邊功能較為複雜，大部分周邊功能的設定就是如此的簡單，可以利用指定運算子（＝）在一個指令執行週期內完成相關的設定。由於按鍵 SW2 的訊號已經連接到 PORTA, RA4 的腳位，而且這個腳位與 T0CKI（TIMER0 時序輸入）的功能作多工的處理；因此當我們將 TIMER0 計數器的功能開啟時，這一個腳位便可以直接作為 TIMER0 時序輸入的功能。而為了謹慎起見，在初始化的開始，程式也將 PORTA, RA4 的腳位設定為數位輸入腳位。在初始化的最後，程式將 TIMER0 計數器的內容清除為零，以便將來從 0 開始計數。由於 TIMER0 計數器的周邊硬體能夠自行獨立地偵測輸入訊號脈波的時序變化，而不需要核心處理器的偵測，因此也可以省略為避免重複偵測所加入的時

間延遲函式。

在接下來的程式迴圈中,由於 TIMER0 計數器的周邊硬體能夠自行獨立地偵測輸入訊號脈波的時序變化,程式中不再需要做按鍵動作偵測的工作。因此,程式的內容大幅地簡化,進而可以提高程式執行的速度。而在每一次迴圈的執行中,藉由 if 指述判斷按鍵觸發次數是否為 4;當判斷成立時,便執行燈號切換的動作。

從這個範例中,相信讀者已經感受到使用周邊硬體的效率與方便。特別是程式撰寫時如果能夠完全地了解相關的硬體功能與設定的技巧,所撰寫出來的應用程式將會是非常有效率的。而這也是本書內容的規劃先由微控制器組合語言開始的原因,因為只有這樣的方法才能夠讓讀者完全地了解到相關硬體的功能與設定的方法。即便在未來讀者使用高階程式語言,例如 C 程式語言,撰寫相關的應用程式時,也能夠因為對於周邊硬體與核心處理器功能的深刻了解而能夠撰寫出具備高度執行效率的應用程式。

在離開 TIMER0 計數器的相關探討之前,讓我們再一起看一個類似的 TIMER0 應用程式。程式中將使用 XC8 編譯器的計時器函式庫與不同的計數方式。

CHAPTER

8

範例 8-3

利用 TIMER0 計數器計算按鍵觸發的次數,設定適當的計數器初始值,使得當計數器內容為 0 時,進行發光二極體燈號的改變。

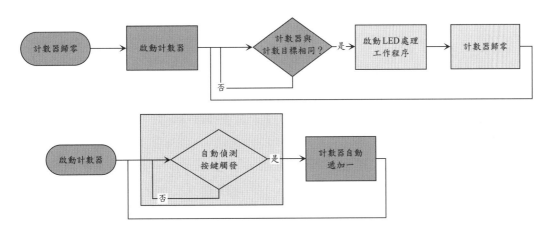

```
//************************************************************
//*                    Ex8_3_But_Counter.c
//*    程式將偵測按鍵 SW2 的狀態，並遞加計數的內容。
//*    當計數數值超過四次反轉燈號。
//************************************************************
#include <xc.h> // 使用 XC8 編譯器定義檔宣告
// XC8 2.00 以後不再支援原 C18 的函式庫，須自行定義函式
// 宣告函式原型
void Init_TMR0(void);
void WriteTimer0(unsigned int a);
void OpenTimer0(unsigned char a);


// 工作時序頻率定義
#define push_no      4                   // 預設觸發次數
#define count_val    256-push_no         // 預設觸發次數對應之 Timer0 設定值



void main (void) {
    LATD = 0x0F;              // 將 LATD 設定為 b'00001111'
    TRISD = 0;                // 將 TRISD 設為 0，PORTD 設定為輸出
//  TRISAbits.TRISA4 = 1;     // 將按鍵 2 所對應的 RA4 設定為輸入
    TRISA4 = 1;

    Init_TMR0();              // 初始化設定 Timer0 函式

    while (1) {               // 無窮迴圈
        if(TMR0L == 0) {      // 當計數器讀數為 0 時，相當於觸發次數為 4
//          TMR0L = count_val;      // 方法 1：將計數器觸發次數寫入預設值
            WriteTimer0(count_val); // 方法 2：利用自訂義函式設定初始值
            LATD = LATD ^ 0xFF;     // 使用運算敘述將 LED 燈號反轉
        }
```

```
        }
}


void Init_TMR0 (void){
    OpenTimer0( 0xE8 );              // 0xE8=b'11101000'
                                     // 8位元，外部上升時脈來源、除頻器1:1
    WriteTimer0(count_val);          // 相當於 TMR0L=count_val
}


void WriteTimer0(unsigned int a)  {    // 設定 TIMER0 內容函式
    union Bytes2 {                   // 使用 union 變數宣告，
        unsigned int lt;            // 同樣的記憶體位址可以用兩個變數形態處理
        unsigned char bt[2];
    };
    union Bytes2 TMR0_2bytes;

    TMR0_2bytes.lt=a;
    TMR0H=TMR0_2bytes.bt[1];         // 先寫入 High Byte
    TMR0L=TMR0_2bytes.bt[0];         // 再寫入 Low Byte
}


void OpenTimer0(unsigned char a) {    // 將 TIMER0 的初始化以函式定義
    T0CON=a;
}
```

CHAPTER

8

　　在這個範例程式中，以檢查 TIMER0 計數器內容是否為 0 作為燈號切換的標準；因此在計數器初始值 count_val 的設定上，使用 256-4 的計算方式。這樣做法的好處是組合語言指令中提供了檢查內容是否為 0 的指令，因此 C 語言轉譯後程式的不再需要使用減法等多個指令來完成計數器內容是否符合的檢查。

　　因為 XC8 編譯器在 2.0 版之後不再提供較早的 PIC18 型號 C 語言函式庫

的支援，使用者必須要自建函式或使用類組合語言的寫法，也就是直接對暫存器作讀取或寫入的方式使用周邊功能。如果使用者需要使用函式庫，對於 PIC18F4520 只能使用較舊的 XC8 編譯器 1.xx 的版本（也僅能使用 MPLAB X IDE 5.xx 版本，加裝周邊函式庫 plib v2.00）；如果要使用 XC8 v2.00 以後的版本，只能使用類組合語言的寫法並自建函式的方式。對於新的開發應用，可以考慮使用新的型號，例如 PIC18F45K22 等相容性高的型號替代，便可以使用新的函式庫，降低開發的成本與風險。

對於有經驗的使用者可以根據使用手冊利用類組合語言對暫存器的功能進行改變或讀取，達到特定功能的操作。也可以將這樣的內容建立成函式，一方面方便後續的使用，程式的可讀性與維護性也會比較好。但是使用函式會因為 C 語言要進行程式跳躍與資料堆疊的處理而花費較多的指令與時間處理。

範例 8-3 中建立了三個自行定義的函式：

```
void Init_TMR0(void);
void WriteTimer0(unsigned int a);
void OpenTimer0(unsigned char a);
```

以便使用 Timer0 的功能。但是在 while(1) 的迴圈中，設定 Timer0 初始值可以有兩種方式：

```
TMR0L = count_val;          // 方法 1：將計數器觸發次數寫入預設值
WriteTimer0(count_val);     // 方法 2：利用自訂義函式設定初始值
```

兩種方法都可以達到同樣的目的，雖然在 C 語言中都是只有一行程式，但是轉換成實際執行的組合語言指令可以在除錯模式下的 Window > Debugging > Disassembly 視窗中看到轉換如下：

方法 1：
```
!    TMR0L = count_val;         // 方法 1：將計數器觸發次數歸零寫入預設值
0x7D38: MOVLW 0xFC
```

```
0x7D3A: MOVWF TMR0, ACCESS
```

方法 2：

```
!void WriteTimer0(unsigned int a) { // 設定 TIMER0 內容函式
!   union Bytes2 {             // 使用 union 變數宣告，
!       unsigned int lt;      // 同樣的記憶體位址可以用兩個變數形態處理
!       unsigned char bt[2];
!   };
!   union Bytes2 TMR0_2bytes;
!
!   TMR0_2bytes.lt=a;
0x7CF6: MOVFF __pcstackCOMRAM, TMR0_2bytes
0x7CF8: NOP
0x7CFA: MOVFF __Hpowerup, 0x4
0x7CFC: NOP
!   TMR0H=TMR0_2bytes.bt[1];
0x7CFE: MOVFF 0x4, TMR0H
0x7D00: NOP
!   TMR0L=TMR0_2bytes.bt[0];
0x7D02: MOVFF TMR0_2bytes, TMR0
0x7D04: NOP
!}
0x7D06: RETURN 0


!// TMR0L = count_val;      // 方法 1：將計數器觸發次數寫入預設值
!   WriteTimer0(count_val); // 方法 2：利用自訂義函式設定初始值
0x7D30: MOVLW 0x0
0x7D32: MOVWF __Hpowerup, ACCESS
0x7D34: MOVLW 0xFC
0x7D36: MOVWF __pcstackCOMRAM, ACCESS
0x7D38: CALL 0x7CF6, 0
0x7D3A: NOP
```

CHAPTER

8

　　方法 1 使用類組合語言的方式只需要兩個指令即完成初始值的設定；方法 2 則需要更多的指令。姑且不論方法 2 函式 WriteTimer0() 在 0x7CF6~0x7D06 之間的實際程式長度，光是在 0x7D30~0x7D3A 就用了 6 個指令進行呼叫程式的工作，再加上實際函式的內容與程式跳行的時間就會花費更多時間與程式記憶體。所以當讀者累積更多經驗之後，可以盡量使用方法 1 的類組合語言程式撰寫的方式，可以提高程式效能並減少程式大小，獲得高效率的應用程式。

　　除此之外，由於 XC8 編譯器改版後允許使用者對於位元的處理可以直接使用位元名稱而不用加上以暫存器名稱定義的結構性變數方式。因此，下列兩種寫法：

```
//   TRISAbits.TRISA4 = 1;    // 將按鍵 2 所對應的 RA4 設定為輸入
     TRISA4 = 1;
```

都是 XC8 編譯器可以接受的型式。只是少數位元名稱因為過於簡單而無法辨識或與其他 C 語言關鍵字重複時，還是要使用第一種結構變數方式定義處理。

　　除此之外，範例 8-3 的程式仍有其他的改善空間。PIC18F4520 微控制器的所有計數器，包括 TIMER0 計數器在內，都提供在溢流（Overflow）時觸發中斷的功能。這個溢流觸發中斷的功能雖然就好像在檢查 TIMER0 計數器的內容是否被處發而由 0xFF 遞加為 0x00。但是這一個特殊中斷的訊號卻可以讓微控制器在溢流發生的瞬間便跳脫正常的執行程式而即時地去執行所需要的特定工作，而不需要使用輪詢（Polling）的方式，也就是前面的範例程式 8-3 利用迴圈不斷地讀取計數器內容並檢查是否符合的方式。或許在這些短短數行的範例程式中讀者無法體驗它們的差異，但是當應用程式需要即時執行某一件與周邊功能或者核心處理器之間發生相關的動作時，中斷的使用是非常重要且關鍵的。

　　接下來，就讓我們介紹微控制器中斷事件發生相關的概念與技巧。

8.4 中斷

PIC18F4520 微控制器有多重的中斷來源與中斷優先順序安排的功能，中斷優先順序允許每一個中斷來源被設定擁有高優先層次或者低優先層次的順序。高優先中斷向量的程式起始位址是在 0x08，而低優先中斷向量的程式起始位址則是在 0x18。當高優先權中斷事件發生時，任何正在執行中的低優先權中斷程式將會被暫停執行。

總共有 10 個的暫存器被用來控制中斷的操作，這些暫存器包括：

- RCON 重置暫存器
- INTCON 核心功能中斷控制暫存器
- INTCON2 核心功能中斷控制暫存器 2
- INTCON3 核心功能中斷控制暫存器 3
- PIR1, PIR2 周邊功能中斷旗標狀態暫存器
- PIE1, PIE2 周邊功能中斷設定暫存器
- IPR1, IPR2 周邊功能中斷優先設定暫存器

在程式中，建議將相對應的微控制器定義檔納入程式中，以方便程式撰寫時可以直接引用暫存器以及相關位元的名稱。

PIC18F4520 微控制器的中斷結構示意圖如圖 8-1 所示。

在中斷訊號的結構示意圖中，我們可以看到每一個中斷訊號來源都是藉由 AND 邏輯閘來作為中斷訊號的控制。當某一個特定功能的中斷事件被設定為高優先權時，必須要 AND 閘的三個輸入都同時為 1 才能夠使 AND 閘輸出 1，而將中斷的訊號向上傳遞。而所有的功能中斷都會經過一個 OR 邏輯閘，因此只要有任何一個中斷事件的發生，便會向核心處理器發出一個中斷訊號。但是，在這個中斷訊號傳達到核心處理器之前，又必須通過由 IPEN、PEIE、GIE（GIEH 及 GIEL）等訊號利用 AND 閘所建立的訊號控制。因此，如果應用程式需要利用中斷功能的話，必須將這些位元妥善的設定，才能夠在適當的時候將中斷訊號傳達至核心處理器。

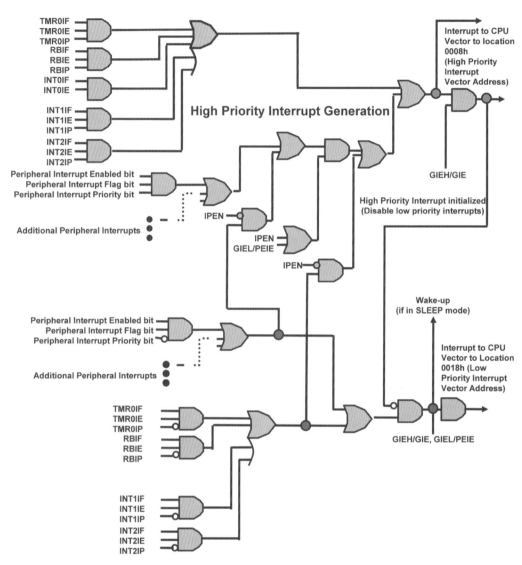

圖 8-1　PIC18F4520 微控制器的中斷結構示意圖

　　除此之外，當有任何一個高優先中斷事件的發生時，這個訊號將會透過一個 NOT 閘與 AND 閘的功能使低優先中斷事件的訊號無法通過，而使核心處理器優先處理高優先中斷所對應的事件。

　　除了 INT0 之外，每一個中斷來源都有 3 個相關的位元來控制相對應的中斷操作。這些控制位元的功能包括：

- 旗標（Flag）位元：用來指示某一個中斷事件是否發生
- 致能（Enable）位元：當中斷旗標位元被設定時，允許程式執行跳換到中斷向量所在的位址
- 優先（Priority）位元：用來選擇高優先或低優先順序

中斷優先的功能是藉由設定 RCON 暫存器的第七個位元，IPEN，來決定開啓與否。當中斷優先順序的功能被開啓時，有兩個位元被用來開關全部的中斷事件發生。設定 INTCON 暫存器的第七個位元（GIEH）爲 1 時，將開啓所有優先位元設定爲 1 的中斷功能；設定 INTCON 暫存器的第 六個位元（GIEL）爲 1 時，將開啓所有優先位元清除爲 0 的中斷功能。當中斷旗標，致能位元及適當的全域中斷致能位元被設定爲 1 時，依據所設定的優先順序，中斷事件將使程式執行立即跳換到程式記憶體位址 0x08 或者 0x18 的指令。個別中斷來源的功能可以藉由清除相對應的致能位元而關閉其功能。

當中斷優先順序致能位元 IPEN 被清除爲 0 時（預設狀態），中斷優先順序的功能將會被關閉，而此時中斷功能的使用將和較低階的 PIC 微處理器相容。在這個模式下，任何一個中斷優先位元都是沒有作用的。

在中斷控制暫存器 INTCON 的第六個位元，PEIE，掌管所有周邊功能中斷來源的開啓與否。INTCON 的第七個位元 GIE 則管理全部的中斷來源開啓與否。在相容模式下，所有中斷將會使程式執行直接跳換到程式記憶體位址 0x08 的指令。如果中斷優先致能位元 IPEN 被清除爲 0，當微控制器發生一個中斷反應時，全域中斷致能位元必須被清除爲 0 以暫停更多的中斷發生。如果 IPEN 被設定爲 1 而啓動中斷優先順序的功能，視中斷位元所設定的優先順序，GIEH 或者 GIEL 必須被清除爲 0。高優先中斷事件來源的發生可以中斷低優先順序中斷的執行。

當中斷發生時，程式返還的位址將會被推入到堆疊中，程式計數器並會被載入中斷向量的位址（0x08 或 0x18）。一旦進入中斷執行函式，可以藉由檢查中斷旗標位元來決定中斷事件的來源。在重新開啓中斷功能之前，必須要藉由軟體清除相對應的中斷旗標以免重複的中斷發生。

在執行完成中斷執行函式的時候，XC8 編譯器會安排使用 RETFIE（由中斷返回）指令結束函式的執行；這個指令並會將 GIE 位元設定爲 1，以重新開啓中斷的功能。如果中斷優先順序位元 IPEN 被設定的話，RETFIE 將會設定

所對應的 GIEH 或者 GIEL。

　　對於外部訊號所觸發的中斷事件，例如所有的 INT 觸發腳位或者 PORTB 輸入變化中斷，將會有三到四個指令執行週期的中斷延遲時間。不論一個中斷來源的致能位元或者全域中斷位元是否被開啓，當中斷事件發生時，所對應的個別中斷旗標將會被設定爲 1。

8.5　中斷過程中的資料暫存器儲存

　　當中斷發生時，程式計數器的返回位置將會被儲存在堆疊暫存器中。除此之外，三個重要的暫存器 WREG、STATUS 及 BSR 的數值將會被儲存到快速返回堆疊（Fast Return Stack）。XC8 編譯器在中斷執行函式結束的時候應用程式會使用快速中斷返還指令（retfie fast），把上述三個暫存器的內容儲存在特定的暫存器中。同時，使用者必須根據應用程式的需要，將其他重要的暫存器內容作適當地儲存，以便返回正常程式執行後這些暫存器可以保持進入中斷前的數值。通常對於需要在中斷執行程式與正常程式運算處理的變數會以全域變數的方式宣告處理。

　　中斷相關的各個暫存器位元定義如表 8-2 所示。

▐ 核心功能中斷控制暫存器

■ INTCON

表 8-2(1)　INTCON 核心功能中斷控制暫存器位元定義

R/W-0	R/W-0	R/W-0	R/W-0	R/W-0	R/W-0	R/W-0	R/W-x
GIE/GIEH	PEIE/GIEL	TMR0IE	INT0IE	RBIE	TMR0IF	INT0IF	RBIF
bit 7							bit 0

bit 7　**GIE/GIEH:** Global Interrupt Enable bit

　　　When IPEN = 0:

　　　1 = 開啓所有未遮蔽的中斷。

　　　0 = 關閉所有的中斷。

When IPEN = 1:

1 = 開啓所有高優先中斷。

0 = 關閉所有的中斷。

bit 6 **PEIE/GIEL:** Peripheral Interrupt Enable bit

When IPEN = 0:

1 = 開啓所有未遮蔽的周邊硬體中斷。

0 = 關閉所有的周邊硬體中斷。

When IPEN = 1:

1 = 開啓所有低優先中斷。

0 = 關閉所有低優先的周邊硬體中斷。

bit 5 **TMR0IE:** TMR0 Overflow Interrupt Enable bit

1 = 開啓 TIMER0 計時器溢位中斷。

0 = 關閉 TIMER0 計時器溢位中斷。

bit 4 **INT0IE:** INT0 External Interrupt Enable bit

1 = 開啓外部 INT0 中斷。

0 = 關閉外部 INT0 中斷。

bit 3 **RBIE:** RB Port Change Interrupt Enable bit

1 = 開啓 RB 輸入埠改變中斷。

0 = 關閉 RB 輸入埠改變中斷。

bit 2 **TMR0IF:** TMR0 Overflow Interrupt Flag bit

1 = TIMER0 計時器溢位中斷發生，須以軟體清除爲 0。

0 = TIMER0 計時器溢位中斷未發生。

bit 1 **INT0IF:** INT0 External Interrupt Flag bit

1 = 外部 INT0 中斷發生，須以軟體清除爲 0。

0 = 外部 INT0 中斷未發生。

bit 0 **RBIF:** RB Port Change Interrupt Flag bit

1 = RB(4:7) 輸入埠至少有一腳位改變狀態，須以軟體清除爲 0。

0 = RB(4:7) 輸入埠未有腳位改變狀態。

Note: A mismatch condition will continue to set this bit. Reading PORTB will end the mismatch condition and allow the bit to be cleared.

CHAPTER

8

■ INTCON2

表 8-2(2)　INTCON2 核心功能中斷控制暫存器位元定義

R/W-1	R/W-1	R/W-1	R/W-1	U-0	R/W-1	U-0	R/W-1
$\overline{\text{RBPU}}$	INTEDG0	INTEDG1	INTEDG2	—	TMR0IP	—	RBIP
bit 7							bit 0

bit 7　**$\overline{\text{RBPU}}$:** PORTB Pull-up Enable bit

　　　1 = 關閉所有 PORTB 輸入提升阻抗。

　　　0 = 開啓個別 PORTB 輸入提升阻抗設定功能。

bit 6　**INTEDG0:** External Interrupt0 Edge Select bit

　　　1 = INT0 腳位 H → L 電壓上升邊緣變化時觸發中斷。

　　　0 = INT0 腳位 L → H 電壓下降邊緣變化時觸發中斷。

bit 5　**INTEDG1:** External Interrupt1 Edge Select bit

　　　1 = INT1 腳位 H → L 電壓上升邊緣變化時觸發中斷。

　　　0 = INT1 腳位 L → H 電壓下降邊緣變化時觸發中斷。

bit 4　**INTEDG2:** External Interrupt2 Edge Select bit

　　　1 = INT2 腳位 H → L 電壓上升邊緣變化時觸發中斷。

　　　0 = INT2 腳位 L → H 電壓下降邊緣變化時觸發中斷。

bit 3　**Unimplemented:** Read as '0'

bit 2　**TMR0IP:** TMR0 Overflow Interrupt Priority bit

　　　1 = 高優先中斷。

　　　0 = 低優先中斷。

bit 1　**Unimplemented:** Read as '0'

bit 0　**RBIP:** RB Port Change Interrupt Priority bit

　　　1 = 高優先中斷。

　　　0 = 低優先中斷。

■ INTCON3

表 8-2(3)　INTCON3 核心功能中斷控制暫存器位元定義

R/W-1	R/W-1	U-0	R/W-0	R/W-0	U-0	R/W-0	R/W-0
INT2IP	INT1IP	—	INT2IE	INT1IE	—	INT2IF	INT1IF

bit 7   bit 0

bit 7　**INT2IP:** INT2 External Interrupt Priority bit

　　　1 = 高優先中斷。

　　　0 = 低優先中斷。

bit 6　**INT1IP:** INT1 External Interrupt Priority bit

　　　1 = 高優先中斷。

　　　0 = 低優先中斷。

bit 5　**Unimplemented:** Read as '0'

bit 4　**INT2IE:** INT2 External Interrupt Enable bit

　　　1 = 開啟外部 INT2 中斷。

　　　0 = 關閉外部 INT2 中斷。

bit 3　**INT1IE:** INT1 External Interrupt Enable bit

　　　1 = 開啟外部 INT1 中斷。

　　　0 = 關閉外部 INT1 中斷。

bit 2　**Unimplemented:** Read as '0'

bit 1　**INT2IF:** INT2 External Interrupt Flag bit

　　　1 = 外部 INT2 中斷發生，須以軟體清除為 0。

　　　0 = 外部 INT2 中斷未發生。

bit 0　**INT1IF:** INT1 External Interrupt Flag bit

　　　1 = 外部 INT1 中斷發生，須以軟體清除為 0。

　　　0 = 外部 INT1 中斷未發生。

CHAPTER

8

◙ 周邊功能中斷旗標暫存器

PIR 暫存器包含個別周邊功能中斷的旗標位元。

■ PIR1

表 8-2(4)　PIR1 周邊功能中斷旗標暫存器位元定義

R/W-0	R/W-0	R-0	R-0	R/W-0	R/W-0	R/W-0	R/W-0
PSPIF	ADIF	RCIF	TXIF	SSPIF	CCP1IF	TMR2IF	TMR1IF

bit 7 　　　　　　　　　　　　　　　　　　　　　　　　　　　　bit 0

bit 7 **PSPIF:** Parallel Slave Port Read/Write Interrupt Flag bit

　　1 = PSP 讀寫動作發生，須以軟體清除為 0。

　　0 = PSP 讀寫動作未發生。

bit 6 **ADIF:** A/D Converter Interrupt Flag bit

　　1 = 類比數位訊號換完成，須以軟體清除為 0。

　　0 = 類比數位訊號換未完成。

bit 5 **RCIF:** USART Receive Interrupt Flag bit

　　1 = USART 接收暫存器 RCREG 填滿資料，讀取 RCREG 時將清除為 0。

　　0 = USART 接收暫存器 RCREG 資料空缺。

bit 4 **TXIF:** USART Transmit Interrupt Flag bit

　　1 = USART 傳輸暫存器 TXREG 資料空缺，寫入 TXREG 時將清除為 0。

　　0 = USART 傳輸暫存器 TXREG 填滿資料。

bit 3 **SSPIF:** Master Synchronous Serial Port Interrupt Flag bit

　　1 = 資料傳輸或接收完成，須以軟體清除為 0。

　　0 = 等待資料傳輸或接收。

bit 2 **CCP1IF:** CCP1 Interrupt Flag bit

　　Capture mode:

　　1 = 訊號捕捉事件發生，須以軟體清除為 0。

　　0 = 訊號捕捉事件未發生。

　　Compare mode:

　　1 = 訊號比較事件發生，須以軟體清除為 0。

0 = 訊號比較事件未發生。

PWM mode:

未使用。Unused in this mode

bit 1 **TMR2IF:** TMR2 to PR2 Match Interrupt Flag bit

1 = TMR2 計時器內容符合 PR2 週期暫存器內容，須以軟體清除為 0。

0 = TMR2 計時器內容未符合 PR2 週期暫存器內容。

bit 0 **TMR1IF:** TMR1 Overflow Interrupt Flag bit

1 = TMR1 計時器溢位發生，須以軟體清除為 0。

0 = TMR1 計時器溢位未發生。

■ PIR2

表 8-2(5)　PIR2 周邊功能中斷旗標暫存器位元定義

U-0	U-0	U-0	R/W-0	R/W-0	R/W-0	R/W-0	R/W-0
OSCFIF	CMIF	—	EEIF	BCLIF	HLVDIF	TMR3IF	CCP2IF

bit 7　　　　　　　　　　　　　　　　　　　　　　　　　　　　　　bit 0

bit 7 **OSCFIF:** Oscillator Fail Interrupt Flag bit

1 = 系統外部時序震盪器故障，切換使用內部時序來源。

0 = 系統外部時序震盪器正常操作。

bit 6 **CMIF:** Comparator Interrupt Flag bit

1 = 類比訊號比較器結果改變。

0 = 類比訊號比較器結果未改變。

bit 5 **Unimplemented:** Read as '0'

bit 4 **EEIF:** Data EEPROM/FLASH Write Operation Interrupt Flag bit

1 = 寫入動作完成，須以軟體清除為 0。

0 = 寫入動作未完成。

bit 3 **BCLIF:** Bus Collision Interrupt Flag bit

1 = 匯流排衝突發生，須以軟體清除為 0。

0 = 匯流排衝突未發生。

bit 2 **HLVDIF:** High/Low Voltage Detect Interrupt Flag bit

1 = 高 / 低電壓異常發生，須以軟體清除為 0。

0 = 高 / 低電壓異常未發生。

bit 1　**TMR3IF:** TMR3 Overflow Interrupt Flag bit

　　　1 = TMR3 計時器溢位發生，須以軟體清除為 0。

　　　0 = TMR3 計時器溢位未發生。

bit 0　**CCP2IF:** CCP2 Interrupt Flag bit

　　　Capture mode:

　　　1 = 訊號捕捉事件發生，須以軟體清除為 0。

　　　0 = 訊號捕捉事件未發生。

　　　Compare mode:

　　　1 = 訊號比較事件發生，須以軟體清除為 0。

　　　0 = 訊號比較事件未發生。

　　　PWM mode:

　　　未使用。

PIE周邊功能中斷致能暫存器

　　PIE 暫存器包含個別周邊功能中斷的致能位元。當中斷優先順序致能位元被清除為零時，PEIE 位元必須要被設定為 1，以開啟任何一個周邊功能中斷。

■PIE1

表 8-2(6)　PIE1 周邊功能中斷致能暫存器位元定義

R/W-0	R/W-0	R/W-0	R/W-0	R/W-0	R/W-0	R/W-0	R/W-0
PSPIE	ADIE	RCIE	TXIE	SSPIE	CCP1IE	TMR2IE	TMR1IE

bit 7　　　　　　　　　　　　　　　　　　　　　　　　　　　bit 0

bit 7　**PSPIE:** Parallel Slave Port Read/Write Interrupt Enable bit

　　　1 = 開啟 PSP 讀寫中斷功能。

　　　0 = 關閉 PSP 讀寫中斷功能。

bit 6　**ADIE:** A/D Converter Interrupt Enable bit

　　　1 = 開啟 A/D 轉換模組中斷功能。

0 = 關閉 A/D 轉換模組中斷功能。

bit 5 **RCIE:** USART Receive Interrupt Enable bit

1 = 開啟 USART 資料接收中斷功能。

0 = 關閉 USART 資料接收中斷功能。

bit 4 **TXIE:** USART Transmit Interrupt Enable bit

1 = 開啟 USART 資料傳輸中斷功能。

0 = 關閉 USART 資料傳輸中斷功能。

bit 3 **SSPIE:** Master Synchronous Serial Port Interrupt Enable bit

1 = 開啟 MSSP 中斷功能。

0 = 關閉 MSSP 中斷功能。

bit 2 **CCP1IE:** CCP1 Interrupt Enable bit

1 = 開啟 CCP1 中斷功能。

0 = 關閉 CCP1 中斷功能。

bit 1 **TMR2IE:** TMR2 to PR2 Match Interrupt Enable bit

1 = 開啟 TMR2 計時器內容符合 PR2 週期暫存器中斷功能。

0 = 關閉 TMR2 計時器內容符合 PR2 週期暫存器中斷功能。

bit 0 **TMR1IE:** TMR1 Overflow Interrupt Enable bit

1 = 開啟 TIMER1 計時器溢位中斷功能。

0 = 關閉 TIMER1 計時器溢位中斷功能。

■PIE2

表 8-2(7) PIE2 周邊功能中斷致能暫存器位元定義

U-0	U-0	U-0	R/W-0	R/W-0	R/W-0	R/W-0	R/W-0
OSCFIE	CMIE	—	EEIE	BCLIE	HLVDIE	TMR3IE	CCP2IE
bit 7							bit 0

bit 7 **OSCFIE:** Oscillator Fail Interrupt Enable bit

1 = 開啟時序震盪器故障中斷功能。

0 = 關閉時序震盪器故障中斷功能。

bit 6 **CMIE:** Comparator Interrupt Enable bit

1 ＝ 開啟類比訊號比較器結果改變中斷功能。

0 ＝ 關閉類比訊號比較器結果改變中斷功能。

bit 5 **Unimplemented:** Read as '0'

bit 4 **EEIE:** Data EEPROM/FLASH Write Operation Interrupt Enable bit

　　　1 ＝ 開啟 EEPROM 寫入中斷功能。

　　　0 ＝ 關閉 EEPROM 寫入中斷功能。

bit 3 **BCLIE:** Bus Collision Interrupt Enable bit

　　　1 ＝ 開啟匯流排衝突中斷功能。

　　　0 ＝ 關閉匯流排衝突中斷功能。

bit 2 **HLVDIE:** High/Low Voltage Detect Interrupt Enable bit

　　　1 ＝ 開啟低電壓異常中斷功能。

　　　0 ＝ 關閉低電壓異常中斷功能。

bit 1 **TMR3IE:** TMR3 Overflow Interrupt Enable bit

　　　1 ＝ 開啟 TMR3 計時器溢位中斷功能。

　　　0 ＝ 關閉 TMR3 計時器溢位中斷功能。

bit 0 **CCP2IE:** CCP2 Interrupt Enable bit

　　　1 ＝ 開啟 CCP2 中斷功能。

　　　0 ＝ 關閉 CCP2 中斷功能。

◉ IPR 中斷優先順序設定暫存器

　　IPR 暫存器包含個別周邊功能中斷優先順序的設定位元。必須要將中斷優先順序致能位元（IPEN）設定為 1 後，才能完成這些優先順序設定位元的操作。

■ IPR1

表 8-2(8)　IPR1 中斷優先順序設定暫存器位元定義

R/W-1	R/W-1	R/W-1	R/W-1	R/W-1	R/W-1	R/W-1	R/W-1
PSPIP	ADIP	RCIP	TXIP	SSPIP	CCP1IP	TMR2IP	TMR1IP
bit 7							bit 0

bit 7 **PSPIP:** Parallel Slave Port Read/Write Interrupt Priority bit

　　1 = 高優先中斷。

　　0 = 低優先中斷。

bit 6 **ADIP:** A/D Converter Interrupt Priority bit

　　1 = 高優先中斷。

　　0 = 低優先中斷。

bit 5 **RCIP:** USART Receive Interrupt Priority bit

　　1 = 高優先中斷。

　　0 = 低優先中斷。

bit 4 **TXIP:** USART Transmit Interrupt Priority bit

　　1 = 高優先中斷。

　　0 = 低優先中斷。

bit 3 **SSPIP:** Master Synchronous Serial Port Interrupt Priority bit

　　1 = 高優先中斷。

　　0 = 低優先中斷。

bit 2 **CCP1IP:** CCP1 Interrupt Priority bit

　　1 = 高優先中斷。

　　0 = 低優先中斷。

bit 1 **TMR2IP:** TMR2 to PR2 Match Interrupt Priority bit

　　1 = 高優先中斷。

　　0 = 低優先中斷。

bit 0 **TMR1IP:** TMR1 Overflow Interrupt Priority bit

　　1 = 高優先中斷。

　　0 = 低優先中斷。

■ IPR2

表 8-2(9)　IPR2 中斷優先順序設定暫存器位元定義

U-0	U-0	U-0	R/W-1	R/W-1	R/W-1	R/W-1	R/W-1
OSCFIP	CMIP	—	EEIP	BCLIP	HLVDIP	TMR3IP	CCP2IP

bit 7　　　　　　　　　　　　　　　　　　　　　　　　　　　bit 0

bit 7 **OSCFIP:** Oscillator Fail Interrupt Priority bit

    1 = 高優先中斷。

    0 = 低優先中斷。

bit 6 **CMIP:** Comparator Interrupt Priority bit

    1 = 高優先中斷。

    0 = 低優先中斷。

bit 5 **Unimplemented:** Read as '0'

bit 4 **EEIP:** Data EEPROM/FLASH Write Operation Interrupt Priority bit

    1 = 高優先中斷。

    0 = 低優先中斷。

bit 3 **BCLIP:** Bus Collision Interrupt Priority bit

    1 = 高優先中斷。

    0 = 低優先中斷。

bit 2 **HLVDIP:** High/Low Voltage Detect Interrupt Priority bit

    1 = 高優先中斷。

    0 = 低優先中斷。

bit 1 **TMR3IP:** TMR3 Overflow Interrupt Priority bit

    1 = 高優先中斷。

    0 = 低優先中斷。

bit 0 **CCP2IP:** CCP2 Interrupt Priority bit

    1 = 高優先中斷。

    0 = 低優先中斷。

▋ RCON重置控制暫存器

RCON 暫存器包含用來開啟中斷優先順序的控制位元 IPEN。

R/W-0	U-0	U-0	R/W-1	U-0	U-0	R/W-0	R/W-0
IPEN	SBOREN	—	$\overline{RI}$	$\overline{TO}$	$\overline{PD}$	$\overline{POR}$	$\overline{BOR}$
bit 7							bit 0

詳細內容請見第3章RCON定義表3-4。

8.6 中斷事件訊號

上述所列的中斷功能將留待介紹周邊功能時一併說明,在這裡僅將介紹幾個獨立功能的中斷使用。

◎ INT0、INT1及INT2外部訊號中斷

在 RB0/INT0、RB1/INT1 及 RB2/INT2 腳位上建立有多工的外部訊號中斷功能,這些中斷功能是以訊號邊緣的形式觸發。如果 INTCON2 暫存器中相對應的 INTEDGx 位元被設定為 1,則將以上升邊緣觸發;如果 INTEDGx 位元被清除為0,則將以下降邊緣觸發。當某一個有效的邊緣出現在這些腳位時,所相對應的旗標位元 INTxIF 將會被設定為 1。這個中斷功能可以藉由將相對應的中斷致能位元 INTxIE 清除為 0 而結束。在重新開啟這個中斷功能之前,必須要在中斷執行函式中藉由軟體將旗標位元 INTxIF 清除為 0。如果在微控制器進入睡眠狀態之前先將中斷致能位元 INTxIE 設定為 1,任何一個上述的外部訊號中斷都可以將為控制器重置睡眠的狀態喚醒。如果全域中斷致能位元 GIE 被設定為 1,則在喚醒之後程式執行將切換到中斷向量所在的位址。

INT0 的中斷優先順序永遠是高優先,這是無法更改的。至於其他兩個外部訊號中斷 INT1 與 INT2 的出現順序則是由 INTCON3 暫存器中的 INT1IP 及 INT2IP 所設定的。

◎ PORTB狀態改變中斷

在 PORTB 暫存器的第四～七位元所相對應的訊號輸入改變將會把 INTCON 暫存器的 RBIF 旗標位元設定為 1。這個中斷功能可以藉由 INTCON 暫存器的第三位元 RBIE 設定開啟或關閉。而這個中斷的優先順序是由 INTCON2 暫存器的 RBIP 位元所設定。

CHAPTER

8

⚙ TIMER0計時器中斷

在預設的 8 位元模式下，TIMER0 計數器數值暫存器 TMR0L 溢流（0xFF → 0x00）將會把旗標位元 TMR0IF 設定為 1。在 16 位元模式下，TIMER0 計數器數值暫存器 TMR0H:TMR0L 溢流（0xFFFF → 0x0000）將會把旗標位元 TMR0IF 設定為 1。這個中斷的功能是由 INTCON 暫存器的第五個位元 T0IE 進行是設定功能的開啟或關閉，而中斷的優先順序則是由 INTCON2 暫存器的第二個位元 TMR0IP 所設定的。

在讀者了解中斷相關的概念之後，讓我們將本章的範例程式改用中斷的方式來完成。

範例 8-4

利用 TIMER0 計數器計算按鍵觸發的次數，設定適當的計數器初始值，使得當計數器內容為 0 時發生中斷，並利用中斷執行函式進行發光二極體燈號的改變。

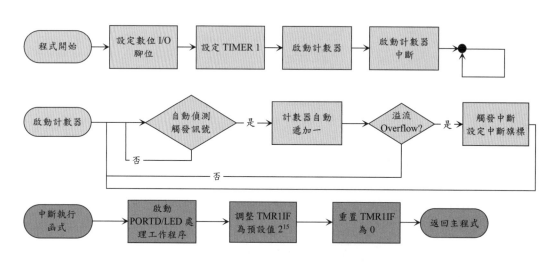

```
//*******************************************************
//*                Ex8_4_But_TMR0INT.c
//*    程式將偵測按鍵 SW2 的狀態，並遞加計數的內容。
//*    利用中斷功能，當計數數值超過四次反轉燈號。
```

```
//*********************************************************

#include <xc.h> //  使用 XC8 編譯器定義檔宣告
// XC8 2.00 以後不再支援原 C18 的函式庫，須自行定義函式
// 宣告函式原型
void Init_TMR0(void);
void WriteTimer0(unsigned int a);
void OpenTimer0(unsigned char a);


#define push_no 4              // 預設觸發次數
#define count_val 256-push_no  // 預設觸發次數對應之 Timer0 設定值


// 中斷執行程式
void __interrupt(high_priority) HIGHISR(void)
{
//   INTCONbits.TMR0IF = 0;   // 清除中斷旗標
     TMR0IF = 0;              // 清除中斷旗標
     WriteTimer0(count_val);  // 當將計數器觸發次數歸零寫入預設值
     LATD=LATD^0xFF;          // 使用運算敘述將 LED 燈號反轉
}


void main (void) {

     LATD = 0x0F;             // 將 LATD 設定爲 b'00001111'
     TRISD = 0;               // 將 TRISD 設爲 0，PORTD 設定爲輸出
     TRISAbits.TRISA4=1;      // 將按鍵 2 所對應的 RA4 設定爲輸入

     Init_TMR0();             // 初始化設定 Timer0 函式

     INTCONbits.PEIE = 1;     // 開啓周邊中斷功能
     INTCONbits.GIE = 1;      // 開啓全域中斷控制
//   PEIE = 1;                // 開啓周邊中斷功能
```

CHAPTER

8

```
//   GIE = 1;                    // 開啓全域中斷控制

    while (1)
        Nop();                   // 無窮迴圈
}


void Init_TMR0 (void){
    OpenTimer0( 0xE8 );          // 0xE8=b'11101000'
                                 // 8位元，外部上升時脈來源、除頻器 1:1
    WriteTimer0(count_val);      // 相當於  TMR0L=count_val
//  INTCONbits.TMR0IF = 0;       // 寫法 1：清除中斷旗標
    TMR0IF = 0;                  // 寫法 2：清除中斷旗標
    TMR0IP = 1;
    TMR0IE = 1;                  // 開啓 TMR0 中斷功能
}


void WriteTimer0(unsigned int a)  {    // 設定 TIMER0 內容函式
    ……     ; 略以。參見程式檔
}


void OpenTimer0(unsigned char a)  {    // 將 TIMER0 的初始化以函式定義
    ……     ; 略以。參見程式檔
}
```

　　在上面的範例中，將 TIMER0 中斷時所需要執行的程式安置在中斷向量 0x08 的位址。在中斷發生時，除了將燈號切換並載入預設值到 TMR0 暫存器 之外，必須要將中斷旗標位元 TMR0IF 清除爲 0，以避免中斷持續發生。

　　在正常程式的部分，初始化的區塊中必須將中斷的功能作適當的設定。因 此，除了在設定 TIMER0 時將 TIMER0 中斷功能開啓外，必須使用下列的指述：

```
    INTCONbits.PEIE = 1;         // 開啓周邊中斷功能
```

```
INTCONbits.GIE = 1;            // 開啟全域中斷控制
```

　　將與中斷相關的控制位元作適當的設定，以便為控制器能夠正確的執行所需要的中斷功能。

　　最後，在主程式中僅需要一個無窮迴圈，而不需要作任何額外的動作。這是因為計算按鍵觸發次數的工作已經交由內建整合的計數器 TIMER0 來進行，而檢查計數內容與設定值是否符合的工作藉由計數器溢流所產生的中斷旗標通知核心處理器，並進一步地執行中斷執行函式以完成發光二極體的燈號切換。

　　在這個情況下，讀者一定會好奇微控制器現在到底在做什麼？事實上，它只是一直在進行無窮迴圈的程式位址切換動作，直到中斷發生為止。讀者不難想像，如果應用程式有一個更複雜而且更需要時間去完成的主程式時，利用這樣的中斷功能及內建計數器的周邊功能，應用程式可以讓微控制器將大部分的時間使用在主程式的執行上，而不需要在迴圈內持續地檢查按鍵的狀態以及計數器等內容。因此應用程式可以得到更大的資源與更多的核心處理器執行時間，如此便可以有效提升應用程式的執行效率以及所需要處理的工作。

　　如果應用程式並沒有其他的工作需要執行的話，此時便可以讓微處理器進入睡眠模式或閒置模式以節省電能。由於 TIMER0 並無法將核心處理器由睡眠模式喚醒，因此這裡可以使用閒置模式，讓核心處理器停止而讓周邊工作繼續進行，如範例 8-5 所示。

範例 8-5

　　利用 TIMER0 計數器計算按鍵觸發的次數，設定適當的計數器初始值，使得當計數器內容為 0 時發生中斷，並利用中斷執行函式進行發光二極體燈號的改變。同時將微控制器設定為閒置模式以節省電能。

```
//*********************************************************
//*                 Ex8_5_But_TMR0INT.c
//*    程式將偵測按鍵 SW2 的狀態，並遞加計數的內容。
//*    利用中斷功能，當計數數值超過四次反轉燈號。
//*********************************************************
```

```
#include <xc.h> // 使用 XC8 編譯器定義檔宣告
// XC8 2.00 以後不再支援原 C18 的函式庫，須自行定義函式
// 宣告函式原型
void Init_TMR0(void);
void WriteTimer0(unsigned int a);
void OpenTimer0(unsigned char a);


#define push_no 4                // 預設觸發次數
#define count_val 256-push_no    // 預設觸發次數對應之 Timer0 設定值


// 中斷執行程式
void __interrupt(high_priority) HIGHISR(void)
{
    INTCONbits.TMR0IF = 0;  // 清除中斷旗標
    WriteTimer0(count_val); // 當將計數器觸發次數歸零寫入預設值
    LATD=LATD^0xFF;         // 使用運算敘述將 LED 燈號反轉
}


void main (void) {
    LATD = 0x0F;            // 將 LATD 設定爲 b'00001111'
    TRISD = 0;              // 將 TRISD 設爲 0，PORTD 設定爲輸出
    TRISAbits.TRISA4=1;     // 將按鍵 2 所對應的 RA4 設定爲輸入

    Init_TMR0();            // 初始化設定 Timer0 函式

    PEIE = 1;               // 開啓周邊中斷功能
    GIE = 1;                // 開啓全域中斷控制

    OSCCONbits.IDLEN=1;     // 啓動閒置模式
    OSCCONbits.SCS1=1;      // 設定爲 RC_IDLE 模式
    OSCCONbits.SCS0=0;      //
```

```
        while (1)  Sleep();       // 無窮迴圈
}

void Init_TMR0 (void){
    ……      ; 略以。參見程式檔
}

void WriteTimer0(unsigned int a) {   // 設定 TIMER0 內容函式
    ……      ; 略以。參見程式檔
}

void OpenTimer0(unsigned char a) {   // 將 TIMER0 的初始化以函式定義
    ……      ; 略以。參見程式檔
}
```

　　在後續的章節中，我們將持續地介紹其他周邊功能中斷設定與使用方法。

CHAPTER

8

CHAPTER 9

計時器 / 計數器

　　計時或計數的功能在邏輯電路或者微控制器的應用中是非常重要的。在一般的應用中，如果要計算事件發生的次數就必須要用到計數器的功能。在上一個章節中我們看到了利用 TIMER0 作為計數器的範例程式可以有效地提高程式執行的效率，並且可以利用所對應的中斷功能在所設定事件（達到按鍵次數）發生的訊號切換邊緣即時地執行所需要處理的中斷執行函式內容。適當地應用計數器，可以大幅地提升軟體的效率，也可以減少硬體耗費的資源。

　　除了單純作為計數器使用之外，如果將計數器的觸發訊號來源切換到固定頻率的震盪器時序脈波或者使用微控制器內部的指令執行時脈，這時候計數器的功能便轉換成為一個計時器的功能。計時器的應用是非常廣泛而且關鍵的一個功能，特別是對於一些需要定時完成的工作，計時器是非常重要而且不可或缺的一個硬體資源。例如，在數位輸出入的章節中，為了要使發光二極體的燈號切換能夠有固定的時間間隔，在範例程式中使用了軟體撰寫的時間延遲函式以便能夠在固定時間間隔後進行燈號的切換。雖然部分的時間延遲可以利用軟體程式來完成，但是這樣的做法有著潛在的缺點：

1. 時間延遲函式將會消耗核心處理器的執行時間，而無法處理其他的指令。
2. 在比較複雜的應用程式中，當其他部分的程式所需要的執行時間不固定時，將會影響整體時間長度的精確度。例如，需要等待外部觸發訊號而繼續執行的程式。

　　因此為了降低上述缺點的影響，在目前的微控制器中多半都配置數個計時器 / 計數器的整合性硬體，以方便應用程式的執行與程式撰寫。

　　PIC18 微控制器內建有多個計時器 / 計數器。除了在上一個章節簡單介紹過的 TIMER0 之外，例如 PIC18F4520 還有 TIMER1、TIMER2 及 TIMER3 計時器／計數器。在這個章節中將詳細地介紹所有計時器／計數器的功能及設定與使用方法。

9.1　TIMER0計數器／計時器

TIMER0 計時器／計數器是 PIC18F4520 微控制器中最簡單的一個計數器，它具備有下列的特性：

- 可由軟體設定選擇為 8 位元或 16 位元的計時器或計數器
- 計數器的內容可以讀取或寫入
- 專屬的 8 位元軟體設定前除器（Prescaler）或者稱作除頻器
- 時序來源可設定在外部或內部訊號來源
- 發生次數溢位（Overflow）時產生中斷事件。在 8 位元狀態下，於 0xFF 變成 0x00 時；或者在 16 位元狀態下，於 0xFFFF 變成 0x0000 時產生中斷事件
- 當選用外部時序來源時，可以軟體設定觸發邊緣形態（H → L 或 L → H）

TIMER0 計時器的硬體結構方塊圖如圖 9-1 與 9-2 所示。

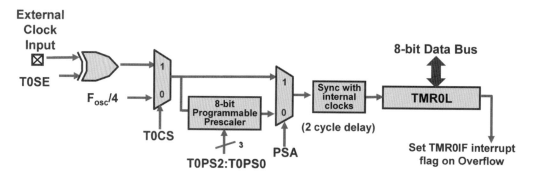

圖 9-1　TIMER0 計時器的 8 位元硬體結構方塊圖

在 8 位元的結構示意圖中，可以看到藉由 T0CS 訊號所控制的多工器選擇了計時器的時脈訊號來源。如果選擇外部時脈訊號輸入的話，則必須符合 T0SE 所設定的訊號邊緣型式才能夠通過 XOR 閘。在 T0CS 多工器之後，可

以利用 PSA 多工器選擇是否經過除頻器（也就是一 個計數器）的降頻處理；然後再經過內部時序同步的處理後，觸發計時器的計數動作。而核心處理器可以藉由資料匯流排讀取 8 位元的計數內容；而且當溢位發生時，將會觸發中斷訊號的輸出。

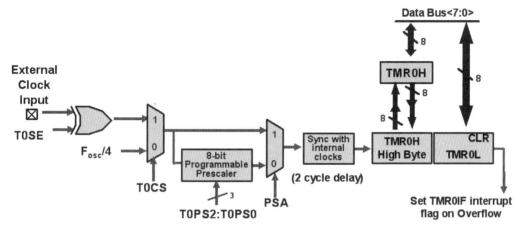

圖 9-2　TIMER0 計時器的 16 位元硬體結構方塊圖

在 16 位元的結構示意圖中，大致與 8 位元的使用方式相同。唯一的差異是計時器的計數內容是以 16 位元的方式儲存在兩個不同的暫存器內，而高位元組的暫存器必須要藉由一個緩衝暫存器 TMR0H 間接地讀寫計數的內容。緩衝暫存器的操作方式與第一章所描述的程式計數器（Program Counter）的方式相同。

T0CON設定暫存器定義

TIMER0 暫存器相關的 T0CON 設定暫存器位元內容與定義如表 9-1 所示。

表 9-1　T0CON 設定暫存器位元內容定義

R/W-1	R/W-1	R/W-1	R/W-1	R/W-1	R/W-1	R/W-1	R/W-1
TMR0ON	T08BIT	T0CS	T0SE	PSA	T0PS2	T0PS1	T0PS0
bit 7							bit 0

bit 7　**TMR0ON**:　Timer0 On/Off Control bit

　　　1 = 啓動 Timer0 計時器。

　　　0 = 停止 Timer0 計時器。

bit 6　**T08BIT**:　Timer0 8-bit/16-bit Control bit

　　　1 = 將 Timer0 設定為 8 位元計時器／計數器。

　　　0 = 將 Timer0 設定為 16 位元計時器／計數器。

bit 5　**T0CS**:　Timer0 Clock Source Select bit

　　　1 = 使用 T0CKI 腳位脈波變化。

　　　0 = 使用指令週期脈波變化。

bit 4　**T0SE**:　Timer0 Source Edge Select bit

　　　1 = T0CKI 腳位 H → L 電壓邊緣變化時遞加。

　　　0 = T0CKI 腳位 L → H 電壓邊緣變化時遞加。

bit 3　**PSA**:　Timer0 Prescaler Assignment bit

　　　1 = 不使用 Timer0 計時器的前除器。

　　　0 = 使用 TImer0 計時器的前除器。

bit 2-0　**T0PS2:T0PS0**:　Timer0 計時器前除器設定位元。

　　　111 = 1:256 prescale value

　　　110 = 1:128 prescale value

　　　101 = 1:64 prescale value

　　　100 = 1:32 prescale value

　　　011 = 1:16 prescale value

　　　010 = 1:8 prescale value

　　　001 = 1:4 prescale value

　　　000 = 1:2 prescale value

其他與 TIMER0 計時器／計數器相關的暫存器如表所 9-2 示。

表 9-2　TIMER0 相關暫存器與位元定義

Name	Bit 7	Bit 6	Bit 5	Bit 4	Bit 3	Bit 2	Bit 1	Bit 0	Value on POR, BOR	Value on All Other RESETS
TMR0L	Timer0 Module Low Byte Register								xxxx xxxx	uuuu uuuu
TMR0H	Timer0 Module High Byte Register								0000 0000	0000 0000
INTCON	GIE/GIEH	PEIE/GIEL	TMR0IE	INT0IE	RBIE	TMR0IF	INT0IF	RBIF	0000 000x	0000 000u
T0CON	TMR0ON	T08BIT	T0CS	T0SE	PSA	T0PS2	T0PS1	T0PS0	1111 1111	1111 1111
TRISA	—	PORTA Data Direction Register							-111 1111	-111 1111

TIMER0的操作方式

　　TIMER0 的計數內容是由兩個暫存器 TMR0H 以及 TMR0L 共同組成的。當 TIMER0 作為 8 位元的計時器使用時，將僅使用 TMR0L 暫存器作為計數內容的儲存。當 TIMER0 作為 16 位元的計時器使用時，TMR0H 以及 TMR0L 暫存器將共同組成 16 位元的計數內容；這時候，TMR0H 代表計數內容的高位元組，而 TMR0L 代表計數內容的低位元組。

　　藉由設定 T0CS 控制位元，TIMER0 可設定以計時器或者計數器的方式操作。當 T0CS 控制位元清除為 0 時，TIMER0 將使用內部的指令執行週期時間作為時脈來源，因此將進入所謂的計時器操作模式。在計時器操作模式而且沒有任何的前除器（Prescaler）設定條件下，每一個指令週期時間計數器的內容將增加 1。當計數器的計數數值內容暫存器 TMR0L 被寫入更改內容時，將會有兩個指令週期的時間停止計數內容的增加。讀者可以在程式需要修改 TMR0L 暫存器內容時刻意地加入兩個指令週期時間以彌補不必要的時間誤差。

　　當 T0CS 控制位元被設定為 1 時，TIMER0 將會以計數器的方式操作。在計數器的模式下，TIMER0 計數的內容將會在 RA4/T0CKI 腳位的訊號有變化時增加 1。使用者可以藉由設定 T0SE 控制位元來決定在訊號上升邊緣（T0SE=1）或者下降邊緣（T0SE=0）的瞬間遞加計數的內容。

前除器Prescaler

在 TIMER0 計時器模組內建置有一個 8 位元的計時器作為前除器的使用。所謂的前除器，或者稱為除頻器，就是要將輸入訊號觸發計時器頻率降低的計數器硬體。例如，當前除器被設定為 1:2 時，這每兩次的輸入訊號邊緣發生才會觸發一次計數內容的增加。前除器的內容只能被設定而不可以被讀寫的。TIMER0 前除器的功能開啓與設定是使用 T0CON 控制暫存器中的位元 PSA 與 T0PS0:T0PS0 所完成的。

控制位元 PSA 清除爲 0 時，將會啓動 TIMER0 前除器的功能。一旦啓動之後，便可以將前除器設定爲 1:2……1:256 等 8 種不同的除頻器比例。除頻器的設定是可以完全由軟體設定控制更改，因此在應用程式中可以隨時完全地控制除頻器設定。

當應用程式改寫 TMR0L 暫存器的內容時，前除器的除頻計數器內容將會被清除爲 0，而重新開始除頻的計算。

TIMER0中斷事件

當 TIMER0 計數器的內容在預設的 8 位元模式下，TIMER0 計數器數值暫存器 TMR0L 溢流（0xFF → 0x00）將會產生 TIMER0 計時器中斷訊號，而把旗標位元 TMR0IF 設定爲 1。在 16 位元模式下，TIMER0 計數器數值暫存器 TMR0H:TMR0L 溢流（0xFFFF → 0x0000）將會把旗標位元 TMR0IF 設定爲 1。這個中斷功能是可以藉由 TMR0IE 位元來選擇開啓與否。如果中斷功能開啓而且因爲溢位事件發生進入中斷執行函式，在重新返回正常程式執行之前，必須將中斷旗標位元 TMR0IF 清除爲 0 以免重複地發生中斷而一再地進入中斷執行函式。在微控制器的睡眠（SLEEP）模式下，TIMER0 將會被停止操作，而無法利用 TIMER0 的中斷來喚醒微控制器。

TIMER0計數內容的讀寫

在預設的 8 位元操作模式下，應用程式只需針對低位元組的 TMR0L 暫存器進行讀寫的動作便可以更改 TIMER0 計數的內容。但是在 16 位元的操作模式下，必須要藉由特定的程序才能夠正確地讀取或寫入計數器的內容。16 位元的讀寫程序必須要藉由 TMR0H:TMR0L 這兩個暫存器來完成。TMR0H 實際上並不是 TIMER0 計數內容的高位元組，它只是一個計數器高位元組讀寫過程中的緩衝暫存器位址，實際的計數器高位元組是不可以直接被讀寫的。

在想要讀取計數器內容的時候，當指令讀取計數器低位元組 TMR0L 暫存器的內容時，計數器高位元組的內容將會同時地被轉移並栓鎖（Latch）在 TMR0H 暫存器中。這樣的做法可以避免應用程式在讀取兩個暫存器的時間差中計數器有不協調的讀取內容更改，而可以得到同一時間完整的 16 位元計數內容。換句話說，在讀取低位元組的計數內容時，TMR0H 暫存器將保留著同一讀取時間的高位元組計數內容。

同樣的觀念也應用在改寫 TIMER0 計數器內容的程序。當要改寫計數器的內容時，必須先將高位元組的資料寫入到 TMR0H 緩衝暫存器中，這時候並不會改變 TIMER0 計時器的內容；當應用程式將其位元組的資料寫入到 TMR0L 暫存器時，TMR0H 暫存器的內容也將同時地被載入到 TIMER0 計數器的高位元組，而完成全部 16 位元的計數內容更新。

9.2　TIMER1計數器／計時器

TIMER1 計時器／計數器具備有下列的特性：

■ 16 位元的計時器或計數器（使用 TMR1H:TMR1L 暫存器）
■ 可以讀取或寫入的計數器內容
■ 時序來源可設定為外部或內部來源
■ 專屬的 3 位元軟體設定前除器（Prescaler）
■ 溢位（Overflow）時，也就是計數內容於 0xFFFF 變成 0x0000 時，產生中斷事件
■ 可由 CCP 模組重置的特殊事件觸發器

TIMER1 計時器的硬體結構方塊圖如圖 9-3 所示。

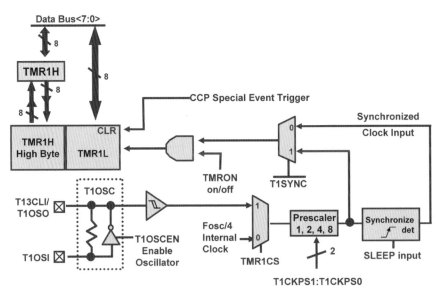

圖 9-3　TIMER1 計時器的硬體結構方塊圖

▌T1CON設定暫存器定義

　　與 TIMER1 計時器相關的 T1CON 設定暫存器位元內容與定義如下表 9-3 所示。

表 9-3　T1CON 設定暫存器位元內容定義

R/W-0	U-0	R/W-0	R/W-0	R/W-0	R/W-0	R/W-0	R/W-0
RD16	—	T1CKPS1	T1CKPS0	T1OSCEN	$\overline{\text{T1SYNC}}$	TMR1CS	TMR1ON
bit 7							bit 0

bit 7　**RD16:** 16-bit Read/Write Mode Enable bit

　　　1 = 開啟 TIMER1 計時器 16 位元讀寫模式。

　　　0 = 開啟 TIMER1 計時器 8 位元讀寫模式。

bit 6　**Unimplemented:** Read as '0'

bit 5-4　**T1CKPS1:T1CKPS0:** 前除器比例設定位元。

CHAPTER

9

```
11 = 1:8 Prescale value
10 = 1:4 Prescale value
01 = 1:2 Prescale value
00 = 1:1 Prescale value
```

bit 3 **T1OSCEN:** Timer1 Oscillator Enable bit

1 = 開啟 TIMER1 計時器外部震盪源。

0 = 關閉 TIMER1 計時器外部震盪源與相關電路節省電能。

bit 2 $\overline{\text{T1SYNC}}$: Timer1 External Clock Input Synchronization Select bit

When TMR1CS = 1:

1 = 不進行指令週期與外部時序輸入同步程序。

0 = 進行指令週期與外部時序輸入同步程序。

When TMR1CS = 0:

此位元設定被忽略。

bit 1 **TMR1CS:** Timer1 Clock Source Select bit

1 = 使用 T1OSO 外部時脈輸入。(上升邊緣)

0 = 使用內部指令週期時脈。

bit 0 **TMR1ON:** Timer1 On bit

1 = 開啟 Timer1 計時器。

0 = 關閉 Timer1 計時器。

其他與 TIMER1 計時器／計數器相關的暫存器如表 9-4 所示。

表 9-4　與 TIMER1 計時器／計數器相關的暫存器

Name	Bit 7	Bit 6	Bit 5	Bit 4	Bit 3	Bit 2	Bit 1	Bit 0	Value on POR, BOR	Value on All Other RESETS
INTCON	GIE/ GIEH	PEIE/ GIEL	TMR0IE	INT0IE	RBIE	TMR0IF	INT0IF	RBIF	0000 000x	0000 000u
PIR1	PSPIF(1)	ADIF	RCIF	TXIF	SSPIF	CCP1IF	TMR2IF	TMR1IF	0000 0000	0000 0000
PIE1	PSPIE(1)	ADIE	RCIE	TXIE	SSPIE	CCP1IE	TMR2IE	TMR1IE	0000 0000	0000 0000
IPR1	PSPIP(1)	ADIP	RCIP	TXIP	SSPIP	CCP1IP	TMR2IP	TMR1IP	0000 0000	0000 0000
TMR1L	Holding Register for the Least Significant Byte of the 16-bit TMR1 Register								xxxx xxxx	uuuu uuuu

表 9-4　與 TIMER1 計時器／計數器相關的暫存器（續）

Name	Bit 7	Bit 6	Bit 5	Bit 4	Bit 3	Bit 2	Bit 1	Bit 0	Value on POR, BOR	Value on All Other RESETS
TMR1H	Holding Register for the Most Significant Byte of the 16-bit TMR1 Register								xxxx xxxx	uuuu uuuu
T1CON	RD16	—	T1CKPS1	T1CKPS0	T1OSCEN	T1SYNC	TMR1CS	TMR1ON	0-00 0000	u-uu uuuu

TIMER1的操作方式

TIMER1 計時器／計數器功能的開啓是由 T1CON 設定暫存器中的 TM-R1ON 位元所控制。TIMER1 計時器／計數器可以以下列三種模式操作：

- 計時器
- 同步計數器
- 非同步計數器

這些操作模式是藉由 T1CON 設定暫存器中的 TMR1CS 位元所控制的。當 TMR1CS 位元被清除爲 0 時，TIMER1 在每一個指令執行週期將會被遞加 1。當 TMR1CS 位元被設定爲 1 時，TIMER1 的計數內容將會在每一個外部時序輸入訊號上升邊緣時遞加 1。

當 T1OSCEN 控制位元被設定爲 1 時，TIMER1 的震盪器功能將會被開啓，這時 RC1/T1OSI 以及 RC0/T1OSO/T1CKI 腳位將會被設定爲時序訊號輸入腳位。也就是說，TRISC<1:0 > 的設定將會被忽略，而且在讀取 PORTC 的數值時，這兩個腳位將會讀到 0 的數值。

TIMER1 並內建有一個內部的計數器重置輸入，這個重置訊號是藉由 CCP 模組所產生的。利用這個重置訊號可以使 TIMER1 與 CCP 的比較（COMPARE）功能結合，使 CCP 腳位產生週期性的變化。

TIMER1震盪器

在 T1OSI 與 T1OSO 腳位之間內建有一個石英震盪電路，它可以藉由將控制位元 T1OSCEN 設定爲 1 而開啓。這個震盪器是一個低功率的震盪器，並可以產生高達 200 kHz 的震盪時脈訊號；即使在睡眠模式下也可以繼續。但是這兩個腳位的主要目的是要作為 32768Hz 石英震盪器的輸入腳位，因為 32768Hz 石英震盪器可以作為精準的時間計時器，如圖 9-4 所示。

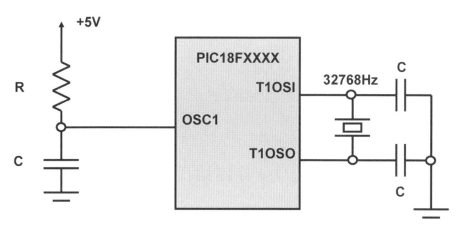

Preload TMR1H register for faster overflows:

TMR1H=80h → 1 second overflow
TMR1H=C0h →0.5 second overflow

圖 9-4　TIMER1 外接 32768Hz 石英震盪器作為精準的時間計時器

◗ TIMER1中斷事件

當 TIMER1 計數器數值暫存器 TMR1H:TMR1L 溢流（0xFFFF → 0x0000）將會把 PIR1 暫存器中的旗標位元 TMR1IF 設定為 1。這個中斷功能是可以藉由 PIE1 暫存器中的 TMR1IE 位元來選擇開啟與否。如果中斷功能開啟而且進入中斷執行函式，在重新返回正常程式執行之前，必須將中斷旗標位元 TMR1IF 清除為 0 以免重複地發生中斷。

◗ 使用CCP模組輸出訊號重置TIMER1計時器

如果 CCP 模組被設定為輸出比較（COMPARE）模式以產生一個特殊

事件觸發訊號並使用 TIMER1 作為計時基礎時，這個訊號將會把計時器的 TIMER1 計數內容重置為零，並且啓動一個類比數位訊號轉換。但是這個訊號將不會引起 TIMER1 中斷事件的發生。利用這樣的操作模式，CCP 模組下的 CCPR1H:CCPR1L 暫存器組實際上將成為 TIMER1 計時器的週期暫存器。

如果要利用這樣的特殊事件觸發功能，TIMER1 計時器必須要被設定在計時器模式或者是同步計數器的模式。在非同步計數器的模式下，這個外部重置的功能是沒有作用的。

如果計時器寫入的事件與 CCP 模組特殊事件觸發同時發生的話，計數器寫入的動作將會優先執行。

◎ TIMER1計數器16位元內容的讀寫

TIMER1 的計數內容是由兩個暫存器 TMR1H 以及 TMR1L 共同組成的。當 TIMER1 作為 16 位元的計時器使用時，TMR1H 以及 TMR1L 暫存器將共同組成 16 位元的計數內容；這時候，TMR1H 代表計數內容的高位元組，而 TMR1L 代表計數內容的低位元組。

在想要讀取計數器內容的時候，當指令讀取計數器低位元組 TMR1L 暫存器的內容時，計數器高位元組的內容將會同時地被轉移並栓鎖（Latch）在 TMR1H 暫存器中。這樣的做法可以避免應用程式在讀取兩個暫存器的時間差中計數器有不協調的讀取內容更改，而可以得到同一時間完整的 16 位元計數內容。換句話說，在讀取低位元組的計數內容時，TMR1H 暫存器將保留著同一讀取時間的高位元組計數內容。

同樣的觀念也應用在改寫 TIMER1 計數器內容的程序。當要改寫計數器的內容時，必須先將高位元組的資料寫入到 TMR1H 緩衝暫存器中，這時候並不會改變 TIMER1 計時器的內容；當應用程式將低位元組的資料寫入到 TMR1L 暫存器時，TMR1H 暫存器的內容也將同時地被載入到 TIMER1 計數器的高位元組，而完成全部 16 位元的計數內容更新。

9.3　TIMER2計數器／計時器

相較於其它計數器，TIMER2 的架構是比較特別的設計，主要是配合 CCP 模組中的波寬調變（PWM）功能使用。

TIMER2 計時器／計數器具備有下列的特性：

- 8 位元的計時器或計數器（使用 TMR2 暫存器）
- 8 位元的週期暫存器（PR2）
- 可以讀取或寫入的暫存器內容
- 軟體設定前除器（Prescaler）－（1:1、1:4、1:16）
- 軟體設定後除器（Postscaler）－（1:1～1:16）
- 當週期暫存器 PR2 符合 TMR2 計數器內容時產生中斷訊號
- MSSP 模組可選擇使用 TMR2 輸出而產生時序移位脈波

TIMER2 計時器的硬體結構方塊圖如圖 9-5 所示。

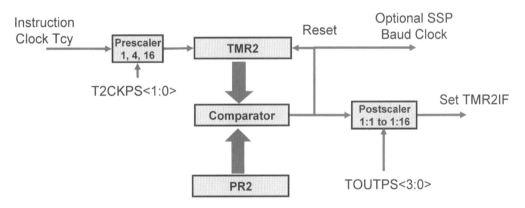

圖 9-5　TIMER2 計時器的硬體結構方塊圖

◑ T2CON設定暫存器定義

與 TIMER2 計時器相關的 T2CON 設定暫存器位元內容與定義如表 9-5 所示。

CHAPTER

9

表 9-5 T2CON 設定暫存器位元內容與定義

U-0	R/W-0	R/W-0	R/W-0	R/W-0	R/W-0	R/W-0	R/W-0
—	TOUTPS3	TOUTPS2	TOUTPS1	TOUTPS0	TMR2ON	T2CKPS1	T2CKPS0

bit 7   bit 0

bit 7 **Unimplemented:** Read as '0'

bit 6-3 **TOUTPS3:TOUTPS0:** Timer2 計時器後除器設定位元。

      0000 = 1:1 Powstscale

      0001 = 1:2 Postscale

      ⋮

      1111 = 1:16 Postscale

bit 2 **TMR2ON:** Timer2 On bit

      1 = 啟動 Timer2 計時器。

      0 = 停止 Timer2 計時器。

bit 1-0 **T2CKPS1:T2CKPS0:** Timer2 計時器前除器設定位元。

      00 = Prescaler is 1

      01 = Prescaler is 4

      1x = Prescaler is 16

其他與 TIMER2 計時器／計數器相關的暫存器如表 9-6 所示。

表 9-6 與 TIMER2 計時器／計數器相關的暫存器

Name	Bit 7	Bit 6	Bit 5	Bit 4	Bit 3	Bit 2	Bit 1	Bit 0	Value on POR, BOR	Value on All Other RESETS
INTCON	GIE/GIEH	PEIE/GIEL	TMR0IE	INT0IE	RBIE	TMR0IF	INT0IF	RBIF	0000 000x	0000 000u
PIR1	PSPIF	ADIF	RCIF	TXIF	SSPIF	CCP1IF	TMR2IF	TMR1IF	0000 0000	0000 0000
PIE1	PSPIE	ADIE	RCIE	TXIE	SSPIE	CCP1IE	TMR2IE	TMR1IE	0000 0000	0000 0000
IPR1	PSPIP	ADIP	RCIP	TXIP	SSPIP	CCP1IP	TMR2IP	TMR1IP	0000 0000	0000 0000
TMR2	Timer2 Module Register								0000 0000	0000 0000
T2CON	—	TOUTPS3	TOUTPS2	TOUTPS1	TOUTPS0	TMR2ON	T2CKPS1	T2CKPS0	-000 0000	-000 0000
PR2	Timer2 Period Register								1111 1111	1111 1111

▣ TIMER2的操作方式

　　TIMER2 計時器／計數器功能的開啟是由 T2CON 設定暫存器中的 TM-R2ON 位元所控制的。TIMER2 計時器的前除器或者後除器的操作模式則是藉由 T2CON 設定暫存器中的相關設定位元所控制的。

　　TIMER2 可以被用來作為 CCP 模組下波寬調變（PWM）模式的時序基礎。TMR2 暫存器是可以被讀寫的，而且在任何一個系統重置發生時將會被清除為 0。TIMER2 計時器所使用的時序輸入，也就是指令執行週期，可藉由 T2CON 控制暫存器中的 T2CKPS1: T2CKPS0 控制位元設定 3 種不同選擇的前除比例（1:1、1:4、1:16）。而 TMR2 暫存器的輸出將會經過一個 4 位元的後除器，它可以被設定為 16 種後除比例（1:1~1:16）以產生 TMR2 中斷訊號，並將 PIR1 暫存器的中斷旗標位元 TMR2IF 設定為 1。

　　TIMER2 前除器與後除器的計數內容在下列的狀況發生時將會被清除為0：

- 當寫入資料到 TMR2 暫存器時
- 當寫入資料到 T2CON 暫存器時
- 任何一個系統重置發生時

但是寫入資料到 T2CON 控制暫存器並不會影響到 TMR2 暫存器的內容。

▣ TIMER2中斷事件

　　TIMER2 模組建置有一個 8 位元的週期暫存器 PR2。TIMER2 的計數內容將由0x00經由訊號觸發而逐漸地遞加1直到符合PR2週期暫存器的內容為止；這時候，TMR2 的內容將會在下一個遞加的訊號發生時被重置為 0。在系統重置時，PR2 暫存器的內容將會被設定為 0xFF。

▣ TMR2輸出作為同步串列通訊模組同步時脈

　　未經過後除器之前的 TMR2 輸出訊號同時也被輸出到同步串列通訊模組，這個訊號可以被選擇作為產生通訊時所需要的同步時脈。

9.4 TIMER3計數器 / 計時器

基本上，不論是在硬體架構或者是在軟體的使用與設定上，TIMER3 計數器 / 計時器是一個和 TIMER1 計數器 / 計時器完全一樣的計時器。

TIMER3 計時器 / 計數器具備有下列的特性：

■ 16 位元的計時器或計數器（使用 TMR3H:TMR3L 暫存器）

■ 可以讀取或寫入的計數器內容

■ 時序來源可設定為外部或內部來源

■ 專屬的 3 位元軟體設定前除器（Prescaler）

■ 溢位（Overflow）時，也就是計數內容於 0xFFFF 變成 0x0000 時，產生中斷事件

■ 可由 CCP 模組重置的特殊事件觸發器

TIMER3 計時器的硬體結構方塊圖如圖 9-6 所示。

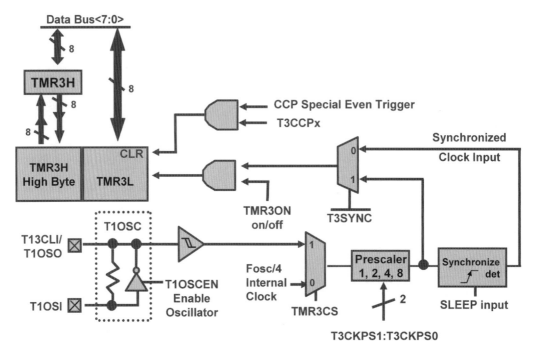

圖 9-6　TIMER3 計時器的硬體結構方塊圖

T3CON設定暫存器定義

TIMER3 暫存器相關的 T3CON 設定暫存器位元內容與定義如表9-7所示。

表 9-7　T3CON 設定暫存器位元內容與定義

R/W-0	U-0	R/W-0	R/W-0	R/W-0	R/W-0	R/W-0	R/W-0
RD16	T3CCP2	T3CKPS1	T3CKPS0	T3CCP1	T3SYNC	TMR3CS	TMR3ON

bit 7　　　　　　　　　　　　　　　　　　　　　　　　　　　bit 0

bit 7　**RD16**: 16-bit Read/Write Mode Enable bit

　　　1 = 開啟 TIMER3 計時器 16 位元讀寫模式。

　　　0 = 開啟 TIMER3 計時器 8 位元讀寫模式。

bit 6,3　**T3CCP<2:1>**: Timer3 and Timer1 to CCPx Enable bits

　　　1x = Timer3 為兩個 CCP 模組中的輸入捕捉與輸出比較功能的時脈來源

　　　01 = Timer3 為 CCP2 模組中的輸入捕捉與輸出比較功能的時脈來源；
　　　　　　Timer1 為 CCP1 模組中的輸入捕捉與輸出比較功能的時脈來源

　　　00 = Timer1 為兩個 CCP 模組中的輸入捕捉與輸出比較功能的時脈來源

bit 5-4　**T3CKPS1:T3CKPS0**: 前除器比例設定位元。

　　　11 = 1:8 Prescale value

　　　10 = 1:4 Prescale value

　　　01 = 1:2 Prescale value

　　　00 = 1:1 Prescale value

bit 2　**T3SYNC**: Timer3 External Clock Input Synchronization Select bit

　　　When TMR3CS = 1:

　　　1 = 不進行指令週期與外部時序輸入同步程序。

　　　0 = 進行指令週期與外部時序輸入同步程序。

　　　When TMR3CS = 0:

　　　此位元設定被忽略。

bit 1　**TMR3CS**: Timer3 Clock Source Select bit

　　　1 = 使用 T13CKI 外部時脈輸入。（上升邊緣）

　　　0 = 使用內部指令週期時脈。

bit 0 **TMR3ON:** Timer3 On bit

　　1 = 開啟 Timer3 計時器。

　　0 = 關閉 Timer3 計時器。

其他與 TIMER3 計時器／計數器相關的暫存器如表 9-8 所示。

表 9-8　TIMER3 計時器／計數器相關的暫存器

Name	Bit 7	Bit 6	Bit 5	Bit 4	Bit 3	Bit 2	Bit 1	Bit 0	Value on POR, BOR	Value on All Other RESETS
INTCON	GIE/GIEH	PEIE/GIEL	TMR0IE	INT0IE	RBIE	TMR0IF	INT0IF	RBIF	0000 000x	0000 000u
PIR2	—	—	—	EEIF	BCLIF	LVDIF	TMR3IF	CCP2IF	---0 0000	---0 0000
PIE2	—	—	—	EEIE	BCLIE	LVDIE	TMR3IE	CCP2IE	---0 0000	---0 0000
IPR2	—	—	—	EEIP	BCLIP	LVDIP	TMR3IP	CCP2IP	---1 1111	---1 1111
TMR3L	Holding Register for the Least Significant Byte of the 16-bit TMR3 Register								xxxx xxxx	uuuu uuuu
TMR3H	Holding Register for the Most Significant Byte of the 16-bit TMR3 Register								xxxx xxxx	uuuu uuuu
T1CON	RD16	—	T1CKPS1	T1CKPS0	T1OSCEN	T1SYNC	TMR1CS	TMR1ON	0-00 0000	u-uu uuuu
T3CON	RD16	T3CCP2	T3CKPS1	T3CKPS0	T3CCP1	$\overline{\text{T3SYNC}}$	TMR3CS	TMR3ON	0000 0000	uuuu uuuu

▎TIMER3的操作方式

TIMER3 計時器／計數器功能的開啟是由 T3CON 設定暫存其中的 TMR1ON 位元所控制的。TIMER3 計時器／計數器可以以下列三種模式操作：

- 計時器
- 同步計數器
- 非同步計數器

這些操作模式是藉由 T3CON 設定暫存器中的 TMR3CS 位元所控制的。當 TMR3CS 位元被清除為 0 時，TIMER3 在每一個指令執行週期將會被遞加 1。當 TMR3CS 位元被設定為 1 時，TIMER3 的計數內容將會在每一個外部時序輸入訊號上升邊緣時遞加 1。

TIMER3 也內建有一個內部的計數器重置輸入，這個重置訊號是藉由 CCP

模組所產生的。

TIMER1震盪器

TIMER1 震盪器也可以被用來作為 TIMER3 的時脈來源。這個震盪器是一個低功率的震盪器，並可以產生高達 200 kHz 的震盪時脈訊號；即使在睡眠模式下也可以繼續。

TIMER3中斷事件

當 TIMER3 計數器數值暫存器 TMR3H:TMR3L 溢流（0xFFFF → 0x0000）將會把 PIR1 暫存器中的旗標位元 TMR3IF 設定為 1。這個中斷功能是可以藉由 PIE1 暫存器中的 TMR1IE 位元來選擇開啟與否。如果中斷功能開啟而且進入中斷執行函式，在重新返回正常程式執行之前，必須將中斷旗標位元 TMR3IF 清除為 0 以免重複地發生中斷。

使用CCP模組輸出訊號重置TIMER3計時器

如果 CCP 模組被設定為輸出比較（COMPARE）模式以產生一個特殊事件觸發訊號，並使用 TIMER3 作為計時基礎時，這個訊號將會把計時器的 TIMER3 計數內容重置為零，並且啟動一個類比數位訊號轉換。但是這個訊號將不會引起 TIMER3 中斷事件的發生。利用這樣的操作模式，CCP 模組下的 CCPR1H:CCPR1L 暫存器組實際上將成為 TIMER3 計時器的週期暫存器。

如果要利用這樣的特殊事件觸發功能，TIMER3 計時器必須要被設定在計時器模式或者是同步計數器的模式。在非同步計數器的模式下，這個外部重置的功能是沒有作用的。

如果計時器寫入的事件與 CCP 模組特殊事件觸發同時發生的話，計數器寫入的動作將會優先執行。

▌TIMER3計數器16位元內容的讀寫

TIMER3 的計數內容是由兩個暫存器 TMR3H 以及 TMR3L 共同組成的。當 TIMER3 作為 16 位元的計時器使用時，TMR3H 以及 TMR3L 暫存器將共同組成 16 位元的計數內容；這時候，TMR3H 代表計數內容的高位元組，而 TMR3L 代表計數內容的低位元組。

在想要讀取計數器內容的時候，當指令讀取計數器低位元組 TMR3L 暫存器的內容時，計數器高位元組的內容將會同時地被轉移並栓鎖（Latch）在 TMR3H 暫存器中。這樣的做法可以避免應用程式在讀取兩個暫存器的時間差中計數器有不協調的讀取內容更改，而可以得到同一時間完整的 16 位元計數內容。換句話說，在讀取低位元組的計數內容時，TMR3H 暫存器將保留著同一讀取時間的高位元組計數內容。

同樣的觀念也應用在改寫 TIMER3 計數器內容的程序。當要改寫計數器的內容時，必須先將高位元組的資料寫入到 TMR3H 緩衝暫存器中，這時候並不會改變 TIMER3 計時器的內容；當應用程式將其位元組的資料寫入到 TMR3L 暫存器時，TMR3H 暫存器的內容也將同時地被載入到 TIMER3 計數器的高位元組，而完成全部 16 位元的計數內容更新。

在完整地說明所有的計時器／計數器功能與使用方法之後，讓我們以範例程式來說明如何使用計時器以更精準的控制時間，作為事件發生的依據。

在說明新的範例之前，建議讀者先回顧在數位輸出入埠章節中所說明的程式範例。在先前的範例程式中，每一次的燈號變化是藉由軟體撰寫的時間延遲函式所控制的，相信讀者還記得為了要精準地控制延遲時間，必須要斤斤計較著延遲函式中所需要增加的指令週期延遲時間藉以消耗多餘的時間。但是在計算的過程中，我們並沒有去考量主程式中永久迴圈內的指令所需的執行時間；因此嚴格來說，當時的延遲時間計算並不是十分精準的，特別是在主程式的執行較為繁複冗長的時候。必要的話，可以使用示波器觀察到些許的時間誤差。

為了要改善先前範例程式所存在的缺點，在這裡我們將使用計時器與中斷事件發生的訊號配合，精確地在每一次計時器中斷發生的時候進行燈號的切換。

範例 9-1

設計一個每 0.5 秒讓 PORTD 的 LED 所顯示的二進位數字自動加一的程式。

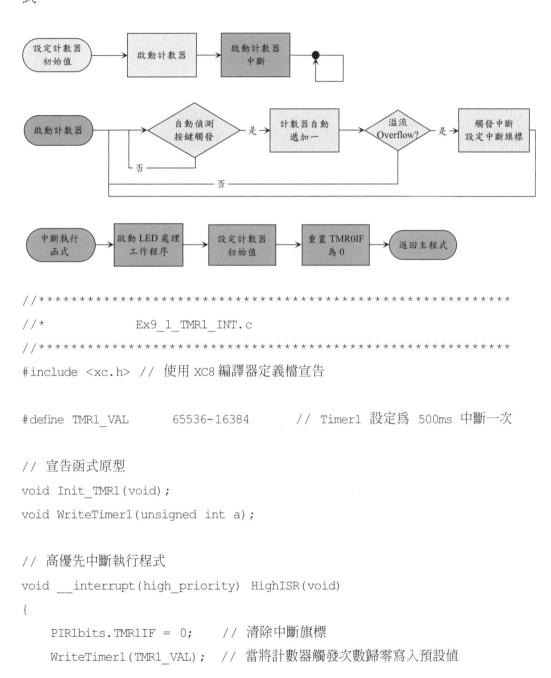

```
//************************************************************
//*              Ex9_1_TMR1_INT.c
//************************************************************
#include <xc.h> // 使用 XC8 編譯器定義檔宣告


#define TMR1_VAL       65536-16384          // Timer1 設定為 500ms 中斷一次


// 宣告函式原型
void Init_TMR1(void);
void WriteTimer1(unsigned int a);


// 高優先中斷執行程式
void __interrupt(high_priority) HighISR(void)
{
    PIR1bits.TMR1IF = 0;     // 清除中斷旗標
    WriteTimer1(TMR1_VAL);   // 當將計數器觸發次數歸零寫入預設值
```

```
        LATD++;                    // 遞加 LATD
    }


void main (void) {
    LATD = 0x00;                   // 將 LATD 清除關閉 LED
    TRISD = 0;                     // 將 TRISD 設為 0，PORTD 設定為輸出

    Init_TMR1();                   // 初始化設定 Timer1 函式

    INTCONbits.PEIE = 1;           // 開啓周邊中斷功能
    INTCONbits.GIE = 1;            // 開啓全域中斷控制

    while (1);                     // 無窮迴圈
}


void Init_TMR1 (void){
    // T1CKPS 1:1; T1OSCEN enabled; T1SYNC synchronize;
    // TMR1CS External; TMR1ON enabled; T1RD16 enabled;
    T1CON = 0x8B;

    WriteTimer1(TMR1_VAL);         // 寫入預設值
    PIR1bits.TMR1IF = 0;           // 清除中斷旗標
    IPR1bits.TMR1IP = 1;           // 設定 Timer1 為高優先中斷
    PIE1bits.TMR1IE = 1;           // 開啓 Timer1 中斷功能
}

void WriteTimer1(unsigned int a)   {    // 寫入 TIMER1 計數內容
    union Bytes2 {
        unsigned int lt;
        unsigned char bt[2];
    };
```

```
    union Bytes2 TMR1_2bytes;

    TMR1_2bytes.lt=a;
    TMR1H=TMR1_2bytes.bt[1];              // 先寫入 High Byte
    TMR1L=TMR1_2bytes.bt[0];              // 再寫入 Low Byte
}
```

　　在範例程式中，將 TIMER1 計時器設定爲使用外部時脈輸入；而由於在硬體電路上外部的時脈輸入源建置有一個 32768Hz 的震盪器，因此而產生一個每 0.5 秒的中斷訊號，計數器的內容必須計算 32768 的一半就必須產生溢流的中斷訊號。所以在設定計數器的初始值時，必須將計數器的 16 位元計數範圍 65536 扣除掉 32768/2 = 16384 便可以得到所應該要設定的數值。

　　在範例程式中使用函式的方式，將各個硬體模組的初始化指令區塊化。這樣的函式區塊程式撰寫方式將有助於程式的結構化，對於未來程式的維護與整理或者是移轉程式到其他的爲控制器上使用都是非常地有幫助。

　　更重要的是，在這個範例程式中藉由外部時脈訊號來源、TIMER1 計數器以及中斷訊號的使用，可以讓應用程式非常精確地在 TIMER1 計時器被觸發 16384 次之後立即進行燈號切換的動作。雖然進入中斷執行函式之後，仍然有少許幾個指令的執行時間延遲，但是由於每一次中斷發生後的時間延遲都是一樣的，因此每一次燈號切換動作所間隔的時間也就會相同。

　　由於 TIMER1 是可以直接將核心處理器由睡眠模式喚醒的周邊功能之一，因此可以更進一步地在無所是事的 while(1) 永久迴圈執行時讓微控制器進入睡眠模式，可以大幅節省電能。如果只單純下達 Sleep() 指令，整個微控制器將完全停止運作。因此，必須要先設定閒置功能，才能使用周邊功能繼續運作，但 ALU 及程式停止運作，如範例 9-2 所示。

範例 9-2

　　設計一個 0.5 秒讓 PORTD 的 LED 所顯示的二進位數字自動加一的程式，並使微處理器進入睡眠模式以節省電能。

```
//**********************************************************
//*                Ex9_2_TMR1_Sleep.c
//**********************************************************
#include <xc.h> // 使用 XC8 編譯器定義檔宣告


#define TMR1_VAL        65536-16384      // Timer1 設定為 500ms 中斷一次

// 宣告函式原型
void Init_TMR1(void);
void WriteTimer1(unsigned int a);

// 高優先中斷執行程式
void __interrupt(high_priority) HighISR(void){
    PIR1bits.TMR1IF = 0;      // 清除中斷旗標
    WriteTimer1(TMR1_VAL);    // 當將計數器觸發次數歸零寫入預設值
    LATD++;                   // 遞加 LATD
}
void main (void) {

    LATD = 0x00;              // 將 LATD 清除關閉 LED
    TRISD = 0;                // 將 TRISD 設為 0，PORTD 設定為輸出


    Init_TMR1();              // 初始化設定 Timer1 函式

    INTCONbits.PEIE = 1;      // 開啟周邊中斷功能
    INTCONbits.GIE = 1;       // 開啟全域中斷控制

    OSCCONbits.IDLEN=1;       // 啟動閒置模式
    OSCCONbits.SCS1=1;        // 設定為 RC_IDLE 模式
    OSCCONbits.SCS0=0;        //
```

```
    while (1) Sleep();          //  無窮迴圈
}

void Init_TMR1 (void){
    ……      ; 略以。參見程式檔
}

void WriteTimer1(unsigned int a)  {   // 寫入 TIMER1 計數內容
    ……      ; 略以。參見程式檔
}
```

　　在學習精確的計時器使用之後，在後續的章節中將會反復地利用計時器的功能以達到精確時間控制的要求。由於 TIMER3 計時器的功能及使用與 TIMER1 是完全一樣的，在此我們不多作介紹。至於 TIMER2 計時器的功能主要是作為 CCP 模組的時脈來源，將會在介紹 CCP 模組時再一併說明。

CHAPTER

9

CHAPTER 10

類比數位訊號轉換與
類比訊號比較模組

　　在許多微控制器的應用中類比訊號感測器是非常重要的一環。一方面是由於許多傳統的機械系統或者物理訊號所呈現的都是一個連續不間斷的類比訊號，例如溫度、壓力、位置等等；因此在量測時通常也就以連續式的類比訊號呈現。另外一方面，雖然數位訊號感測器的應用愈趨普遍，但是相對地許多對應的類比訊號感測器在成本以及使用方法上仍然較為簡單，例如水位的量測、角度的量測等等，因此在比較不要求精確度或者不容易受到干擾的應用系統中仍然存在著許多類比訊號感測器。

　　這些類比訊號感測器的輸出通常多是以電壓的變化呈現，因此在微控制器的內部或者外接元件中必須要有適當的模組將這些訊號轉換成微控制器所能夠運算處理的數位訊號。最普遍的類比數位訊號轉換方式是採用 SAR（Successive Approximation Register），有興趣的讀者可以參考數位邏輯電路的書籍了解相關的運作與架構。

　　通常在選擇一個類比訊號轉換的硬體時，最基本的考慮條件為轉換時間及轉換精度。當然使用者希望能夠在越短的轉換時間能夠取得越高精度的訊號，以提高系統運作的效能；但是系統性能的提升相對地也會增加系統的成本。

　　無論如何，如果一個微控制器能夠內建有足夠解析度的類比數位訊號轉換模組，對於一般的應用而言將會有極大的幫助，並有效的降低成本。

　　在 PIC18 系列的微控制器中，10 位元的類比數位訊號轉換模組是一個標準配備；甚至在較為低階的 PIC12 或者 PIC16 系列的微控制器中也可以見到它的蹤影。PIC18F4520 微控制器的類比數位訊號轉換模組則建置有十三個類比訊號的輸入端點，藉由一個多工器、訊號採樣保持及 10 位元的轉換器，這個模組快速地將類比訊號轉換成 10 位元精度的數位訊號，供核心處理器做更進一步的運算處理。

　　除此之外，如果應用程式只需要判斷輸入類比訊號與特定預設電壓的比較而不需要知道輸入訊號精確的電壓大小時，在 PIC18F4520 微控制器中可以使用類比訊號比較器以加速程式的執行。應用程式可以將比較器的兩個輸入端的類比電壓做比較，並將比較「大」或「小」的結果轉換成輸出高電位「1」或低電位「0」的數位訊號作為後續程式執行判斷的依據。

10.1　10位元類比數位訊號轉換模組

　　PIC18F4520 微控制器的 10 位元類比訊號轉換模組可轉換的類比訊號來源增加到十三個，使應用程式能夠有更多的通道選擇，如圖 10-1 所示。而且在類比與數位輸出入腳位的設定上重新調整，讓腳位選擇的設定更加地線性化而容易安排。利用模組相關的 ADCON0、ADCON1 與 ADCON2 暫存器作設定模組功能，這些暫存器與相關位元的定義如表 10-1 所示。

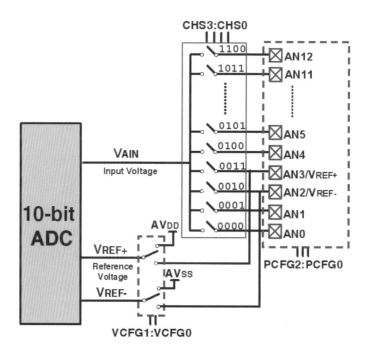

圖 10-1　PIC18F4520 微控制器的 10 位元類比訊號轉換模組結構圖

PIC18F4520 的類比數位訊號轉換模組相關使用的暫存器總共有五個，分別爲：

- 類比訊號轉換結果高位元暫存器（ADRESH）
- 類比訊號轉換結果低位元暫存器（ADRESL）
- 類比訊號轉換控制暫存器（ADCON0、ADCON1 與 ADCON2）

ADCON0 暫存器控制類比數位訊號轉換模組的操作功能；ADCON1 則設定與輸入端點相關的腳位功能設定；ADCON2 則定義訊號轉換的時間。這三個暫存器位元定義如表 10-1 所示。

ADCON0暫存器位元定義

表 10-1(1)　PIC18F4520 類比訊號模組 ADCON0 暫存器位元定義

U-0	U-0	R/W-0	R/W-0	R/W-0	R/W-0	R/W-0	R/W-0
—	—	CHS3	CHS2	CHS1	CHS0	GO/DONE	ADON

bit 7　　　　　　　　　　　　　　　　　　　　　　　bit 0

bit 7-6 **Unimplemented:** Read as '0'

bit 5-2 **CHS3:CHS0:** 類比通道選擇位元。

```
0000 = Channel 0  (AN0)
0001 = Channel 1  (AN1)
0010 = Channel 2  (AN2)
0011 = Channel 3  (AN3)
0100 = Channel 4  (AN4)
0101 = Channel 5  (AN5) (1,2)
0110 = Channel 6  (AN6) (1,2)
0111 = Channel 7  (AN7) (1,2)
1000 = Channel 8  (AN8)
1001 = Channel 9  (AN9)
1010 = Channel 10 (AN10)
1011 = Channel 11 (AN11)
```

1100 = Channel 12 (AN12)

1101 = Unimplemented$_{(2)}$

1110 = Unimplemented$_{(2)}$

1111 = Unimplemented$_{(2)}$

　　　Note 1: PIC18FXX20 系列 28PIN 微處理器未配備 13 個完整的 A/D 通道。

　　　　　　2: 對未建置的類比訊號通道進行轉換將回傳一個浮動的結果數值。

bit 1　**GO/$\overline{\text{DONE}}$:** A/D Conversion Status bit

　　　When ADON = 1:

　　　1 = 類比訊號轉換進行中，轉換完成時由硬體自動清除為 0。

　　　0 = 未進行類比訊號轉換。

bit 0　**ADON:** A/D On bit

　　　1 = 開啟類比訊號轉換模組。

　　　0 = 關閉類比訊號轉換模組。

◉ ADCON1暫存器位元定義

表 10-1(2)　PIC18F4520 類比訊號模組 ADCON1 暫存器位元定義

U-0	U-0	R/W-0	R/W-0	R/W-0	R/W-0	R/W-0	R/W-0
—	—	VCFG1	VCFG0	PCFG3	PCFG2	PCFG1	PCFG0

bit 7　　　　　　　　　　　　　　　　　　　　　　　　　　　　　　bit 0

bit 7-6　**Unimplemented:** Read as '0'

bit 5　**VCFG1:** V_{RFF-} 參考電壓設定位元。

　　　1 = V_{RFF-} (AN2)

　　　0 = V_{SS}

bit 4　VCFG0: V_{RFF+} 參考電壓設定位元。

　　　1 = V (AN3)

　　　0 = V_{DD}

bit 3-0　**PCFG3:PCFG0:** A/D Port Configuration Control bits

PCFG3: PCFG0	AN12	AN11	AN10	AN9	AN8	AN7	AN6	AN5	AN4	AN3	AN2	AN1	AN0
0000(1)	A	A	A	A	A	A	A	A	A	A	A	A	A
0001	A	A	A	A	A	A	A	A	A	A	A	A	A
0010	A	A	A	A	A	A	A	A	A	A	A	A	A
0011	D	A	A	A	A	A	A	A	A	A	A	A	A
0100	D	D	A	A	A	A	A	A	A	A	A	A	A
0101	D	D	D	A	A	A	A	A	A	A	A	A	A
0110	D	D	D	D	A	A	A	A	A	A	A	A	A
0111(1)	D	D	D	D	D	A	A	A	A	A	A	A	A
1000	D	D	D	D	D	D	A	A	A	A	A	A	A
1001	D	D	D	D	D	D	D	A	A	A	A	A	A
1010	D	D	D	D	D	D	D	D	A	A	A	A	A
1011	D	D	D	D	D	D	D	D	D	A	A	A	A
1100	D	D	D	D	D	D	D	D	D	D	A	A	A
1101	D	D	D	D	D	D	D	D	D	D	D	A	A
1110	D	D	D	D	D	D	D	D	D	D	D	D	A
1111	D	D	D	D	D	D	D	D	D	D	D	D	D

A = Analog input   D = Digital I/O

Note 1: The POR value of the PCFG bits depends on the value of the PBADEN configuration bit. When PBADEN = 1, PCFG<3:0> = 0000; when PBADEN = 0, PCFG<3:0> = 0111.

ADCON2暫存器位元定義

表 10-1(3)　PIC18F4520 類比訊號模組 ADCON2 暫存器位元定義

R/W-0	U-0	R/W-0	R/W-0	R/W-1	R/W	R/W	R/W
ADFM	—	ACQT2	ACQT1	ACQT0	ADCS2	ADCS1	ADCS0

bit 7   bit 0 bit 7 **ADFM:** A/D Result Format Select bit

    1 = 向右靠齊格式，ADRESH 暫存器較高 6 位元為 0。

    0 = 向左靠齊格式，ADRESL 暫存器較低 6 位元為 0。

bit 6 **Unimplemented:** Read as '0'

bit 5-3 **ACQT2:ACQT0:** A/D 採樣時間選擇設定位元。

    111 = 20 T_{AD}

    110 = 16 T_{AD}

    101 = 12 T_{AD}

    100 = 8 T_{AD}

    011 = 6 T_{AD}

    010 = 4 T_{AD}

    001 = 2 T_{AD}

    000 = 0 T_{AD}

bit 2-0 ADCS2:ADCS0: A/D 轉換時間選擇設定位元。

    111 = F (clock derived from A/D RC oscillator)

    110 = Fosc/64

    101 = Fosc/16

    100 = Fosc/4

    011 = F_{RC}(clock derived from A/D RC oscillator)

    010 = Fosc/32

    001 = Fosc/8

    000 = Fosc/2

    類比訊號參考電壓是可以藉由軟體選擇而使用微控制器元件的高低供應電壓（V_{DD} 與 V_{SS}），或者是使用在 RA3/AN3/V_{RFF+} 腳位以及 RA2/AN2/V_{RFF-} 腳位的外部電壓訊號作為參考電壓。

    類比數位訊號轉換模組有一個特別的功能─即使是在睡眠模式下，還能夠繼續地進行類比訊號的感測。如果要在睡眠模式下操作，類比數位訊號轉換的時序來源必須切換到使用模組內建的 RC 震盪訊號源。

    當 ADCON0 暫存器中的 GO/$\overline{DONE}$ 狀態位元被設定為 1 時，類比訊號在經過多工器切換輸入腳位後，將進入一個採樣與保持的元件；經過所設定的採樣時間之後，訊號電壓將會被保持在一個電容元件中。然後類比訊號轉換模組將會自動進入類比轉數位訊號的程序，利用 SAR 將訊號轉換成 10 位元解析度的數位訊號。在轉換的過程中，ADCON0 暫存器中的 GO/$\overline{\text{DONE}}$ 狀態位元將會被維持為 1，表示轉換的程序正在進行中。

由於微控制器腳位的多工使用，每一個類比訊號轉換模組使用的腳位輸入都可以被設定作為類比訊號輸入，或者是一般用途的數位輸出入訊號。要特別注意的是，當系統重置時所有類比訊號模組相關的腳位都會被預設為類比輸入的功能，因此如果應用程式需要將這些腳位作為周邊或其他數位輸出入訊號使用時，必須要透過 ADCON1 的設定，調整它們的輸出入型態。

暫存器 ADRESH 與 ADRESL 儲存了類比數位訊號轉換的結果。當訊號轉換完畢時，轉換的結果將會被載入到這兩個暫存器中；而 ADCON0 暫存器中的 GO/$\overline{\text{DONE}}$ 狀態位元將會被清除為 0，表示轉換程序的完成；同時類比數位訊號轉換中斷旗標位元 ADIF 也將會被設定為 1。

如果在訊號轉換的過程中發生系統重置的現象，所有相關的暫存器將會還原到它們的重置狀態，這樣的狀態將會關閉訊號轉換模組，正在轉換中的訊號資料也將會消失。類比訊號結果暫存器中的數值在電源啟動重置的過程中是不會被改變的；因此，在電源啟動時結果暫存器中的內容將是不可知的。

在完成類比數位訊號模組的設定之後，被選擇的類比訊號通道必須要在訊號轉換之前完成採樣的動作。所有使用的類比輸入通道必須要將它們相對應的訊號方向暫存器 TRISx 內容設定為輸入的方向。採樣所需要的時間計算可以利用下面的公式計算：

$$T = \text{Amplifier Settling Time}$$
$$+ \text{Holding Capacitor Charging Time}$$
$$+ \text{Temperature Coefficient}$$
$$= T_{\text{AMP}} + T_C + T_{\text{COFF}}$$
$$V_{\text{HOLD}} = (V_{\text{REF}} - (V_{\text{REF}}/2048)) \cdot (1 - e^{(-Tc/C_{\text{HOLD}}(R_{IC} + R_{SS} + R_S))})$$
$$\text{or}$$
$$T_C = -(C_{\text{HOLD}})(R_{1C} + R_{SS} + R_S) \ln(1/2048)$$

　　因此在程式中，切換訊號通道後必須等待一個足夠長的採樣時間才能夠進行訊號轉換，在完成採樣之後便可以進行訊號的轉換。

　　經過歸納整理，完成一個類比數位訊號轉換必須要經過下列的步驟：

1. 設定類比數位訊號轉換模組

　　設定腳位為類比訊號輸入、參考電壓或者是數位訊號輸出入（AD-CON1）；

　　選擇類比訊號輸入通道（ADCON0）；

　　選擇類比訊號轉換時序來源及時間（ADCON0/ADCON2）；

　　啟動類比數位訊號轉換模組（ADCON0）。

2. 如果需要的話，設定類比訊號轉換中斷事件發生的功能

　　清除 ADIF 旗標位元；

　　設定 ADIE 控制位元；

　　設定 PEIE 控制位元；

　　設定 GIE 控制位元。

3. 等待足夠的訊號採樣時間。

4. 啟動轉換的程序

　　將控制位元 GO/$\overline{\text{DONE}}$ 設定為 1（ADCON0）。

5. 等待類比訊號轉換程序完成。檢查的方法有二：

　　檢查 GO/$\overline{\text{DONE}}$ 狀態位元是否為 0；

　　檢查中斷旗標位元 ADIF。

6. 讀取類比訊號轉換結果暫存器 ADRESH 與 ADRESL 的內容；如果中斷功能啟動的話，必須清除中斷旗標 ADIF。

7. 如果要進行其他的類比訊號轉換，重複上述的步驟。每一次轉換之間至少必須間隔兩個 T_{AD}，一個 T_{AD} 代表的是轉換一個位元訊號的時間。

▌選擇類比訊號轉換時脈訊號

　　將類比訊號轉換成每一個數位訊號位元所需要的時間稱之為 T_{AD}；由於需要額外兩個 T_{AD} 進行控制的切換，要將一個類比訊號轉換成為 10 位元的數位訊號總共需要 12 個 T_{AD}。在類比訊號轉換模組中提供了幾個可能的 T_{AD} 時間

選項，它們分別是 2、4、8、16、32、64 倍系統時序震盪時間的 T_{OSC} 以及使用類比訊號模組內建的 RC 震盪器（2-6 us）。但是為了要得到正確的訊號轉換結果，應用程式必須確保 T_{AD} 時間要介於 0.7～25us 之間。

對於不同的系統時序震盪頻率，可以參考表 10-2 決定適當的 T_{AD} 時間選項。

表 10-2　系統時序震盪頻率與 T 時間選項參考表

AD轉換時脈時間 AD Clock Source (T_{AD})		最大系統時序震盪頻率 Maximum Device Frequency
Operation	ADCS2:ADCS0	PIC18F2X20/4X20
2 T_{OSC}	000	2.86 MHz
4 T_{OSC}	100	5.71 MHz
8 T_{OSC}	001	11.43 MHz
16 T_{OSC}	101	22.86 MHz
32 T_{OSC}	010	40.0 MHz
64 T_{OSC}	110	40.0 MHz
RC	x11	1.00 MHz

設定類比訊號輸入腳位

在傳統的 PIC18 微控制器中，如 PIC18F4520，總共有 13 個類比訊號輸入腳位。它們主要分布在 PORTA 、PORTB 及 PORTE。因此在使用時，必須透過 ADCON1、TRISA 、TRISB 與 TRISE 暫存器來完成相關腳位的設定。如果要將某一個特定的腳位設定為類比訊號輸入，則必須將相對應的方向控制位元 TRISx 也設定為數位訊號輸入的方向。被設定為類比訊號輸入腳位之後，如果使用 PORTx 暫存器讀取這些腳位的狀態時，將會得到 0 的結果。

類比訊號轉換

當 GO 控制位元被設定為 1 時，類比訊號模組便開始進行訊號轉換。如果在訊號轉換完畢之前將 GO 控制位元清除為 0，則進行中的轉換將會被放棄，而且由於訊號資料尚未完全轉換完成，類比訊號結果暫存器 ADRESH 與 AD-RESL 的內容將不會被更新。因此，結果暫存器將保持著上一次完成轉換成功的類比訊號資料。即使放棄了這一次的類比訊號轉換，仍然需要等待兩個 T_{AD} 時間才能夠進行下一次的訊號轉換。

　　類比訊號結果暫存器 ADRESH 與 ADRESL 是用來在成功地轉換類比訊號之後，儲存 10 位元類比訊號轉換結果內容的記憶體位址。這兩個暫存器組總共有 16 位元的長度，但是被轉換的結果只有十位元的長度；因此系統允許使用者自行設定將轉換的結果使用向左或者向右對齊的方式存入到這兩個暫存器組中。對齊格式的示意圖如圖 10-2 所示。對齊的方式是使用對齊格式控制位元 ADFM 所決定的。至於多餘的位元則將會被填入 0。當類比訊號轉換的功能被關閉時，這些位址可以用來當作一般的八位元暫存器。

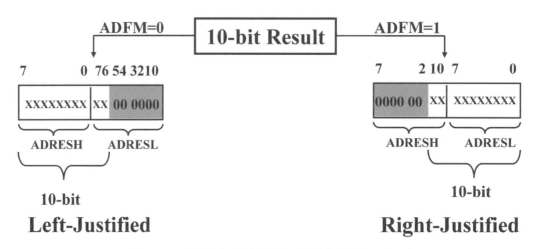

圖 10-2　類比訊號轉換結果對齊格式示意圖

使用CCP2模組觸發訊號

　　類比訊號轉換可以藉由 CCP2 模組特殊事件觸發器所產生的訊號啟動。如果要使用這樣的功能，必須要將 CCP2CON 暫存器中的 CCP2M3:CCP2M0 控制位元設定為 1011，並且將類比訊號轉換模組開啟（ADON = 1）。當 CCP2

模組特殊事件觸發器產生訊號時，GO/$\overline{\text{DONE}}$ 將會被設定爲 1，並同時開始類比訊號的轉換。在同一瞬間，由於觸發訊號也連接至計時器 TIMER1 與 TIMER3，因此就這些計數器也將會被自動重置爲 0。利用這個方式，便可以最少的軟體程式讓這些計數器被重置並自動的重複類比訊號採樣週期。在自動觸發訊號產生之前，應用程式只需要將轉換結果搬移到適當的暫存器位址，並選擇適當的類比輸入訊號通道。

如果類比訊號轉換的功能未被開啓，則觸發訊號將不會啓動類比訊號轉換；但是計時器仍然會被重置爲 0。

PIC18F4520 類比數位訊號轉換模組操作相關的特殊功能暫存器如表 10-3 所示。

表 10-3　PIC18F4520 比數位訊號轉換模組操作相關的特殊功能暫存器

Name	Bit 7	Bit 6	Bit 5	Bit 4	Bit 3	Bit 2	Bit 1	Bit 0	Value on POR, BOR	Value on All Other RESETS
INTCON	GIE/ GIEH	PEIE/ GIEL	TMR0IE	INT0IE	RBIE	TMR0IF	INT0IF	RBIF	0000 000x	0000 000u
PIR1	PSPIF	ADIF	RCIF	TXIF	SSPIF	CCP1IF	TMR2IF	TMR1IF	0000 0000	0000 0000
PIE1	PSPIE	ADIE	RCIE	TXIE	SSPIE	CCP1IE	TMR2IE	TMR1IE	0000 0000	0000 0000
IPR1	PSPIP	ADIP	RCIP	TXIP	SSPIP	CCP1IP	TMR2IP	TMR1IP	1111 1111	1111 1111
PIR2	OSCFIF	CMIF	—	EEIF	BCLIF	HLVDIF	TMR3IF	CCP2IF	00-0 0000	00-0 0000
PIE2	OSCFIE	CMIE	—	EEIE	BCLIE	HLVDIE	TMR3IE	CCP2IE	00-0 0000	00-0 0000
IPR2	OSCFIP	CMIP	—	EEIP	BCLIP	HLVDIP	TMR3IP	CCP2IP	11-1 1111	11-1 1111
ADRESH	A/D Result Register, HighByte								xxxx xxxx	uuuuuuuu
ADRESL	A/D Result Register, Low Byte								xxxx xxxx	uuuuuuuu
ADCON0	—	—	CHS3	CHS2	CHS1	CHS0	GO/ DONE	ADON	--00 0000	--00 0000
ADCON1	—	—	VCFG1	VCFG0	PCFG3	PCFG2	PCFG1	PCFG0	--00 0qqq	--00 0qqq
ADCON2	ADFM	—	ACQT2	ACQT1	ACQT0	ADCS2	ADCS1	ADCS0	0-00 0000	0-00 0000
PORTA	RA7	RA6	RA5	RA4	RA3	RA2	RA1	RA0	xx0x 0000	uu0u 0000
TRISA	TRISA7	TRISA6	PORTA Data Direction Control Register						1111 1111	1111 1111
PORTB	RB7	RB6	RB5	RB4	RB3	RB2	RB1	RB0	xxxx xxxx	uuuuuuuu
TRISB	PORTB Data Direction Control Register								1111 1111	1111 1111

表 10-3　PIC18F4520 比數位訊號轉換模組操作相關的特殊功能暫存器（續）

Name	Bit 7	Bit 6	Bit 5	Bit 4	Bit 3	Bit 2	Bit 1	Bit 0	Value on POR, BOR	Value on All Other RESETS
LATB	PORTB Data Latch Register(Read and Write to Data Latch)								xxxx xxxx	uuuuuuuu
PORTE	—	—	—	—	RE3	RE2	RE1	RE0	---- xxxx	---- uuuu
TRISE	IBF	OBF	IBOV	PSPMODE	—	TRISE2	TRISE1	TRISE0	0000 -111	0000 -111
LATE	—	—	—	—	PORTE Data Latch Register				---- xxxx	---- uuuu

　　對於類比數位訊號轉換模組的操作有了基本認識之後，讓我們用範例程式來說明類比訊號轉換的設定與操作過程。

範例 10-1

　　利用類比數位訊號轉換模組量測可變電阻 VR1 的電壓值，並將轉換的結果以 8 位元的方式呈現在 LED 發光二極體顯示。

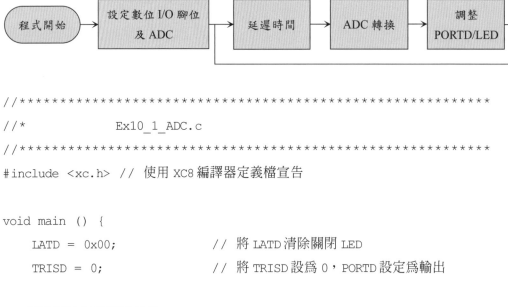

```
//*************************************************************
//*              Ex10_1_ADC.c
//*************************************************************
#include <xc.h> // 使用 XC8 編譯器定義檔宣告

void main () {
    LATD = 0x00;                // 將 LATD 清除關閉 LED
    TRISD = 0;                  // 將 TRISD 設為 0，PORTD 設定為輸出

// 開啟類比訊號轉換模組
    ADCON0=0x01; // 選擇 AN0 通道轉換，開啟 ADC 模組
    ADCON1=0x0E; // 使用 VDD，VSS 為參考電壓，設定 AN0 為類比輸入
```

```
ADCON2=0x3A;//  結果向左靠齊並設定 TAD 時間為 32Tosc，轉換時間為 20TAD


while(1) {
    _delay(50);                    // 時間延遲以完成採樣
    ADCON0bits.GO = 1 ;            // 進行訊號轉換
    while(ADCON0bits.GO);          // 等待轉換完成
    LATD = ADRESH ;               // 將高位元組結果傳至 LED
    }
}
```

　　在類比訊號模組設定初始化的函式中，將模組設定為向左靠齊的格式，並
將 RA0 設定為類比輸入（其他類比輸入端點皆為數位輸出入）；而且使用轉換
時間為系統時序的 32 倍時間作為轉換時序源；並將訊號轉換通道設定為 AN0
並模組啟動。

　　初始化完成後，在主程式中只要設定 ADCON0 的 GO 位元為 1 便會啟動
訊號轉換的程序；接下來利用 GO 位元，便可以檢查訊號轉換的過程是否完成。

　　而由於轉換的結果被設定為向左靠齊，因此只要將轉換結果的高位元組暫
存器 ADRESH 直接傳入到 LATD，便可以將結果顯示在發光二極體。

10.2　類比訊號比較器

　　在 PIC18F4520 微控制器中，配備有二個具備輸入多工切換的類比訊號比
較器，應用程式可以將比較器的 V+ 與 V- 端輸入的類比電壓做比較，當 V+
通道的類比電壓高於 V- 的類比電壓時比較器將會輸出高電位的「1」訊號；當
V+ 通道的類比電壓低於 V- 的類比電壓時比較器將會輸出低電位的「0」訊號，
如圖 10-3 所示。而且兩個比較器的端點可以在 RA0～RA5 之間做多工的切換，
總共有 8 種不同的操作模式可供選擇，如圖 10-4 所示。

CHAPTER

10

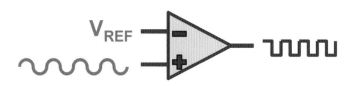

圖 10-3　類比訊號比較器的功能

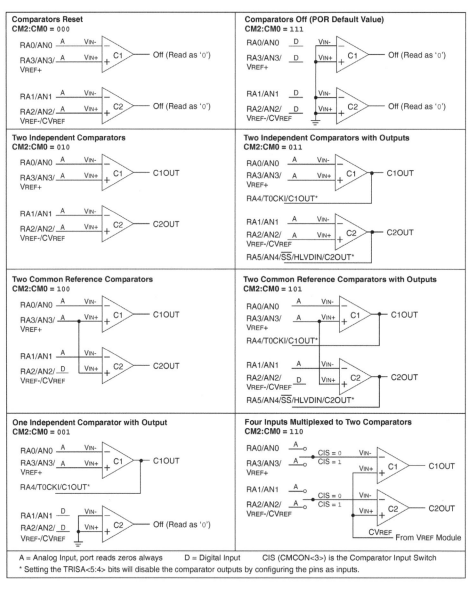

圖 10-4　比較器多工切換的八種不同操作選擇模式

與比較器相關的暫存器與位元定義如表 10-4 所示。

表 10-4　比較器相關的暫存器與位元定義

Name	Bit 7	Bit 6	Bit 5	Bit 4	Bit 3	Bit 2	Bit 1	Bit 0
CMCON	C2OUT	C1OUT	C2INV	C1INV	CIS	CM2	CM1	CM0
CVRCON	CVREN	CVROE	CVRR	CVRSS	CVR3	CVR2	CVR1	CVR0
INTCON	GIE/GIEH	PEIE/GIEL	TMR0IE	INT0IE	RBIE	TMR0IF	INT0IF	RBIF
PIR2	OSCFIF	CMIF	—	EEIF	BCLIF	HLVDIF	TMR3IF	CCP2IF
PIE2	OSCFIE	CMIE	—	EEIE	BCLIE	HLVDIE	TMR3IE	CCP2IE
IPR2	OSCFIP	CMIP	—	EEIP	BCLIP	HLVDIP	TMR3IP	CCP2IP
PORTA	RA7	RA6	RA5	RA4	RA3	RA2	RA1	RA0
LATA	LATA7	LATA6	PORTA Data Latch Register (Read and Write to Data Latch)					
TRISA	TRISA7	TRISA6	PORTA Data Direction Control Register					

CMCON控制暫存器定義

其中 CMCON 控制暫存器設定的與比較器相關的使用與輸出狀態。它的相關位元定義如表 10-5 所示。

表 10-5(1)　CMCON 控制暫存器位元定義

R-0	R-0	R/W-0	R/W-0	R/W-0	R/W-1	R/W-1	R/W-1
C2OUT	C1OUT	C2INV	C1INV	CIS	CM2	CM1	CM0
bit 7							bit 0

bit 7 **C2OUT:** Comparator 2 Output bit

When C2INV = 0:

$1 = C2\ V_{IN+} > C2\ V_{IN-}$

$0 = C2\ V_{IN+} < C2\ V_{IN}$When

C2INV = 1:

$1 = C2\ V_{IN+} < C2\ V_{IN-}$

$0 = C2\ V_{IN+} > C2\ V_{IN}$bit

bit 6 **C1OUT:** Comparator 1 Output bit

When C1INV = 0:

1 = C1 V_{IN+} > C1 V_{IN-}

0 = C1 V_{IN+} < C1 V_{IN}

When C1INV = 1:

1 = C1 V_{IN+} < C1 V_{IN-}

0 = C1 V_{IN+} > C1 V_{INbit}

bit 5 **C2INV:** Comparator 2 Output Inversion bit

1 = C2輸出反向。

0 = C2輸出正向。

bit 4 **C1INV:** Comparator 1 Output Inversion

1 = C1輸出反向。

0 = C1輸出正向。

bit 3 **CIS:** Comparator Input Switch bit

When CM2:CM0 = 110:

1 = C1 V_{IN-} connects to RA3/AN3/V_{REF+}

C2 V_{IN-} connects to RA2/AN2/V_{REF-}/CV_{REF}

0 = C1 V_{IN-} connects to RA0/AN0

C2 V_{IN-} connects to RA1/AN1

bit 2-0 **CM2:CM0:** 比較器模式設定位元。

如圖 10-4 所示。

CVRCON控制暫存器定義

表 10-5(2)　CVRCON 控制暫存器位元定義

R/W-0	R/W-0	R/W-0	R/W-0	R/W-0	R/W-0	R/W-0	R/W-0
CVREN	CVROE	CVRR	CVRSS	CVR3	CVR2	CVR1	CVR0

bit 7 ← → bit 0

bit 7 **CVREN:** Comparator Voltage Reference Enable bit

1 = 啟動比較器參考電壓電路。

0 = 關閉比較器參考電壓電路。

bit 6 **CVROE:** Comparator V_{REF} Output Enable bit

1 = 比較器參考電壓輸出至 RA2 腳位。

0 = 比較器參考電壓停止輸出至 RA2 腳位。

Note 1: CVROE 設定強制修改 TRISA<2> 設定。

bit 5 **CVRR:** Comparator V_{REF} Range Selection bit

1 = 參考電壓範圍設定為 0 to 0.667 CV_{RSRC}，並分割為 24 等份。

0 = 參考電壓範圍設定為 0.25 to 0.75 CV_{RSRC}，並分割為 32 等份。

bit 4 **CVRSS:** Comparator V_{REF} Source Selection bit

1 = 參考電壓設定為 $CV_{RSRC} = (V_{REF+}) - (V_{REF-})$。

0 = 參考電壓設定為 $CV_{RSRC} = V_{DD} - V_{SS}$。

bit 3-0 **CVR3:CVR0:** 參考電壓設定位元。($0 \le \delta(CVR3:CVR0) \le \delta15$)

When CVRR = 1:

$CV_{REF} = ((CVR3:CVR0)/24) \times (CV_{RSRC})$

When CVRR = 0:

$CV_{REF} = (CV_{RSRC}/4) + (((CVR3:CVR0)/32) \times CV_{RSRC})$

比較器的操作

除了使用圖 10-4 所示的不同腳位輸入電壓作為比較器的輸入之外，比較器模組同時可以選擇使用內部產生的參考電壓作為比較的對象。內部參考電壓比較的方式只適用在 CM2:CM0=110 的設定狀況下，這時內部參考電壓將會被聯結到 V+ 的輸入端點。內部參考電壓必須藉由 CVRCON 暫存器完成電壓值的設定，如表 10-5 所示。

比較器比較結果的輸出，將會有一些反應時間延遲的現象，應用程式必須考慮到最大可能的延遲時間。

而比較的結果除了可以由狀態位元 C2OUT 與 C1OUT 表示供內部運算處理之用外，也可以將比較的結果輸出到 RA4 與 RA5 的腳位上，此時應用程式必須要將 TRISA 方向控制暫存器設定為輸出。如果將相關腳位設定為輸入時，則比較器的輸出將不會出現在這些腳位上。

　　比較器也可以藉由中斷控制暫存器 PIE2 的 CMIE 控制位元設定中斷功能的啓動與否；如果啓動中斷功能的話，當比較器的輸出有所改變的時候將會觸發中斷旗標 CMIF 設定爲 1。中斷旗標可由軟體清除爲 0。

　　由於在睡眠模式下比較器仍然能夠持續進行操作，因此在進入睡眠模式之前，必須將這個模組作適當的設定開啓或關閉以節省操作的電源與不必要的喚醒動作。

┌─────────┐
│ 範例 10-2 │
└─────────┘

　　利用比較器設定發光二極體的顯示，當可變電阻 VR1 電壓值小於設定的內部電壓時，將 VR1 的類比訊號轉換結果以二進位方式顯示在 LED 上。當 VR1 電壓值小於設定的內部電壓時，則點亮所有 LED。

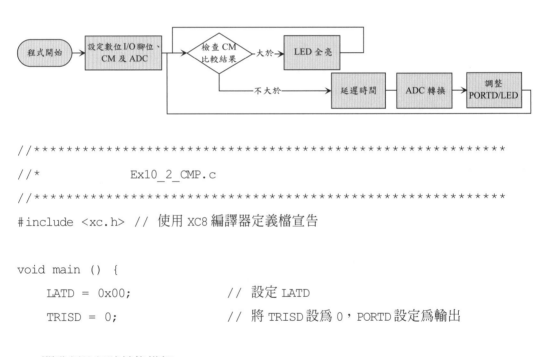

```
//****************************************************
//*            Ex10_2_CMP.c
//****************************************************
#include <xc.h> // 使用 XC8 編譯器定義檔宣告


void main () {
    LATD = 0x00;              // 設定 LATD
    TRISD = 0;                // 將 TRISD 設爲 0，PORTD 設定爲輸出

// 開啓類比訊號轉換模組
    ADCON0=0x01;// 選擇 AN0 通道轉換，開啓 ADC 模組
    ADCON1=0x0E;// 使用 VDD，VSS 爲參考電壓，設定 AN0 爲類比輸入
    ADCON2=0x3A;// 結果向左靠齊並設定 TAD 時間爲 32Tosc，轉換時間爲 20TAD
```

```
CVRCON = 0b10101100;      // 設定比較器內部參考電壓 (VDD-VSS)/2
CMCON = 0b00000110;       // 設定類比電壓比較器模組


while(1) {
    if(CMCONbits.C1OUT) {     //如果 VR1 電壓小於內部參考電壓 (VDD-VSS)/2
        _delay(50);                // 時間延遲以完成採樣
        ADCON0bits.GO = 1 ;        // 進行類比訊號轉換
        while(ADCON0bits.GO);      // 檢查轉換是否完成
        LATD = ADRESH ;
    }
    else LATD=0xFF;           // 如果 VR1 電壓大於內部參考電壓，點亮所有 LED
}
}
```

在上述程式中直接以類組合語言的方式指定相關暫存器的設定，讀者可以參考暫存器的位元定義學習直接使用位元定義模組功能的方式。

CHAPTER

10

CHAPTER 11

CCP 模組

　　CCP（Capture/Compare/PWM）模組是 PIC18 系列微控制器的一個重要功能，它主要是用來量測數位訊號方波的頻率或工作週期（Capture 功能），也可以被使用作為產生精確脈衝的工具（Compare 功能），更重要的是它也可以產生可改變工作週期的波寬調變連續脈衝（PWM 功能）。這些功能使得這個模組可以被使用作為數位訊號脈衝的量測，或者精確控制訊號的輸出。

　　當應用程式需要量測某一個連續方波的頻率、週期或者工作週期（Duty）的時候，便可以使用輸入訊號捕捉（Capture）的功能；如果使用者需要產生一個精確寬度的脈衝訊號時，便可以使用輸出訊號比較（Compare）的功能；在許多控制馬達或者電源供應的系統中，如果要產生可變波寬的連續脈衝時，便可以使用波寬調變（PWM, Pulse Width Modulation）模組。

　　而在 PIC18F4520 微控制器中更配置有增強功能的 CCP 模組（ECCP），以作為控制直流馬達所需要的多組 PWM 脈波控制介面。

11.1　PIC18系列微控制器的一般CCP模組

　　每一個 CCP 模組都可以多工執行輸入訊號捕捉、輸出訊號比較、以及波寬調變的功能；但是在任何一個時間只能夠執行上述三個功能中的一項。每一個模組中都包含了一組 16 位元的暫存器，它可以被用作為輸入訊號捕捉暫存器、輸出訊號比較暫存器或者是 PWM 模組的工作週期暫存器。

　　使用不同的模組功能時，可以選擇不同的時序來源。可以選擇的項目如表 11-1 所示。

表 11-1　CCP 模組可選擇的計時器數值來源

CCP模式	計時器數值來源
Capture	Timer1 or Timer3
Compare	Timer1 or Timer3
PWM	Timer2

　　例如 PIC18F4520 微控制器的 CCP 模組中第一組爲增強型 ECCP 模組，第二組則爲一般的 CCP 模組。在這裡我們先以一般的 CCP 模組介紹作爲說明的範例。一般的與增強型 CCP 模組主要是在 PWM 控制功能上有所差異，至於 Capture 與 Compare 的功能都是一樣的。

CCPx模組的相關暫存器

　　CCPx 模組的控制暫存器 CCPxCON 相關的位元定義如表 11-2 所示。

表 11-2　CCPxCON 控制暫存器位元定義

U-0	U-0	R/W-0	R/W-0	R/W-0	R/W-0	R/W-0	R/W-0
—	—	DCxB1	DCxB0	CCPxM3	CCPxM2	CCPxM1	CCPxM0

bit 7　　　　　　　　　　　　　　　　　　　　　　　　　　　　　　　　bit 0

bit 7-6　未使用

bit 5-4　**DC1B1:DC1B0:** PWM工作周期的位元 0 與位元 1 定義。PWM Duty Cycle
　　　　bit 1 and bit 0

　　Capture mode: 未使用。

　　Compare mode: 未使用。

　　PWM mode: PWM工作周期的最低兩位元。配合 CCPRxL 暫存器使用。

bit 3-0　**CCPxM3:CCPxM0:** CCP模組設定位元。CCP Mode Select bits

　　0000 = 關閉（重置）CCP 模組。

　　0001 = 保留。

　　0010 = 比較輸出模式，反轉輸出腳位狀態。

0011 = 保留。

0100 = 捕捉輸入模式，每一個下降邊緣觸發。

0101 = 捕捉輸入模式，每一個上升邊緣觸發。

0110 = 捕捉輸入模式，每四個上升邊緣觸發。

0111 = 捕捉輸入模式，每十六個上升邊緣觸發。

1000 = 比較輸出模式，初始化CCPx腳位為低電位，比較相符時設定為高電位（並設定 CCPxIF）。

1001 = 比較輸出模式，初始化CCPx腳位為高電位，比較相符時設定為低電位（並設定 CCPxIF）。

1010 = 比較輸出模式，僅產生軟體CCPxIF中斷訊號，CCPx保留為一般輸出入使用。

1011 = 比較輸出模式，觸發特殊事件（重置 TMR1 或 TMR3，CCP2 可啟動 AD 轉換並設定 CCPxIF 位元）。

11xx = 波寬調變模式。

　　如果兩個模組同時啟用的話，在某些特定的組合下將會有一些相互間的影響。這些相互的影響如表 11-3 所示。

表 11-3　CCP 模組同時啟用的相互影響

CCPx Mode	CCPy Mode	相互作用
Capture	Capture	兩組CCP可使用不同計時器及計時基礎設定。
Capture	Compare	Compare模式可設定特殊事件觸發功能（special event trigger），並視設定條件清除TMR1或TMR3。
Compare	Compare	Compare模式可設定特殊事件觸發功能，並視設定條件清除TMR1或TMR3。
PWM	PWM	PWM模組將有相同的操作頻率與更新率。（TMR2 interrupt）
PWM	Capture	None
PWM	Compare	None

　　CCPx 模組的 16 位元週期暫存器 CCPRx 是由兩個 8 位元的暫存器所組成：CCPRxL（低位元）與 CCPRxH（高位元）。而模組的功能則是透過 CCPxCON

控制暫存器來設定的。上述的暫存器都是可以被讀寫的。

11.2 輸入訊號捕捉模式

輸入訊號捕捉的模式操作結構圖如圖 11-1 所示。

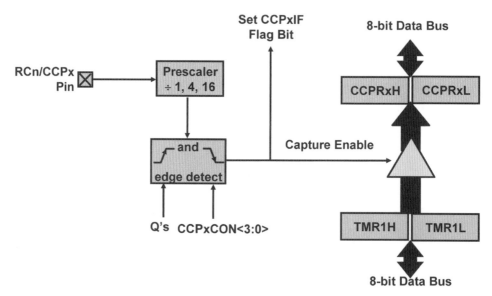

圖 11-1 輸入訊號捕捉模式的結構圖

從輸入訊號捕捉的結構示意圖中可以看到，輸入訊號將先經過一個可設定的前除器作除頻的處理，然後再經過一個訊號邊緣觸發偵測的硬體電路。當所設定要偵測的訊號邊緣發生時，將會觸發硬體將計時器 TIMER1 或 TIMER3 的計數內容移轉到 CCP 模組的 16 位元暫存器中作為後續核心處理器擷取資料的位址。在這同時，則會觸發核心處理器的中斷事件的旗標訊號。

在訊號捕捉模式下，當在 RC2/CCP1 腳位有一個特定的事件發生時，CCPR1H 與 CCPR1L 暫存器將會捕捉計時器 TMR1 或者 TMR3 的暫存器內容。所謂特定的事件定義為下列項目之一：

- 每一個訊號下降邊緣
- 每一個訊號上升邊緣

- 每 4 個訊號上升邊緣
- 每 16 個訊號上升邊緣

事件定義的選擇是藉由控制位元 CCP1M3: CCP1M0 所設定的。當完成一個訊號捕捉時，相對應的 PIR1 暫存器中斷旗標位元 CCP1IF 將會被設定為 1；這個位元必須要用軟體才能夠清除。如果另外一次的捕捉事件在 CCPR1 暫存器的內容被讀取之前發生，則舊的訊號捕捉數值將會被新的訊號捕捉結果覆寫而消失。

◗ CCP模組設定

以 CCP1 為例，在輸入訊號捕捉的模式下，RC2/CCP1 腳位必須要藉由 TRISC<2> 控制位元設定為訊號輸入的功能。在這個模式下，所選用的計數器模組（TIMER1 或 TIMER3）必須要設定在計時器模式或者同步計數器模式下執行。如果設定為非同步計數器模式，輸入訊號捕捉的工作可能不會有效地執行。應用程式可以藉由 T3CON 控制暫存器來設定 CCP 模組所使用的計時器。

◗ 軟體中斷

當輸入訊號捕捉模式被更改時，可能會發生一個錯誤的輸入捕捉中斷訊號。以 CCP1 為例，使用者必須在更改模式內容前，將 PIE1 暫存器的控制位元 CCP1IE 清除為零以避免錯誤的中斷發生；同時必須要在更改模式完成後，將中斷旗標位元 CCP1IF 清除為 0。

◗ CCP前除器

以 CCP1 為例，藉由 CCP1M3: CCP1M0 的設定，應用程式可以選擇 4 種前除器的比例。當 CCP 模組被關閉或者模組不是在輸入訊號捕捉模式下操作時，前除器的計數內容將會被清除為 0。

在切換不同的輸入捕捉前除器設定時，可能會產生一個中斷的訊號；而且前除器的計數內容可能不會被清除為 0。因此，第一次訊號捕捉的結果可能是

經過一個不是由 0 開始的前除器。為了避免這些可能的錯誤發生，建議先關閉
CCP 模組後，再進行修改前除器的程序並重新開啟。

11.3　輸出訊號比較模式

輸出訊號比較模式的操作結構示意圖如圖 11-2 所示。

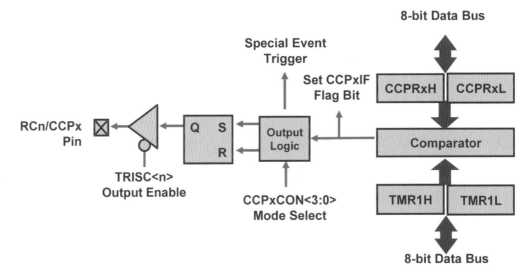

圖 11-2　輸出訊號比較模式的結構示意圖

在輸出訊號比較的結構圖中，TIMER1 或 TIMER3 計時器的內容將透過
一個比較器與 CCP 模組暫存器所儲存的數值做比較。當兩組暫存器的數值符
合時，比較器將會發出一個訊號；這個輸出訊號將觸發一個中斷事件，而且將
觸發 CCP 控制暫存器所設定的輸出邏輯。輸出邏輯電路將會根據控制暫存器
所設定的內容，將訊號輸出腳位透過 SR 暫存器設定為高或低電位訊號狀態，
而且也會啟動特殊事件觸發訊號。以 CCP1 為例，特別要注意到，SR 暫存器
的輸出必須通過資料方向控制暫存器位元 TRISC<2> 的管制才能夠傳輸到輸出
腳位。

在輸出訊號比較模式下，以 CCP1 為例，16 位元長的 CCPR1 暫存器的數
值將持續地與計時器 TMR1 或者 TMR3 暫存器的內容比較。當兩者的數值內

容符合時，RC2/CCP1 腳位將會發生下列動作的其中一種：

- 提升為高電位
- 降低為低電位
- 輸出訊號反轉（H → L 或 L → H）
- 保持不變

藉由 CCP1M3: CCP1M0 的設定，應用程式可以選擇四種動作的其中一種。在此同時，中斷旗標位元 CCP1IF 將會被設定為 1。

CCP模組設定

在輸出訊號比較的模式下，以 CCP1 為例，RC2/CCP1 腳位必須要藉由 TRISC<2> 控制位元設定為訊號輸出的功能。在這個模式下，所選用的計數器模組（TIMER1 或 TIMER3）必須要設定在計時器模式或者同步計數器模式下執行。如果設定位元非同步計數器模式，輸入訊號捕捉的工作可能不會有效地執行。應用程式可以藉由 T3CON 控制暫存器來設定 CCP 模組所使用的計時器。

軟體中斷

當模組被設定產生軟體中斷訊號時，CCPx 腳位的狀態將不會受到影響，而只會產生一個內部的軟體中斷訊號。

特殊事件觸發器

在這個模式下，將會有一個內部硬體觸發器的訊號產生，而這個訊號可以被用來觸發一個核心處理器的動作。

CCPx 模組的特殊事件觸發輸出將會把計時器 TMR1 或 TMR3 暫存器的內容清除為 0。這樣的功能，在實務上將會使得 CCPRx 成為 TIMER1 或 TIMER3 計時器的可程式 16 位元週期暫存器。

兩個 CCP 模組的特殊事件觸發輸出都可以被用來將計時器 TMR1 與 TMR3 暫存器的內容清除為 0。除此之外，如果類比訊號模組的觸發轉換功能被開啓，CCP2 的特殊事件觸發器也可以被用來啓動類比數位訊號轉換。

和訊號輸入捕捉、訊號輸出比較、計時器 TIMER1 與 TIMER3 相關的暫存器內容定義如表 11-4 所示。

表 11-4　輸入捕捉、輸出比較、計時器 TIMER1 與 TIMER3 相關的暫存器定義

Name	Bit 7	Bit 6	Bit 5	Bit 4	Bit 3	Bit 2	Bit 1	Bit 0	Value on POR, BOR	Value on All Other RESETS
INTCON	GIE/GIEH	PEIE/GIEL	TMR0IE	INT0IE	RBIE	TMR0IF	INT0IF	RBIF	0000 000x	0000 000u
PIR1	PSPIF	ADIF	RCIF	TXIF	SSPIF	CCP1IF	TMR2IF	TMR1IF	0000 0000	0000 0000
PIE1	PSPIE	ADIE	RCIE	TXIE	SSPIE	CCP1IE	TMR2IE	TMR1IE	0000 0000	0000 0000
IPR1	PSPIP	ADIP	RCIP	TXIP	SSPIP	CCP1IP	TMR2IP	TMR1IP	0000 0000	0000 0000
TRISC	PORTC Data Direction Register								1111 1111	1111 1111
TMR1L	Holding Register for the Least Significant Byte of the 16-bit TMR1 Register								xxxx xxxx	uuuu uuuu
TMR1H	Holding Register for the Most Significant Byte of the 16-bit TMR1 Register								xxxx xxxx	uuuu uuuu
T1CON	RD16	T1RUN	T1CKPS1	T1CKPS0	T1OSCEN	T1SYNC	TMR1CS	TMR1ON	0-00 0000	u-uu uuuu
CCPR1L	Capture/Compare/PWM Register1 (LSB)								xxxx xxxx	uuuu uuuu
CCPR1H	Capture/Compare/PWM Register1 (MSB)								xxxx xxxx	uuuu uuuu
CCP1CON	PIM1	PIM0	DC1B1	DC1B0	CCP1M3	CCP1M2	CCP1M1	CCP1M0	0000 0000	0000 0000
CCPR2L	Capture/Compare/PWM Register2 (LSB)								xxxx xxxx	uuuu uuuu
CCPR2H	Capture/Compare/PWM Register2 (MSB)								xxxx xxxx	uuuu uuuu
CCP2CON	—	—	DC2B1	DC2B0	CCP2M3	CCP2M2	CCP2M1	CCP2M0	--00 0000	--00 0000
PIR2	OSCFIF	CMIF	—	EEIE	BCLIF	HLVDIF	TMR3IF	CCP2IF	00-0 0000	---0 0000
PIE2	OSCFIE	CMIE	—	EEIF	BCLIE	HLVDIE	TMR3IE	CCP2IE	00-0 0000	00-0 0000
IPR2	OSCFIP	CMIP	—	EEIP	BCLIP	HLVDIP	TMR3IP	CCP2IP	11-1 1111	11-1 1111
TMR3L	Holding Register for the Least Significant Byte of the 16-bit TMR3 Register								xxxx xxxx	uuuu uuuu
TMR3H	Holding Register for the Most Significant Byte of the 16-bit TMR3 Register								xxxx xxxx	uuuu uuuu
T3CON	RD16	T3CCP2	T3CKPS1	T3CKPS0	T3CCP1	T3SYNC	TMR3CS	TMR3ON	0000 0000	uuuu uuuu

11.4　一般CCP模組的PWM模式

在波寬調變（PWM）的操作模式下，CCP1 腳位可以產生一個高達 10 位元解析度的波寬調變輸出訊號。由於 CCP1 腳位與 PORTC 的腳位多工共用，

因此必須將 TRISC<2> 控制位元清除為 0，使 CCP1 腳位成為一個訊號輸出腳位。

PWM 模式操作的結構示意圖如圖 11-3 所示。

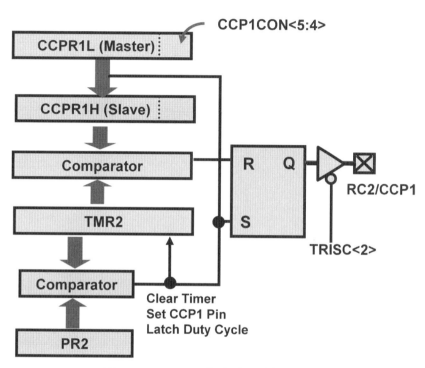

圖 11-3　PWM 模式的結構示意圖

從 PWM 模式的結構示意圖中可以看到 TIMER2 計時器的計數內容將與兩組暫存器的內容做比較。首先，TIMER2 計數的內容將與 PR2 暫存器的內容做比較；當內容相符時，比較器將會對 SR 暫存器發出一個設定訊號使輸出值為 1。同時，TIMER2 計數的內容將和 CCPR1H 與 CCP1CON<5:4> 共組的 10 位元內容做比較；當這兩組數值內容符合時，比較器將會對 SR 暫存器發出一個清除的訊號，使腳位輸出低電壓訊號。而且 SR 暫存器的輸出訊號必須受到 TRISC<2> 控制位元的管制。

波寬調變的輸出是一個以時間定義為基礎的連續脈衝。基本上，波寬調變的操作必須要定義一個固定的脈衝週期（Period）以及一個輸出訊號保持為高電位的工作週期（Duty Cycle）時間，如圖 11-4 所示。

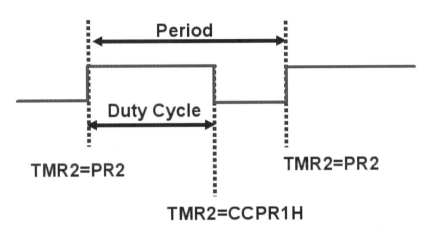

圖 11-4　波寬調變的脈衝週期及工作週期時間定義

PWM週期

波寬調變的週期是由計時器 TIMER2 相關的 PR2 暫存器的內容所定義。波寬調變的週期可以用下列的公式計算：

$$PWM\ period = [PR2 + 1] \cdot 4 \cdot TOSC \cdot (TMR2\ prescale\ value)$$

波寬調變的頻率就是週期的倒數。

當計時器 TMR2 的內容等於 PR2 週期暫存器的所設定的內容時，在下一個指令執行週期將會發生下列的事件：

- TMR2 被清除為 0
- CCP1 腳位被設定為 1（當工作週期被設定為 0 時，CCP1 腳位訊號將不會被設定）
- 下一個 PWM 脈衝的工作週期將會由 CCPR1L 被栓鎖到 CCPR1H 暫存器中

PWM工作週期

　　PWM 工作週期（Duty Cycle）是藉由寫入 CCPR1L 暫存器以及 CCPCON 暫存器的第四、五位元的數值所設定，因此總共可以有高達 10 位元的解析度。其中，CCPR1L 儲存著較高位置的 8 個位元，而 CCP1CON 則儲存著較低的兩個位元。下列的公式可以被用來計算 PWM 的工作週期時間：

PWM duty cycle = (CCPR1L:CCP1CON<5:4>)・Tosc・(TMR2 prescale value)

　　CCPR1L 暫存器及 CCPCON 暫存器的第 4、5 位元可以在任何的時間被寫入數值，但是這些數字將要等到工作週期暫存器 PR2 與計時器 TMR2 內容符合的事件發生時才會被轉移到 CCPR1H 暫存器。在 PWM 模式下，CCPR1H 暫存器的內容只能被讀取而不能夠被直接寫入。

　　CCPR1H 暫存器和另外兩個位元長的內部栓鎖器被用來作為 PWM 工作週期的雙重緩衝暫存器。這樣的雙重緩衝器架構可以確保 PWM 模式所產生的訊號不會雜亂跳動。

　　當上述的十個位元長的（CCPR1H+2 位元）緩衝器符合 TMR2 暫存器與內部兩位元栓鎖器的內容時，CCP1 腳位的訊號將會被清除為 0。對於一個特定的 PWM 訊號頻率所能得到的最高解析度可以用下面的公式計算：

$$\text{PWM Resolution (max)} = \frac{\log(\frac{F_{OSC}}{F_{PWM}})}{\log_2} \text{ bits}$$

　　如果應用程式不慎將 PWM 訊號的工作週期設定得比 PWM 訊號週期還長的時候，CCP1 腳位的訊號將不會被清除為 0。

PWM操作的設定

　　如果要將 CCP 模組設定為 PWM 模式的操作時，必須要依照下列的步驟進行：

1. 將 PWM 訊號週期（Period）寫入到 PR2 暫存器週期。

2. 將 PWM 工作週期（Duty Cycle）寫入到 CCPR1L:CCP1CON<5:4>。

3. 將訊號方向控制位元 TRISC<2> 清除為 0 使 CCP1 腳位成為訊號輸出腳位。

4. 設定計時器 TMR 的前除器並開啟 TIMER2 計時器的功能。

5. 將 CCP1 模組設定為 PWM 操作模式。

和PWM操作模式與TIMER2計時器相關的暫存器內容定義如表11-5所示。

表 11-5　PWM 操作模式與 TIMER2 計時器相關的暫存器定義

Name	Bit 7	Bit 6	Bit 5	Bit 4	Bit 3	Bit 2	Bit 1	Bit 0	Value on POR, BOR	Value on All Other RESETS
INTCON	GIE/GIEH	PEIE/GIEL	TMR0IE	INT0IE	RBIE	TMR0IF	INT0IF	RBIF	0000 000x	0000 000u
PIR1	PSPIF[1]	ADI	RCIF	TXIF	SSPIF	CCP1IF	TMR2IF	TMR1IF	0000 0000	0000 0000
PIE1	PSPIE[1]	ADIE	RCIE	TXIE	SSPIE	CCP1IE	TMR2IE	TMR1IE	0000 0000	0000 0000
IPR1	PSPIP[1]	ADIP	RCIP	TXIP	SSPIP	CCP1IP	TMR2IP	TMR1IP	0000 0000	0000 0000
TRISC	PORTC Data Direction Register								1111 1111	1111 1111
TMR2	Timer2 Module Register								0000 0000	0000 0000
PR2	Timer2 Module Period Register								1111 1111	1111 1111
T2CON	—	TOUTPS3	TOUTPS2	TOUTPS1	TOUTPS0	TMR2O	T2CKPS1	T2CKPS0	-000 0000	-000 0000
CCPR1L	Capture/Compare/PWM Register1 (LSB)								xxxx xxxx	uuuu uuuu
CCPR1H	Capture/Compare/PWM Register1 (MSB)								xxxx xxxx	uuuu uuuu
CCP1CON	PIM1	PIM0	DC1B1	DC1B0	CCP1M3	CCP1M2	CCP1M1	CCP1M0	--00 0000	--00 0000
CCPR2L	Capture/Compare/PWM Register2 (LSB)								xxxx xxxx	uuuu uuuu
CCPR2H	Capture/Compare/PWM Register2 (MSB)								xxxx xxxx	uuuu uuuu
CCP2CON	—	—	DC2B1	DC2B0	CCP2M3	CCP2M2	CCP2M1	CCP2M0	--00 0000	--00 0000

Note 1: The PSPIF, PSPIE and PSPIP bits are reserved on the PIC18F2X2 devices; always maintain these bits clear.

在下面的範例中，首先讓我們以範例 11-1 說明如何利用輸出比較模組產生 1 個週期反復改變的訊號。

範例 11-1

　　將微控制器的 CCP1 模組設定為輸出比較模式，配合計時器 TIMER1 於每一次訊號發生時，進行可變電阻的電壓採樣，並將類比訊號採樣結果顯示在發光二極體上；然後使用類比電壓值改變輸出訊號的週期，並以此訊號週期觸發 LED0，顯示訊號的變化。

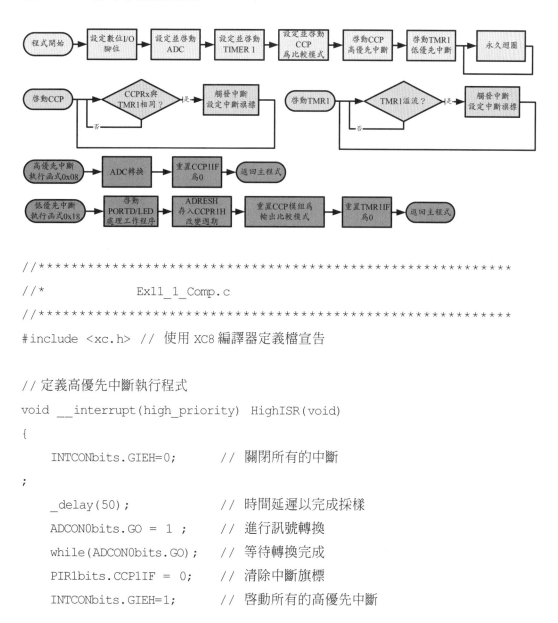

```
//*******************************************************
//*                Ex11_1_Comp.c
//*******************************************************
#include <xc.h> // 使用 XC8 編譯器定義檔宣告


// 定義高優先中斷執行程式
void __interrupt(high_priority) HighISR(void)
{
    INTCONbits.GIEH=0;       // 關閉所有的中斷
;
    _delay(50);              // 時間延遲以完成採樣
    ADCON0bits.GO = 1 ;      // 進行訊號轉換
    while(ADCON0bits.GO);    // 等待轉換完成
    PIR1bits.CCP1IF = 0;     // 清除中斷旗標
    INTCONbits.GIEH=1;       // 啟動所有的高優先中斷
```

```
        }


        // 定義低優先中斷執行程式
        void __interrupt(low_priority) LowISR(void){
            TMR1IF=0;
            if (LATDbits.LATD0)
                LATD = (ADRESH & 0xFE) ;
            else
                LATD = (ADRESH | 0x01) ;


            CCPR1H = ADRESH;            // 將 PWM 設定爲 ADC 結果
            CCP1CON = 0x09;             // 設定 CCP 輸出一個正脈衝,寬度爲 CCPR 所定義
        }


        void main () {
            LATD = 0x00;                // 將 LATD 清除
            TRISD = 0;                  // 將 TRISD 設爲 0,PORTD 設定爲輸出


            TRISCbits.TRISC2 = 0;       // 設定 CCP1 爲輸出
            CCP1CON = 0x09;             // 設定 CCP 輸出一個正脈衝,寬度爲 CCPR 所定義
            CCPR1H = 0;                 // 設定 PWM 週期爲一個微小值以避免全部爲 0
            CCPR1L = 0x80;
            T3CONbits.T3CCP2=0;         // 設定 TIMER1 爲 CCP 時序來源
            T3CONbits.T3CCP1=0;
            IPR1bits.CCP1IP=1;          // 設定 CCP 爲高優先中斷
            PIR1bits.CCP1IF=0;          // 清除中斷旗標
            PIE1bits.CCP1IE=1;          // 啓動 CCP 中斷


        // 開啓類比訊號轉換模組
            ADCON0=0x01;// 選擇 AN0 通道轉換,開啓 ADC 模組
            ADCON1=0x0E;// 使用 VDD,VSS 爲參考電壓,設定 AN0 爲類比輸入
```

```
    ADCON2=0x3A;//  結果向左靠齊並設定 TAD 時間為 32Tosc，轉換時間為 20TAD


// 開啓 TIMER1 模組
// T1CKPS 1:1; T1OSCEN enabled; T1SYNC synchronize;
// TMR1CS External; TMR1ON enabled; T1RD16 enabled;
    T1CON = 0x8B;


    TMR1IP = 0;          // 設定 TIMER1 中斷為低優先
    TMR1IF = 0;
    TMR1IE = 1;


    RCONbits.IPEN=1;           // 啓動中斷優先順序的功能
    INTCONbits.GIEL=1;         // 啓動所有的低優先中斷
    INTCONbits.GIEH=1;         // 啓動所有的高優先中斷


    while(1) ;                 // 永久迴圈
}
```

CHAPTER

11

　　範例程式使用的是 CCP1 模組中的輸出比較功能。相關的設定是利用指定
運算元（＝）直接設定暫存器的類組合語言方式進行。利用 CCP1 與 TIMER1
計時器之間的互動關係，當計時器 TIMER1 的計數內容符合這個比較數值時，
將會觸發 CCP1IF 的高優先中斷事件。讀者要注意到，所觸發的不是 TIMER1
計時器的中斷而是 CCP1 的中斷。然後在高優先中斷執行程式中，進行類比訊
號採樣，並重新設定訊號輸出比較的設定值。除此之外，同時也設定 TIMER1
的中斷功能，在每一個循環週期（外部時脈，週期 2 秒）更新，將類比訊號轉
換值設為訊號輸出比較模組的數值並顯示在 LED 上，藉由適當的的指令便可
以在發光二極體 LED0 看到 TIMER1 週期訊號閃爍的變化；同時藉由適當的
指令，使類比訊號採樣的結果顯示在其他較高位元的七個發光二極體上便於觀
察。

　　另外值得注意的是中斷執行程式中對中斷功能的處理。在前面幾章的範
例程式中，由於只使用單一種周邊中斷功能且所執行的中斷執行程式都相當簡

短，因此在程式進入或離開前只要清除中斷旗標即可；但是如果在中斷程式中執行較長的工作時，則必須考慮到是否會有重複或其他的中斷會發生。如果設定的是低優先中斷，則工作是否可以被其他高優先中斷暫停；如果是高優先中斷，則必須考慮中斷程式工作過長時其他中斷將無法立刻執行的影響是否可以接受。

由於範例程式中的中斷程式必須等待類比訊號轉換完成，所以工作時間較長。爲避免其他中斷的干擾，在中斷執行程式一開始便將所有中斷功能關閉，待離開中斷執行程式前再重新開啓，以免影響現在中斷程式的執行。讀者應該根據應用程式的需要決定適當的方式。

上一個範例所產生的是一個可調整脈衝週期的時序波，其高低電位時間是一樣的，也就是工作週期（Duty Cycle）爲 50%。接下來讓我們學習利用 CCP 模組中的 PWM 功能進行較爲複雜的脈衝寬度調整，除了時脈頻率的調整之外，也可以調整不同的工作週期作爲控制的目的。

─────

範例 11-2

利用類比數位訊號轉換模組的量測可變電阻的電壓值，並將轉換的結果以 8 位元的方式呈現在 LED 發光二極體顯示。同時以此 8 位元結果作爲 CCP1 的 PWM 模組之工作週期設定值，產生一個頻率爲 4000Hz 的可調音量蜂鳴器週期波。

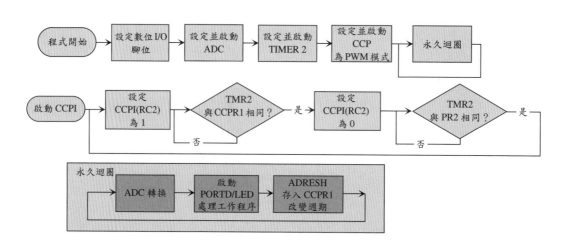

```
//************************************************************
//*              Ex11_2_PWM.c
//************************************************************
#include <xc.h> // 使用 XC8 編譯器定義檔宣告

// 宣告函式原型
void Init_ADC(void);
void Init_TMR2(void);

void main () {
    LATD = 0x00;                // 將 PORTD 清除
    TRISD = 0;                  // 將 TRISD 設為 0，PORTD 設定為輸出

    TRISCbits.TRISC2 = 0;       // 設定 CCP1 腳位為輸出
    CCP1CON = 0b00001100;       // 設定 CCP1 為 PWM 模式，工作週期最低 2 位元為 00
    CCPR1L = 0x00;
    CCP1IE = 0;                 // 關閉 CCP1 中斷

    Init_ADC();                 // 初始化 ADC 模組
    Init_TMR2();                // 初始化 TIMER2

    while(1) {                  // 永久迴圈
        _delay(50);             // 時間延遲以完成採樣
        ADCON0bits.GO = 1 ;     // 進行訊號轉換
        while(ADCON0bits.GO);   // 等待轉換完成
        LATD = ADRESH ;         // 將轉換結果顯示於 LED
        CCPR1L = ADRESH;        // 調整 PWM 工作週期
    }
}

// 初始化 ADC 模組
```

```
void Init_ADC(void){
    // 開啓類比訊號轉換模組
    // 設定 RA0 為數位輸入，避免輸出干擾電壓。ANSELA0 預設為類比可以使用預設值
    TRISA = TRISA | 0x01;
    // 選擇 AN0 通道轉換，開啓 ADC 模組
    ADCON0 = 0x01;
    // 使用 VDD，VSS 為參考電壓；
    ADCON1 = 0x00;
    // 結果向左靠齊並設定 TAD 時間為 32Tosc，轉換時間為 20TAD;
    ADCON2 = 0x3A;
}


// 初始化 TIMER2
void Init_TMR2 (void){
    // 啓動 TIMER2，前除器為 4 倍
    TMR2 = 0;
    T2CON =0b00000101;
    PR2 = 0x9B;                  // 設定 PWM 周期為 250us 頻率為 4kHz

    PIR1bits.TMR2IF = 0;        // 清除中斷旗標
    IPR1bits.TMR2IP = 0;        // 設定 Timer1 為低優先中斷
    PIE1bits.TMR2IE = 0;        // 關閉 Timer1 中斷功能
}
```

範例程式中將週期暫存器 PR2 設定為 0x9B=155，而且將 CCP1CON 暫存器中與週期有關的另外兩個高位元設定為 00；再加上將 TIMER2 計時器的前除器設為 4 倍，因此將可以計算 PWM 脈衝的週期為：

$$\text{PWM period} = [PR2 + 1] \cdot 4 \cdot Tosc \cdot (\text{TMR2 prescale value})$$
$$= [155 + 1] \cdot 4 \cdot [1 / (10\text{MHz})] \cdot (4)$$
$$= 0.00025 \text{ sec}$$

換算為頻率就是 4000Hz。

當轉動可變電阻時，類比訊號轉換結果將改變 PWM 的工作週期。當工作週期愈大時蜂鳴器的聲音將愈大，但是由於蜂鳴器是藉由正負電位變化產生震盪的裝置，因此最大聲音會發生於工作週期為 50% 的時候。當正負電位時間差異加大時震動範圍將縮小而降低聲音。但是如果將 PWM 外接馬達時，則當工作週期愈大時馬達的轉速將會愈快。

接下來讓我練習使用 CCP 模組中的輸入訊號捕捉的功能來量取數位訊號的特徵。

範例 11-3

利用 CCP1 模組的 PWM 模式產生 1 個週期變化的訊號，並以可變電阻 VR1 的電壓值調整訊號的週期。然後利用短路線將這個週期變化的訊號傳送至 CCP2 模組的腳位上，利用模組的輸入訊號擷取功能計算訊號的週期變化並將高位元的結果顯示在發光二極體上。

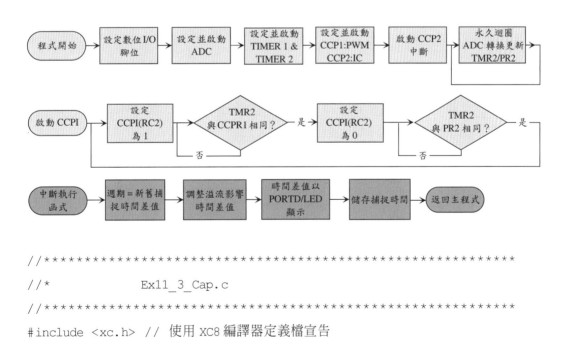

```
//*************************************************
//*              Ex11_3_Cap.c
//*************************************************
#include <xc.h> // 使用 XC8 編譯器定義檔宣告


// 宣告函式原型
```

```
void Init_ADC(void);
void Init_TMR2(void);


// 設定微處理器相關結構位元
// 使用多工腳位 PORTBE
// #pragma    config    CCP2MX = PORTBE // CCP2 腳位設定


// 宣告集合變數以便處理二位元組變數資料
union EDGE {
    unsigned int lt;
    unsigned char bt[2];
}EDGE_O, EDGE_N;


// 定義高優先中斷執行程式
void __interrupt(high_priority) HIGHISR (void)
{
    EDGE_N.bt[1]=CCPR2H;    // 讀取輸入捕捉結果
    EDGE_N.bt[0]=CCPR2L;


    if(EDGE_N.bt[1]>=EDGE_O.bt[1])    // 計算兩次輸入捕捉結果差異計算週期
        LATD=(EDGE_N.bt[1]-EDGE_O.bt[1]);
    else
        LATD=((EDGE_N.bt[1]+256-EDGE_O.bt[1]));
;
    EDGE_O.lt=EDGE_N.lt;
    PIR2bits.CCP2IF = 0;    // 清除中斷旗標
}


void main () {
    LATD = 0x00;             // 將 LATD 設定點亮 LED
    TRISD = 0;               // 將 TRISD 設為 0，PORTD 設定為輸出
```

// 開啓類比訊號轉換模組

    ADCON0=0x01;// 選擇 AN0 通道轉換，開啓 ADC 模組

    ADCON1=0x0E;// 使用 VDD，VSS 爲參考電壓，設定 AN0 爲類比輸入

    ADCON2=0x3A;// 結果向左靠齊並設定 TAD 時間爲 32Tosc，轉換時間爲 20TAD

// 開啓 TIMER1 模組

// T1CKPS 1:1; T1OSCEN disabled;

// TMR1CS Internal; TMR1ON enabled; T1RD16 enabled;

    T1CON = 0x81;

    TMR1IP = 0;   // 設定 TIMER1 中斷爲低優先

    TMR1IF = 0;

    TMR1IE = 1;

    T3CON = 0x00;   // CCP 使用 TIMER1 爲時脈來源

    CCP1CON = 0b00001100;   // 設定 CCP1 爲 PWM 模式，工作週期最低 2 位元爲 00

    CCPR1L = 0x02;

    Init_ADC();   // 初始化 ADC 模組

    Init_TMR2();   // 初始化 TIMER2

    TRISBbits.TRISB3=1;   // 設定 CCP2 爲輸入

// 設定 CCP2 爲 Capture 功能，開啓中斷並設定捕捉上升邊緣

    CCP2CON = 0x05;

    CCP2IF = 0;

    CCP2IP = 1;

    CCP2IE = 1;

    RCONbits.IPEN=1;   // 啓動中斷優先順序的功能

    INTCONbits.GIEH=1;   // 啓動所有的高優先中斷

CHAPTER

11

```
    while(1) {
        _delay(50);                      // 時間延遲以完成採樣
        ADCON0bits.GO = 1 ;              // 進行訊號轉換
        while(ADCON0bits.GO);            // 等待轉換完成
        if (ADRESH>2) PR2 = ADRESH ;     // 設定 PWM 周期
        else PR2=3;
    }
}


// 初始化 ADC 模組
void Init_ADC(void){
    ……      ; 略以。參見程式檔
}


void Init_TMR2 (void){
    // 啟動 TIMER2，前除器為 4 倍
    TMR2 = 0;
    T2CON =0b00000101;
    PR2 = 0x03;                 // 設定 PWM 初始周期

    ……      ; 略以。參見程式檔
}
```

　　在範例程式中，將 CCP2 模組的輸入訊號捕捉功能設定為在每一次訊號下降邊緣時觸發；然後藉由與前一次觸發時的計時器數值比較，計算出兩次訊號下降邊緣的時間間隔，也就是一個完整訊號的週期。為了降低訊號的頻率使讀者容易由 CCP2 所連結的發光二極體上觀察訊號的變化，程式中將 TIMER2 計時器的前除器調整為最大比例。

11.5 加強型ECCP模組的PWM控制

PIC18F4520 微控制器的 CCP1 模組除了一般的 CCP 功能之外，也提供更完整的 PWM 波寬調變功能。包括：

■ 可提供 1、2 或 4 組 PWM 輸出

■ 可選擇輸出波型的極性

■ 可設定的空乏時間（dead time）

■ 自動關閉與自動重新啟動

加強的 PWM 模組結構示意圖如圖 11-5 所示。

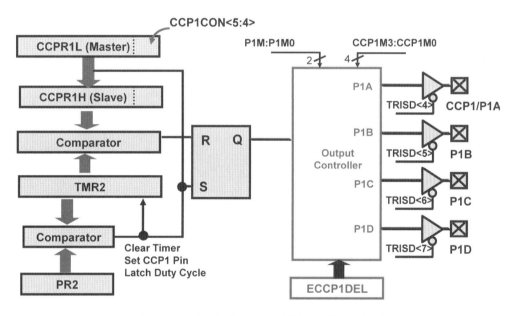

圖 11-5　加強的 PWM 模組結構示意圖

加強的 PWM 模組設定位元是屬於 CCP1CON 暫存器的 P1M1:P1M0 位元。當 P1M1:P1M0 位元設定為 00 時，加強的 PWM 模組是與傳統 CCP 模組的 PWM 功能相容的。新的 CCP1CON 暫存器定義如表 11-6 所示。

CCP1CON設定暫存器定義

表 11-6　加強的 PWM 模組 CCP1CON 設定暫存器位元定義

R/W-0	R/W-0	R/W-0	R/W-0	R/W-0	R/W-0	R/W-0	R/W-0
P1M1	P1M0	DCxB1	DCxB0	CCPxM3	CCPxM2	CCPxM1	CCPxM0

bit 7 　　　　　　　　　　　　　　　　　　　　　　　　　　　　　　　　bit 0

bit 7-6 **P1M1:P1M0:** 加強的 PWM 設定位元。

If CCP1M3:CCP1M2 = 00, 01, 10:

xx = P1A 設定為 CCP 腳位。P1B、P1C、P1D 為一般數位輸出入腳位。

If CCP1M3:CCP1M2 = 11:

00 = 單一輸出：P1A 設定為 PWM 腳位。P1B、P1C、P1D 為一般數位輸出入腳位。

01 = 全橋正向輸出：P1D 設定為 PWM 腳位，P1A 為高電位。P1B、P1C 為一般數位輸出入腳位。

10 = 半橋輸出：P1A、P1B 設定為 PWM 腳位並附空乏時間控制。P1C、P1D 為一般數位腳位。

11 = 全橋逆向輸出：P1B 設定為 PWM 腳位，P1B 為高電位。P1A、P1D 為一般數位輸出入腳位。

bit 5-4 **DC1B1:DC1B0:** PWM Duty Cycle bit 1 and bit 0

Capture mode:
未使用。

Compare mode:
未使用。

PWM mode:
PWM 工作週期的最低兩位元。配合 CCPR1L 暫存器使用。

bit 3-0 **CCP1M3:CCP1M0:** 加強的 CCP 模組設定位元。

0000 = Capture/Compare/PWM off (resets ECCP module)

0001 = Reserved

0010 = Compare mode, toggle output on match

0011 = Capture mode

0100 = Capture mode, every falling edge

```
0101 = Capture mode, every rising edge
0110 = Capture mode, every 4th rising edge
0111 = Capture mode, every 16th rising edge
1000 = Compare mode, initialize CCP1 pin low, set output on compare
       match (set CCP1IF)
1001 = Compare mode, initialize CCP1 pin high, clear output on com-
       pare match (set CCP1IF)
1010 = Compare mode, generate software interrupt only, CCP1 pin re-
       verts to I/O state
1011 = Compare mode, trigger special event (ECCP resets TMR1 or
       TMR3, sets CCP1IF bit)
1100 = PWM mode; P1A, P1C active-high; P1B, P1D active-high
1101 = PWM mode; P1A, P1C active-high; P1B, P1D active-low
1110 = PWM mode; P1A, P1C active-low; P1B, P1D active-high
1111 = PWM mode; P1A, P1C active-low; P1B, P1D active-low
```

　　加強的 PWM 波寬調變模式提供了額外的波寬調變輸出選項，以應付更廣泛的控制應用需求。這個模組仍然保持了與傳統模組的相容性，但是在新的功能上可以輸出高達四個通道的波寬調變訊號。應用程式可以透過控制 CCP-1CON 暫存其中控制位元的設定以選擇訊號的極性。

◉ PWM輸出設定

　　利用 CCP1CON 暫存器中的 P1M1:P1M0 位元可以設定波寬調變輸出為下列四種選項之一：

00 = 單一輸出：P1A 設定為 PWM 腳位。P1B 、P1C 、P1D 為一般數位輸出入腳位。

01 = 全橋正向輸出：P1D 設定為 PWM 腳位，P1A 為高電位。P1B 、P1C 為一般數位輸出入腳位。

10 = 半橋輸出：P1A 、P1B 設定為 PWM 腳位並附空乏時間控制。P1C 、P1D 為一般數位腳位。

CHAPTER

11

11 = 全橋逆向輸出：P1C 設定爲 PWM 腳位，P1B 爲高電位。P1A 、
　　　P1D 爲一般數位輸出入腳位。

　　在單一輸出的模式下，只有 CCP1/P1A 腳位會輸出 PWM 的波型變化，這
是與傳統標準 PWM 相容的操作模式。

　　在半橋輸出的模式下，只使用 P1A 與 P1B 腳位輸出 PWM 訊號並附有空
乏時間的控制，如圖 11-6 所示。

　　在全橋正向輸出的模式下，P1D 設定爲 PWM 腳位，P1A 爲高電位。
P1B、P1C 爲一般數位輸出入腳位，如圖 11-7 所示。

　　在全橋逆向輸出的模式下，P1C 設定爲 PWM 腳位，P1B 爲高電位。
P1A、P1D 爲一般數位輸出入腳位，如圖 11-8 所示。

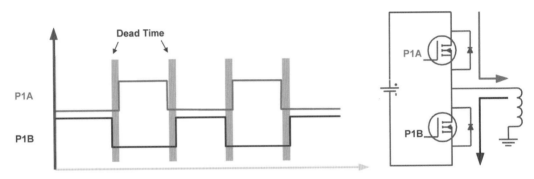

圖 11-6　加強的 PWM 波寬調變模組半橋輸出的模式

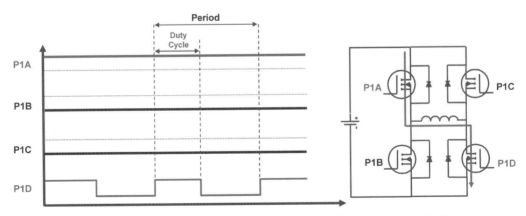

圖 11-7　加強的 PWM 波寬調變模組全橋正向輸出的模式

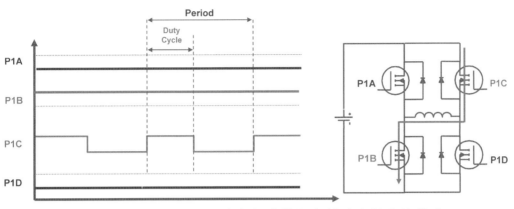

圖 11-8 加強的 PWM 波寬調變模組全橋逆向輸出的模式

在半橋模式下，如圖 11-7 與 11-8 所示，因為 P1A 與 P1B 所控制的場效電晶體不能夠同時地開啓而形成短路，使得在應用程式中必須要將 P1A 與 P1B 輸出的 PWM 波寬調變波型在切換之間加上空乏時間（Dead Time）加以區隔。PIC18F4520 微控制器所具備的加強 PWM 模組便提供了一個使用者可設定的空乏時間延遲功能。應用程式可以藉由 PWM1DEL 控制暫存器中的 PDC6:PDC0 位元設定 0 到 128 個指令執行週期（Tcy）的空乏時間延遲長度。這一個暫存器的內容與位元定義如表 11-7 所示。

◎ PWM1DEL暫存器定義

表 11-7 PWM1DEL 暫存器內容與位元定義

R/W-0	R/W-0	R/W-0	R/W-0	R/W-0	R/W-0	R/W-0	R/W-0
PRSEN	PDC6	PDC5	PDC4	PDC3	PDC2	PDC1	PDC0

bit7   bit 0

bit 7 **PRSEN:** PWM 重新開始啓動位元。

    1 = 在自動關閉的時候，當觸發關閉的事件消失時，ECCPASE 位元將自動清除爲 0。

    0 = 在自動關閉的時候，ECCPASE 位元必須由軟體清除爲 0。

bit 6-0 **PDC6:PDC0:** PWM 延遲計數位元。

    延遲時間爲這 7 個位元所表示的 2 進位數字乘以指令執行週期。

自動關閉的功能

　　當模組被設定為加強式的 PWM 模式時，訊號輸出的腳位可以被設定為自動關閉模式。這自動關閉的模式下，當關閉事件發生時，將會把加強式 PWM 訊號輸出腳位強制改為所預設的關閉狀態。關閉事件可以用任何一個類比訊號比較器模組、RB0/INT0/FLT0 腳位上的高電壓訊號、或者上述三個訊號的組合所觸發。

　　比較器可以用來監測一個與電橋電路上所流通電流成正比的電壓訊號；當電壓超過設定的一個門檻值時，表示這個時候電流過載，比較器便可以觸發一個關閉訊號。除此之外，也可以利用 RB0/INT0/FLT0 腳位上的外部數位觸發訊號引發一個關閉事件。應用程式可以藉由 ECCP1AS 暫存器的 ECCPAS2:ECCPAS0 位元設定選擇使用上述三種關閉事件訊號源。而關閉事件發生時，每一個 PWM 訊號輸出腳位的預設狀態也可以在 ECCP1AS 暫存器中設定。這個 ECCP1AS 暫存器的內容與相關位元定義如表 11-8 所示。

ECCP1AS暫存器定義

表 11-8　ECCPASE 暫存器內容與位元定義

R/W-0	R/W-0	R/W-0	R/W-0	R/W-0	R/W-0	R/W-0	R/W-0
ECCPASE	ECCPAS2	ECCPAS1	ECCPAS0	PSSAC1	PSSAC0	PSSBD1	PSSBD0
bit7							bit 0

bit 7 **ECCPASE:** ECCP Auto-Shutdown Event Status bit

　　1 = 關閉事件發生，腳位設定為關閉狀態。

　　0 = ECCP 輸出正常操作。

bit 6-4 **ECCPAS2:ECCPAS0:** ECCP 自動關閉來源設定位元。

　　111 = FLT0 or Comparator 1 or Comparator 2

　　110 = FLT0 or Comparator 2

　　101 = FLT0 or Comparator 1

　　100 = FLT0

```
011 = Either Comparator 1 or 2
010 = Comparator 2 output
001 = Comparator 1 output
000 = Auto-shutdown is disabled
```

bit 3-2 **PSSAC1:PSSAC0:** P1A 與 P1C 預設的關閉狀態控制位元。

```
1x = Pins A and C are tri-state
01 = Drive Pins A and C to '1'
00 = Drive Pins A and C to '0'
```

bit 1-0 **PSSBD1:PSSBD0:** P1B 與 P1D 預設的關閉狀態控制位元。

```
1x = Pins B and D tri-state
01 = Drive Pins B and D to '1'
00 = Drive Pins B and D to '0'
```

CHAPTER

11

當自動關閉事件發生時，ECCPASE 位元將會被設定為 1。如果自動重新開始（PWM1DEL<7>）的功能未被開啟的話，則在關閉事件消逝之後，這個位元將必須由軟體清除為 0；如果自動重新開始的功能被開啟的話，則在關閉事件消逝之後，這個位元將會被自動清除為 0。

由於加強式的 PWM 波寬調變訊號模組功能變得更為完整卻也變得更為複雜，使用者在撰寫相關應用程式時必須要適當地規劃各個功能，包括：

1. 選擇四種 PWM 輸出模式之一。
2. 如果必要的話，設定延遲時間。
3. 設定自動關閉的功能、訊號來源與自動關閉時輸出腳位的狀態。
4. 設定自動重新開始的功能。

範例 11-4

利用加強式 PWM 模組輸出半橋式 PWM 輸出，並設定適當的空乏時間。同時開啟自動關閉的功能，當 RB0 觸發時檢查蜂鳴器與 LED5(P1B)，是否運作正常，並使用示波器檢查空乏時間。

```
//*****************************************************
//*                 Ex11_4_ECCP.c
//*****************************************************
#include <xc.h> // 使用 XC8 編譯器定義檔宣告

// 宣告函式原型
void Init_TMR1(void);
void WriteTimer1(unsigned int a);
void Init_TMR2(void);

// 宣告時間相關變數並初始化為 0
unsigned char sec=0, update=0;

// 定義高優先中斷執行程式位址
void __interrupt(high_priority) HighISR(void)
{
    PIR1bits.TMR1IF = 0;      // 清除中斷旗標
    WriteTimer1(0x8000);      // 設定計時器初始值
    update=1;                 // 設定更新旗標
}

void main() {
    ADCON1 = 0x0F;            // 非常重要！將所有類比腳位設定為數為輸出入腳位
    TRISBbits.TRISB0 = 1;     // 將 RB0 設為輸入，以觸發 INT0/FLT0
    TRISD = 0;                // 設定 LED
    LATD = 0;
    TRISCbits.TRISC2 = 0;     // 設定 RC2 為輸出
    CCP1CON = 0b10001100;     // 設定 CCP1 為 PWM 模式，工作週期最低 2 位元為 00
                              // 設定為半橋式，所有腳位 active high
    Init_TMR2();              // 開啟 TIMER2, PR2=0x9B, 4K Hz
    PWM1CON=0xFF;             // 開啟自動重新開啟並設定空乏延遲時間為 128 Tcy
```

```
    CCPR1L= 0;                // 初始化 PWM 工作周期為 0
    ECCP1AS=0x40;             // 自動關閉來源設為 FLT0,發生時所有腳位為低電壓


    Init_TMR1();              // 初始化計時器 Timer1
    WriteTimer1(0x8000);      // 0x8000=1sec @32786Hz Crystal


    TMR1IF = 0;               // 清除中斷旗標
    PEIE = 1;                 // 啟動周邊中斷功能
    GIE = 1;                  // 啟動全部的中斷功能


    while (1) {        // 永久迴圈
        if(update) {
            LATDbits.LATD0=~LATDbits.LATD0;    // 每秒閃爍


            ++sec;                              // 將秒數遞加
            if (sec >= 60) sec-=60;            // 作進位處理


            update=0;              // 清除更新旗標
        }
        if (sec == 0)
            CCPR1L = 0x80;         // 開啟 PWM,須配合 RB0 按鍵
        else if (sec == 10) CCPR1L = 0;        // 關閉 PWM
    }
}


void Init_TMR1 (void){
    // T1CKPS 1:1; T1OSCEN enabled; T1SYNC synchronize;
    // TMR1CS External; TMR1ON enabled; T1RD16 enabled;
    T1CON = 0x8B;


    WriteTimer1(0x8000);           // 寫入預設值
```

```
        PIR1bits.TMR1IF = 0;                // 清除中斷旗標
        IPR1bits.TMR1IP = 1;                // 設定 Timer1 為高優先中斷
        PIE1bits.TMR1IE = 1;                // 開啓 Timer1 中斷功能
}


void WriteTimer1(unsigned int a) {    // 寫入 TIMER1 計數內容
        ……      ; 略以。參見程式檔
}


// 初始化 TIMER2
void Init_TMR2 (void){
        // 啓動 TIMER2，前除器爲 4 倍
        TMR2 = 0;
        T2CON =0b00000101;
        PR2 = 0x9B;                         // 設定 PWM 周期爲 250us 頻率爲 4kHz

        ……      ; 略以。參見程式檔
}
```

　　首先，在範例程式中利用計時器 TIMER1 與中斷的功能建立一個以秒爲
單位的計時功能；然後藉由加強型 PWM 的功能建立半橋式的 PWM 輸出至
CCP1/P1A 與 RD5/P1B，同時並建立錯誤偵測的功能。因此當 RB0/FLT0 爲 1
時，PWM 將停止輸出。由於 RB0 所在的按鍵 SW1 觸發時爲低電位，平常爲
高電位，因此 SW1 未觸發時爲錯誤狀態，故蜂鳴器與 RD5/P1B 上的發光二極
體並不會啓動；當 SW1 觸發時，RB/FLT0 成爲低電位使 PWM 回復正常狀態
使蜂鳴器與 RD5/P1B 上的發光二極體同時啓動。由於時脈頻率爲 4000Hz，
故並須使用示波器方能觀察 CCP1/P1A 與 RD5/P1B 兩者間的互動關係。

　　程式中同時利用計時功能將 PWM 訊號工作週期於每分鐘的前十秒設爲
512，其他時間則爲 0，造成一個類似定時器的效果。讀者也可以自行修改各
項規格，創造一個自動化的裝置。

CHAPTER 12

通用非同步接收傳輸模組

在微控制器的使用上，資料傳輸與通訊介面是一個非常重要的部分。對於某一些簡單的工作而言，或許微控制器本身的硬體功能就可以完全地應付。但是對於一些較為複雜的工作，或者是需要與其他遠端元件做資料的傳輸或溝通時，資料傳輸與通訊介面的使用就變成是不可或缺的程序。例如微處理器如果要和個人電腦做資料的溝通，便需要使用個人電腦上所具備的通訊協定／介面，包括 RS-232 與 USB 等等。如果所選擇的微控制器並不具備這樣的通訊硬體功能，則應用程式所能夠發揮的功能將會受到相當的限制。

PIC18 系列微控制器提供許多種通訊介面作為與外部元件溝通的工具與橋樑，包括 USART 、SPI 、I²C 與 CAN 等等通訊協定相關的硬體。由於在這些通訊協定的處理已經建置在相關的微控制器硬體，因此在使用上就顯得相當地直接而容易。一般而言，在使用時不論是上述的哪一種通訊架構，應用程式只需要將傳輸的資料存入到特定的暫存器中，PIC 微控制器中的硬體將自動地處理後續的資料傳輸程序而不需要應用程式的介入；而且當硬體完成傳輸的程序之後，也會有相對應的中斷旗標或位元的設定提供應用程式作為傳輸狀態的檢查。同樣地，在資料接收的方面，PIC18F 系列微控制器的硬體將會自動地處理接收資料的前端作業；當接收到完整的資料並存入暫存器時，控制器將會設定相對應的中斷旗標或位元，觸發應用程式對所接收的資料做後續的處理。

在這一章將以最廣泛使用的通用非同步接收傳輸模組 UART 的使用為範例，說明如何使用 PIC 微控制器中的通訊模組。並引導讀者撰寫相關的程式並與個人電腦作資訊的溝通。

12.1　通用非同步接收傳輸模組

一般的 PIC18 微控制器配置有一個通用同步 / 非同步接收傳輸模組，這個資料傳輸模組有許多不同的使用方式。這個 USART 資料傳輸模組可以被設定成爲一個全雙工非同步的系統作爲與其他周邊裝置的通訊介面，例如資料終端機或者個人電腦；或者它可以被設定成爲一個半雙工同步通訊介面，可以用來與其他的周邊裝置傳輸資料，例如微控制器外部的類比訊號擷取或輸出裝置與串列傳輸的 EEPROM 資料記憶體。

這個 USART 模組可以被設定爲下列的數個模式：

1. 非同步（全雙工）資料傳輸
2. 同步（半雙工）資料傳輸的主控端（Master）
3. 同步（半雙工）資料傳輸的受控端（Slave）

如果要將這個模組所需要的資料傳輸腳位 RC6/TX/CK 與 RC7/RX/DT 設定作爲 USART 資料傳輸使用時，必須要做下列的設定：

- RCSTA 暫存器的 SPEN 位元必須要設定爲 1
- TRISC<6> 位元必須要清除爲 0
- TRISC<7> 位元必須要設定爲 1

TXSTA 資料傳輸暫存器定義

USART 模組中與資料傳輸狀態或控制相關的 TXSTA 暫存器內容定義如表 12-1 所示。

表 12-1　TXSTA 資料傳輸狀態或控制暫存器內容定義

R/W-0	R/W-0	R/W-0	R/W-0	R/W-0	R/W-0	R-1	R/W-0
CSRC	TX9	TXEN	SYNC	SENDB	BRGH	TRMT	TX9D
bit7							bit0

bit 7 **CSRC:** Clock Source Select bit

　　Asynchronous mode:

　　無作用。

　　Synchronous mode:

1 = 主控端，將產生時序脈波。

0 = 受控端，將接受外部時序脈波。

bit 6 **TX9**: 9-bit Transmit Enable bit

1 = 選擇 9 位元傳輸。

0 = 選擇 8 位元傳輸。

bit 5 **TXEN**: Transmit Enable bit

1 = 啟動資料傳送。

0 = 關閉資料傳送。

Note：同步模式下，SREN/CREN 位元設定強制改寫 TXEN 位元設定。

bit 4 **SYNC**: USART Mode Select bit

1 = 同步傳輸模式。

0 = 非同步傳輸模式。

bit 3 **SENDB**: Send Break Character bit

同步傳輸模式：

1 = 下次傳輸時發出同步中斷（由硬體清除為 0）。

0 = 同步中斷完成。

非同步傳輸模式：

Don't care.

bit 2 **BRGH**: High Baud Rate Select bit

Asynchronous mode:

1 = 高速。

0 = 低速。

Synchronous mode:

無作用。

bit 1 **TRMT**: Transmit Shift Register Status bit

1 = TSR 暫存器資料空乏。

0 = TSR 暫存器填滿資料。

bit 0 **TX9D**: 9th bit of Transmit Data

9 位元傳輸模式下可作為位址或資料位元，或同位元檢查位元。

CHAPTER

12

▍RCSTA資料接收暫存器定義

USART 模組中與資料接收狀態或控制相關的 RCSTA 暫存器內容定義如表 12-2 所示。

表 12-2　RCSTA 資料接收狀態或控制暫存器內容定義

R/W-0	R/W-0	R/W-0	R/W-0	R/W-0	R-0	R-0	R-x
SPEN	RX9	SREN	CREN	ADDEN	FERR	OERR	RX9D

bit7 ⋯⋯ bit0

bit 7 **SPEN**: Serial Port Enable bit

    1 = 啟動串列傳輸埠腳位傳輸功能。

    0 = 關閉串列傳輸埠腳位傳輸功能。

bit 6 **RX9**: 9-bit Receive Enable bit

    1 = 設定 9 位元接收模式。

    0 = 設定 8 位元接收模式。

bit 5 **SREN**: Single Receive Enable bit

    Asynchronous mode:

    無作用。

    Synchronous mode - Master:

    1 = 啟動單筆資料接收。

    0 = 關閉單筆資料接收。

    單筆資料接收完成後自動清除為 0。

    Synchronous mode - Slave:

    無作用。

bit 4 **CREN**: Continuous Receive Enable bit

    Asynchronous mode:

    1 = 啟動資料接收模組。

    0 = 關閉資料接收模組。

    Synchronous mode:

    1 = 啟動資料連續接收模式，直到 CREN 位元被清除為 0。（CREN 設定高於 SREN）

0 = 關閉資料連續接收模式。

bit 3 **ADDEN:** Address Detect Enable bit

Asynchronous mode 9-bit (RX9 = 1):

1 = 啓動位址偵測、中斷功能與 RSR<8>=1 資料載入接收緩衝器的功能。

0 = 關閉位址偵測，所有位元被接收與第九位元可作爲同位元檢查位元。

bit 2 **FERR:** Framing Error bit

1 = 資料定格錯誤（Stop 位元爲 0），可藉由讀取 RCREG 暫存器清除。

0 = 無資料定格錯誤。

bit 1 **OERR:** Overrun Error bit

1 = 資料接收溢流錯誤，可藉由清除 CREN 位元清除。

0 = 無資料接收溢流錯誤。

bit 0 **RX9D:** 9th bit of Received Data

9 位元接收模式下可作爲位址或資料位元，或應用程式提供的同位元檢查位元。

USART 資料傳輸硬體架構圖如圖 12-1 所示。

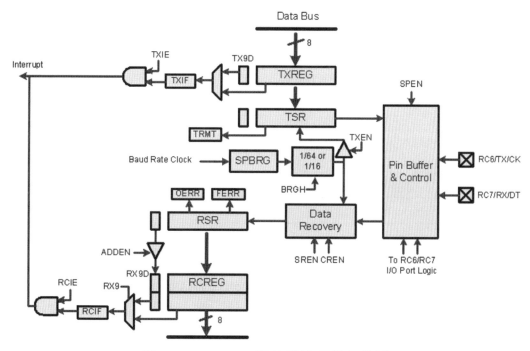

圖 12-1　USART 資料傳輸硬體架構圖

在接收資料的時候，由 RX 腳位輸入的訊號必須先經過腳位訊號控制位元與暫存器的管制然後才能夠傳輸到資料還原硬體電路，而這個資料還原電路的操作方式與鮑率的設定以及其他相關的資料傳輸狀態設定位元有關。然後所接收到的訊號將會先載入到 RSR 暫存器做初步地檢查資料的正確性，然後再傳入到 RCREG 暫存器等待核心處理器的讀取。這時候，模組將會向核心處理器發出一個資料接收的中斷訊號；如果核心處理器未及時讀取 RCREG 中的資料時，USART 模組還提供了一層的緩衝器。

而在傳送資料的時候，核心處理器經過資料匯流排將資料存入到 TXREG 暫存器中。然後 USART 將會在 TSR 暫存器可以使用的時候，將 TXREG 暫存器的資料載入，這時候資料便進入由硬體自動傳輸的狀態。在資料由 TXREG 載入到 TSR 的同時，將會對核心處理器發出一個傳輸資料的中斷訊號。

◎ USART鮑率產生器

鮑率產生器（Baud Rate Generator, BRG）同時支援非同步與同步模式的 USART 操作，它是一個專屬於通訊模組的 8 位元鮑率產生器，並利用 SPBRG 暫存器來控制這個獨立運作的 8 位元計時器的計時週期。在非同步的狀況下，TXSTA 暫存器的 BRGH 控制位元也會與鮑率的設定有關。但是在同步資料傳輸的模式下，BRGH 控制位元的設定將會被忽略。

在決定所需要的非同步傳輸鮑率以及微控制器的時脈頻率之後，SPBRG 暫存器所需要的設定值可以藉由下列的公式計算：

SYNC	BRGH = 0 (Low Speed)	BRGH = 1 (High Speed)
0	(Asynchronous) Baud Rate = Fosc/(64(X+1))	Baud Rate = Fosc/(16(X+1))

例如，當控制位元被設定為 0，微處理器的時脈來源頻率為 16MHz，而所需要產生的非同步資料傳輸鮑率為 9600 bps 的時候，所應設定的 SPBRG 暫存器數值計算如下：

Desired Baud Rate = Fosc/ (64 (X + 1))

Solving for X:

$$X = (\ (Fosc\ /\ Desired\ Baud\ Rate)\ /\ 64\ )\ -\ 1$$

$$X = ((16000000\ /\ 9600)\ /\ 64)\ -\ 1$$

$$X = [25.042] = 25$$

Calculated Baud Rate = 16000000 / (64 (25 + 1))

$$= 9615$$

Error = (Calculated Baud Rate-Desired Baud Rate) /Desired Baud Rate

$$= (9615 - 9600)\ /\ 9600$$

$$= 0.16\%$$

如果必要的話，可以將控制位元 BRGH 設定為 1，而得到不同的 SPBRG
設定值。在這裡建議讀者使用不同的 BRGH 設定值計算鮑率誤差，然後選擇
誤差較小的 BRGH 設定值使用。

當寫入一個新的設定值到 SPBRG 暫存器時，將會使鮑率產生器的 BRG
計時器被重置為 0。這樣的設計可以確保 BRG 計時器不會等到計時器溢流之
後才產生新的鮑率。

在使用 RC7/RX/DT 腳位接受資料傳輸時，腳位的狀態將會由主要偵測電
路採樣三次以決定在腳位上所接收到的資料是一個高電位或者是低電位的資
料。

與鮑率產生相關的暫存器內容如表 12-3 所示。

表 12-3　與鮑率產生相關的暫存器內容

Name	Bit 7	Bit 6	Bit 5	Bit 4	Bit 3	Bit 2	Bit 1	Bit 0	Value on POR, BOR	Value on All Other RESETS
TXSTA	CSRC	TX9	TXEN	SYNC	SENDB	BRGH	TRMT	TX9D	0000 -010	0000 -010
RCSTA	SPEN	RX9	SREN	CREN	ADDEN	FERR	OERR	RX9D	0000 -00x	0000 -00 x
SPBRG	Baud Rate Generator Register								0000 0000	0000 0000

基本的鮑率、系統操作時脈頻率與所需要的 BRGH 及 SPBRG 設定值如表 12-4 所示。

表 12-4(1)　同步傳輸鮑率、系統操作時脈頻率與 SPBRG 設定值

BAUD RATE (Kbps)	Fosc = 40 MHz			33 MHz			25 MHz			20 MHz		
	KBAUD	% ERROR	SPBRG value (decimal)	KBAUD	% ERROR	SPBRG value (decimal)	KBAUD	% ERROR	SPBRG value (decimal)	KBAUD	% ERROR	SPBRG value (decimal)
0.3	NA	-	-	NA	-	-	NA	-	-	NA	-	-
1.2	NA	-	-	NA	-	-	NA	-	-	NA	-	-
2.4	NA	-	-	NA	-	-	NA	-	-	NA	-	-
9.6	NA	-	-	NA	-	-	NA	-	-	NA	-	-
19.2	NA	-	-	NA	-	-	NA	-	-	NA	-	-
76.8	76.92	+0.16	129	77.10	+0.39	106	77.16	+0.47	80	76.92	+0.16	64
96	96.15	+0.16	103	95.93	-0.07	85	96.15	+0.16	64	96.15	+0.16	51
300	303.03	+1.01	32	294.64	-1.79	27	297.62	-0.79	20	294.12	-1.96	16
500	500	0	19	485.30	-2.94	16	480.77	-3.85	12	500	0	9
HIGH	10000	-	0	8250	-	0	6250	-	0	5000	-	0
LOW	39.06	-	255	32.23	-	255	24.41	-	255	19.53	-	255

BAUD RATE (Kbps)	Fosc = 16 MHz			10 MHz			7.15909 MHz			5.0688 MHz		
	KBAUD	% ERROR	SPBRG value (decimal)	KBAUD	% ERROR	SPBRG value (decimal)	KBAUD	% ERROR	SPBRG value (decimal)	KBAUD	% ERROR	SPBRG value (decimal)
0.3	NA	-	-	NA	-	-	NA	-	-	NA	-	-
1.2	NA	-	-	NA	-	-	NA	-	-	NA	-	-
2.4	NA	-	-	NA	-	-	NA	-	-	NA	-	-
9.6	NA	-	-	NA	-	-	9.62	+0.23	185	9.60	0	131
19.2	19.23	+0.16	207	19.23	+0.16	129	19.24	+0.23	92	19.20	0	65
76.8	76.92	+0.16	51	75.76	-1.36	32	77.82	+1.32	22	74.54	-2.94	16
96	95.24	-0.79	41	96.15	+0.16	25	94.20	-1.88	18	97.48	+1.54	12
300	307.70	+2.56	12	312.50	+4.17	7	298.35	-0.57	5	316.80	+5.60	3
500	500	0	7	500	0	4	447.44	-10.51	3	422.40	-15.52	2
HIGH	4000	-	0	2500	-	0	1789.80	-	0	1267.20	-	0
LOW	15.63	-	255	9.77	-	255	6.99	-	255	4.95	-	255

BAUD RATE (Kbps)	Fosc = 4 MHz			3.579545 MHz			1 MHz			32.768 kHz		
	KBAUD	% ERROR	SPBRG value (decimal)	KBAUD	% ERROR	SPBRG value (decimal)	KBAUD	% ERROR	SPBRG value (decimal)	KBAUD	% ERROR	SPBRG value (decimal)
0.3	NA	-	-	NA	-	-	NA	-	-	0.30	+1.14	26
1.2	NA	-	-	NA	-	-	1.20	+0.16	207	1.17	-2.48	6
2.4	NA	-	-	NA	-	-	2.40	+0.16	103	2.73	+13.78	2
9.6	9.62	+0.16	103	9.62	+0.23	92	9.62	+0.16	25	8.20	-14.67	0
19.2	19.23	+0.16	51	19.04	-0.83	46	19.23	+0.16	12	NA	-	-
76.8	76.92	+0.16	12	74.57	-2.90	11	83.33	+8.51	2	NA	-	-
96	1000	+4.17	9	99.43	+3.57	8	83.33	-13.19	2	NA	-	-
300	333.33	+11.11	2	298.30	-0.57	2	250	-16.67	0	NA	-	-
500	500	0	1	447.44	-10.51	1	NA	-	-	NA	-	-
HIGH	1000	-	0	894.89	-	0	250	-	0	8.20	-	0
LOW	3.91	-	255	3.50	-	255	0.98	-	255	0.03	-	255

表 12-4(2)   非同步傳輸（BRGH = 0）鮑率、系統時脈頻率與 SPBRG 設定值

BAUD RATE (Kbps)	Fosc = 40 MHz		SPBRG value (decimal)	33 MHz		SPBRG value (decimal)	25 MHz		SPBRG value (decimal)	20 MHz		SPBRG value (decimal)
	KBAUD	% ERROR		KBAUD	% ERROR		KBAUD	% ERROR		KBAUD	% ERROR	
0.3	NA	-	-	NA	-	-	NA	-	-	NA	-	-
1.2	NA	-	-	NA	-	-	NA	-	-	NA	-	-
2.4	NA	-	-	2.40	-0.07	214	2.40	-0.15	162	2.40	+0.16	129
9.6	9.62	+0.16	64	9.55	-0.54	53	9.53	-0.76	40	9.47	-1.36	32
19.2	18.94	-1.36	32	19.10	-0.54	26	19.53	+1.73	19	19.53	+1.73	15
76.8	78.13	+1.73	7	73.66	-4.09	6	78.13	+1.73	4	78.13	+1.73	3
96	89.29	-6.99	6	103.13	+7.42	4	97.66	+1.73	3	104.17	+8.51	2
300	312.50	+4.17	1	257.81	-14.06	1	NA	-	-	312.50	+4.17	0
500	625	+25.00	0	NA	-	-	NA	-	-	NA	-	-
HIGH	625	-	0	515.63	-	0	390.63	-	0	312.50	-	0
LOW	2.44	-	255	2.01	-	255	1.53	-	255	1.22	-	255

BAUD RATE (Kbps)	Fosc = 16 MHz		SPBRG value (decimal)	10 MHz		SPBRG value (decimal)	7.15909 MHz		SPBRG value (decimal)	5.0688 MHz		SPBRG value (decimal)
	KBAUD	% ERROR		KBAUD	% ERROR		KBAUD	% ERROR		KBAUD	% ERROR	
0.3	NA	-	-	NA	-	-	NA	-	-	NA	-	-
1.2	1.20	+0.16	207	1.20	+0.16	129	1.20	+0.23	92	1.20	0	65
2.4	2.40	+0.16	103	2.40	+0.16	64	2.38	-0.83	46	2.40	0	32
9.6	9.62	+0.16	25	9.77	+1.73	15	9.32	-2.90	11	9.90	+3.13	7
19.2	19.23	+0.16	12	19.53	+1.73	7	18.64	-2.90	5	19.80	+3.13	3
76.8	83.33	+8.51	2	78.13	+1.73	1	111.86	+45.65	0	79.20	+3.13	0
96	83.33	-13.19	2	78.13	-18.62	1	NA	-	-	NA	-	-
300	250	-16.67	0	156.25	-47.92	0	NA	-	-	NA	-	-
500	NA	-	-	NA	-	-	NA	-	-	NA	-	-
HIGH	250	-	0	156.25	-	0	111.86	-	0	79.20	-	0
LOW	0.98	-	255	0.61	-	255	0.44	-	255	0.31	-	255

BAUD RATE (Kbps)	Fosc = 4 MHz		SPBRG value (decimal)	3.579545 MHz		SPBRG value (decimal)	1 MHz		SPBRG value (decimal)	32.768 kHz		SPBRG value (decimal)
	KBAUD	% ERROR		KBAUD	% ERROR		KBAUD	% ERROR		KBAUD	% ERROR	
0.3	0.30	-0.16	207	0.30	+0.23	185	0.30	+0.16	51	0.26	-14.67	1
1.2	1.20	+1.67	51	1.19	-0.83	46	1.20	+0.16	12	NA	-	-
2.4	2.40	+1.67	25	2.43	+1.32	22	2.23	-6.99	6	NA	-	-
9.6	8.93	-6.99	6	9.32	-2.90	5	7.81	-18.62	1	NA	-	-
19.2	20.83	+8.51	2	18.64	-2.90	2	15.63	-18.62	0	NA	-	-
76.8	62.50	-18.62	0	55.93	-27.17	0	NA	-	-	NA	-	-
96	NA	-	-	NA	-	-	NA	-	-	NA	-	-
300	NA	-	-	NA	-	-	NA	-	-	NA	-	-
500	NA	-	-	NA	-	-	NA	-	-	NA	-	-
HIGH	62.50	-	0	55.93	-	0	15.63	-	0	0.51	-	0
LOW	0.24	-	255	0.22	-	255	0.06	-	255	0.002	-	255

CHAPTER

12

表 12-4(3)　　非同步傳輸（BRGH＝1）鮑率、系統時脈頻率與 SPBRG 設定值

BAUD RATE (Kbps)	Fosc = 40 MHz KBAUD	% ERROR	SPBRG value (decimal)	33 MHz KBAUD	% ERROR	SPBRG value (decimal)	25 MHz KBAUD	% ERROR	SPBRG value (decimal)	20 MHz KBAUD	% ERROR	SPBRG value (decimal)
0.3	NA	-	-	NA	-	-	NA	-	-	NA	-	-
1.2	NA	-	-	NA	-	-	NA	-	-	NA	-	-
2.4	NA	-	-	NA	-	-	NA	-	-	NA	-	-
9.6	NA	-	-	9.60	-0.07	214	9.59	-0.15	162	9.62	+0.16	129
19.2	19.23	+0.16	129	19.28	+0.39	106	19.30	+0.47	80	19.23	+0.16	64
76.8	75.76	-1.36	32	76.39	-0.54	26	78.13	+1.73	19	78.13	+1.73	15
96	96.15	+0.16	25	98.21	+2.31	20	97.66	+1.73	15	96.15	+0.16	12
300	312.50	+4.17	7	294.64	-1.79	6	312.50	+4.17	4	312.50	+4.17	3
500	500	0	4	515.63	+3.13	3	520.83	+4.17	2	416.67	-16.67	2
HIGH	2500	-	0	2062.50	-	0	1562.50	-	0	1250	-	0
LOW	9.77	-	255	8,06	-	255	6.10	-	255	4.88	-	255

BAUD RATE (Kbps)	Fosc = 16 MHz KBAUD	% ERROR	SPBRG value (decimal)	10 MHz KBAUD	% ERROR	SPBRG value (decimal)	7.15909 MHz KBAUD	% ERROR	SPBRG value (decimal)	5.0688 MHz KBAUD	% ERROR	SPBRG value (decimal)
0.3	NA	-	-	NA	-	-	NA	-	-	NA	-	-
1.2	NA	-	-	NA	-	-	NA	-	-	NA	-	-
2.4	NA	-	-	NA	-	-	2.41	+0.23	185	2.40	0	131
9.6	9.62	+0.16	103	9.62	+0.16	64	9.52	-0.83	46	9.60	0	32
19.2	19.23	+0.16	51	18.94	-1.36	32	19.45	+1.32	22	18.64	-2.94	16
76.8	76.92	+0.16	12	78.13	+1.73	7	74.57	-2.90	5	79.20	+3.13	3
96	100	+4.17	9	89.29	-6.99	6	89.49	-6.78	4	105.60	+10.00	2
300	333.33	+11.11	2	312.50	+4.17	1	447.44	+49.15	0	316.80	+5.60	0
500	500	0	1	625	+25.00	0	447.44	-10.51	0	NA	-	-
HIGH	1000	-	0	625	-	0	447.44	-	0	316.80	-	0
LOW	3.91	-	255	2.44	-	255	1.75	-	255	1.24	-	255

BAUD RATE (Kbps)	Fosc = 4 MHz KBAUD	% ERROR	SPBRG value (decimal)	3.579545 MHz KBAUD	% ERROR	SPBRG value (decimal)	1 MHz KBAUD	% ERROR	SPBRG value (decimal)	32.768 kHz KBAUD	% ERROR	SPBRG value (decimal)
0.3	NA	-	-	NA	-	-	0.30	+0.16	207	0.29	-2.48	6
1.2	1.20	+0.16	207	1.20	+0.23	185	1.20	+0.16	51	1.02	-14.67	1
2.4	2.40	+0.16	103	2.41	+0.23	92	2.40	+0.16	25	2.05	-14.67	0
9.6	9.62	+0.16	25	9.73	+1.32	22	8.93	-6.99	6	NA	-	-
19.2	19.23	+0.16	12	18.64	-2.90	11	20.83	+8.51	2	NA	-	-
76.8	NA	-	-	74.57	-2.90	2	62.50	-18.62	0	NA	-	-
96	NA	-	-	111.86	+16.52	1	NA	-	-	NA	-	-
300	NA	-	-	223.72	-25.43	0	NA	-	-	NA	-	-
500	NA	-	-	NA	-	-	NA	-	-	NA	-	-
HIGH	250	-	0	55.93	-	0	62.50	-	0	2.05	-	0
LOW	0.98	-	255	0.22	-	255	0.24	-	255	0.008	-	255

12.2　USART非同步資料傳輸模式

　　USART 非同步資料傳輸模式或者簡稱 UART，是目前廣泛被使用的一種資料傳輸模式。在個人電腦上，可以使用 COM 傳輸埠藉由 RS-232 通訊協定的格式，讓微控制器與個人電腦作資料的傳輸。

在這個模式下，USART 模組使用標準的 non-return-to-zero（NRZ）格式，也就是一個起始（Start）位元、八或九個資料位元加上一個中止（Stop）位元的格式。最為廣泛使用的是 8 位元資料的模式。微處理器上內建專屬的 8 位元鮑率產生器可以從微控制器的震盪時序中產生標準的鮑率。USART 模組在傳輸資料時，將會由低位元資料開始傳輸。USART 的資料接收器與傳輸器在功能上是獨立分開的，但是它們將會使用同樣的資料格式與鮑率。根據控制位元 BRGH 的設定，鮑率產生器將會產生一個 16 倍或 64 倍的時脈訊號。USART 模組的硬體並不支援同位元檢查，但是可以利用軟體程式來完成。這時候，同位元將會被儲存在第 9 個位元資料的位址。在睡眠的模式下，非同步資料傳輸模式將會被中止。

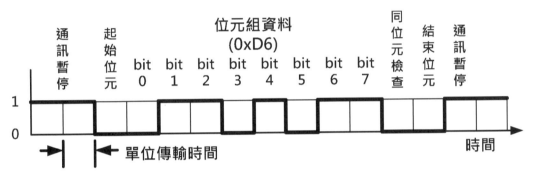

圖 12-2　標準的 UART 通訊協定傳輸資料時序與格式

藉由設定 TXSTA 暫存器的 SYNC 控制位元為 0，可以將 USART 設定為非同步操作模式。USART 非同步資料傳輸模組包含了下列 4 個重要的元件：

- 鮑率產生器
- 採樣電路
- 非同步傳輸器
- 非同步接收器

USART非同步接收器

USART 非同步接收器的方塊圖如圖 12-1 所示。串列傳輸移位暫存器（Transmit Shift Register, TSR）是資料傳輸器的核心，TSR 移位暫存器將透過可讀寫的傳輸緩衝暫存器 TXREG 得到所要傳輸的資料。所需要傳輸的資料可以經由程式指令將資料載入 TXREG 暫存器。TSR 暫存器必須要等到前一筆資料傳輸的中止位元被傳送出去之後，才會將下一筆資料由 TXREG 暫存器載入。一旦 TXREG 暫存器的資料被移轉到 TSR 暫存器時，TXREG 暫存器的內容將會被清除而且 PIR1 暫存器的中斷旗標位元 TXIF 將會被設定為 1。中斷的功能可以藉由設定 PIE1 暫存器中的中斷致能位元 TXIE 開啟或關閉。無論中斷的功能是否開啟，在資料傳輸完畢的時候，TXIF 中斷旗標位元都會被設定為 1，而且不能由軟體將它清除。一直到有新的資料被載入到 TXREG 暫存器時，這個中斷旗標位元才會被清除為 0。當資料傳輸功能被開啟時（TXEN = 1），中斷旗標將會被設定為 1。如同中斷旗標位元 TXIF 用來顯示 TXREG 暫存器的狀態，另外一個狀態位元 TRMT 則被用來顯示 TSR 暫存器的狀態。當暫存器的資料空乏時，TRMT 狀態位元將會被設定為 1，而且它只能夠被讀取而不能寫入。TRMT 位元的狀態與中斷無關，因此使用者只能夠藉由輪詢（Polling）的方式來檢查這個 TRMT 位元，藉以決定 TSR 暫存器是否空乏。TSR 暫存器並未被映射到資料記憶體，因此使用者無法直接檢查這個暫存器的內容。

使用者可以依照下面的步驟開啟非同步資料傳輸：

1. 根據所需要的資料傳輸鮑率設定 SPRBG 暫存器。如果需要較高的傳輸鮑率，可以將控制位元 BRGH 設定為 1。

2. 將控制位元 SYNC 清除為 0，並設定控制位元 SPEN 為 1 以開啟非同步串列傳輸埠的功能。

3. 如果需要使用中斷的功能時，將控制位元 TXIE 設定為 1。

4. 如果需要使用 9 位元資料傳輸格式的話，將控制位元 TX9 設定為 1。

5. 藉由設定 TXEN 位元來開啟資料傳輸的功能，這同時也會將中斷旗標位元 TXIF 設定為 1。

6. 如果選擇 9 位元資料傳輸模式時，先將第九個位元的資料載入到 TX9D 位元中。

7. 將資料載入到 TXREG 暫存器中，這個動作將會開啟資料傳輸的程序。

與非同步資料傳輸相關的暫存器如表 12-5 所示。

表 12-5 與非同步資料傳輸相關的暫存器

Name	Bit 7	Bit 6	Bit 5	Bit 4	Bit 3	Bit 2	Bit 1	Bit 0	Value on POR, BOR	Value on All Other RESETS
INTCON	GIE/GIEH	PEIE/GIEL	TMR0IE	INT0IE	RBIE	TMR0IF	INT0IF	RBIF	0000 000x	0000 000u
PIR1	PSPIF[(1)]	ADIF	RCIF	TXIF	SSPIF	CCP1IF	TMR2IF	TMR1IF	0000 0000	0000 0000
PIE1	PSPIE[(1)]	ADIE	RCIE	TXIE	SSPIE	CCP1IE	TMR2IE	TMR1IE	0000 0000	0000 0000
IPR1	PSPIP[(1)]	ADIP	RCIP	TXIP	SSPIP	CCP1IP	TMR2IP	TMR1IP	0000 0000	0000 0000
RCSTA	SPEN	RX9	SREN	CREN	ADDEN	FERR	OERR	RX9D	0000 -00x	0000 -00x
TXREG	USART Transmit Register								0000 0000	0000 0000
TXSTA	CSRC	TX9	TXEN	SYNC	—	BRGH	TRMT	TX9D	0000 -010	0000 -010
SPBRG	Baud Rate Generator Register								0000 0000	0000 0000

Note 1: The PSPIF, PSPIE and PSPIP bits are reserved on the PIC18F2X2 devices; always maintain these bits clear.

◦ USART非同步資料接收

　　資料接收器的結構方塊圖如圖 12-1 所示。RC7/RX/DT 腳位將會被用來接收資料並驅動資料還原區塊（Data Recovery Block）。資料還原區塊實際上是一個高速移位暫存器，它是以 16 倍的鮑率頻率來運作的。相對地，主要資料接收串列移位的操作程序則是以 Fosc 或者資料位元傳輸的頻率來運作的。這個操作模式通常被使用在 RS-232 的系統中。

　　使用者可以依照下列的步驟來設定非同步的資料接收：

1. 根據所需要的資料傳輸鮑率設定 SPRBG 暫存器。如果需要較高的傳輸鮑率，刻意將控制位元 BRGH 設定為 1。

2. 將控制位元 SYNC 清除為 0，並設定控制位元 SPEN 為 1 以開啟非同步串列傳輸埠的功能。

3. 如果需要使用中斷的功能時，將控制位元 RCIE 設定為 1。

4. 如果需要使用 9 位元資料傳輸格式的話，將控制位元 RX9 設定為 1。

5. 將控制位元 CREN 設定為 1 以開啟資料接收的功能。

6. 當資料接收完成時，中斷旗標位元 RCIF 將會被設定為 1、如果 RCIE 位元與被設定的話，將會產生一個中斷事件的訊號。

7. 如果開啟 9 位元資料傳輸模式的話，先讀取 RCSTA 暫存器的資料以得到第 9 個位元的數值並決定是否有任何錯誤在資料接收的過程中發生。

8. 讀取 RCREG 暫存器中的資料以得到 8 位元的傳輸資料。

9. 如果有任何錯誤發生的話，藉由清除控制位元 CREN 為 0 以清除錯誤狀態。

10. 如果想要使用中斷的功能，必須確保 INTCON 控制暫存器中的 GIE 與 PEIE 控制位元都被設定為 1。

與非同步資料接收相關的暫存器如表 12-6 所示。

表 12-6　與非同步資料接收相關的暫存器

Name	Bit 7	Bit 6	Bit 5	Bit 4	Bit 3	Bit 2	Bit 1	Bit 0	Value on POR, BOR	Value on All Other RESETS
INTCON	GIE/GIEH	PEIE/GIEL	TMR0IE	INT0IE	RBIE	TMR0IF	INT0IF	RBIF	0000 000x	0000 000u
PIR1	PSPIF[1]	ADIF	RCIF	TXIF	SSPIF	CCP1IF	TMR2IF	TMR1IF	0000 0000	0000 0000
PIE1	PSPIE[1]	ADIE	RCIE	TXIE	SSPIE	CCP1IE	TMR2IE	TMR1IE	0000 0000	0000 0000
IPR1	PSPIP[1]	ADIP	RCIP	TXIP	SSPIP	CCP1IP	TMR2IP	TMR1IP	0000 0000	0000 0000
RCSTA	SPEN	RX9	SREN	CREN	ADDEN	FERR	OERR	RX9D	0000 -00x	0000 -00x
RCREG	USART Receive Register								0000 0000	0000 0000
TXSTA	CSRC	TX9	TXEN	SYNC	—	BRGH	TRMT	TX9D	0000 -010	0000 -010
SPBRG	Baud Rate Generator Register								0000 0000	0000 0000

Note 1: The PSPIF, PSPIE and PSPIP bits are reserved on the PIC18F2X2 devices; always maintain these bits clear.

　　以上所介紹的非同步資料傳輸接收模式是一般最廣泛使用的資料傳輸模式，包括與個人電腦上 RS-232 便是使用這個模式。USART 模組還有許多其他不同的資料傳輸模式，例如同步資料傳輸的主控端模式，或者受控端模式；有興趣的讀者可以參考相關的資料手冊以學習各個不同操作模式的使用方法。

　　除了傳輸一般的 8 位元二進位資料之外，通常 UART 傳輸模組也會使用常見的 ASCII 文字符號。ASCII（American Standard Code for Information Interchange）編碼是全世界所公認的符號編碼表，許多文字符號資料的傳輸都是藉由這個標準的編碼方式進行資料的溝通，例如個人電腦視窗作業系統下的超級終端機程式。ASCII 符號編碼的內容如表 12-7 所示。

接下來，就讓我們使用範例程式來說明如何完成上述非同步資料傳輸接收的設定與資料傳輸；在範例程式中，將使用個人電腦上的超級終端機介面程式與所使用的 PIC18F4520 微控制器作資料的傳輸介紹，藉以達到由個人電腦掌控微控制器或者由微控制器擷取資料的功能。

表 12-7   ASCII 編碼符號

Code		MSB							
		0	1	2	3	4	5	6	7
LSB	0	NUL	DLE	Space	0	@	P	'	p
	1	SOH	DC1	!	1	A	Q	a	q
	2	STX	DC2	"	2	B	R	b	r
	3	ETX	DC3	#	3	C	S	c	s
	4	EOT	DC4	$	4	D	T	d	t
	5	ENQ	NAK	%	5	E	U	e	u
	6	ACK	SYN	&	6	F	V	f	v
	7	Bell	ETB	'	7	G	W	g	w
	8	BS	CAN	(	8	H	X	h	x
	9	HT	EM	)	9	I	Y	i	y
	A	LF	SUB	*	:	J	Z	j	z
	B	VT	ESC	+	;	K	[	k	{
	C	FF	FS	,	<	L	\	l	|
	D	CR	GS	-	=	M	]	m	}
	E	SO	RS	.	>	N	^	n	~
	F	SL	US	/	?	O	_	o	DEL

範例 12-1

量測可變電阻的類比電壓值，並將 10 位元的量測結果轉換成 ASCII 編碼並輸出到個人電腦上的 VT-100 終端機。當電腦鍵盤按下 "c" 按鍵時開始輸出資料；當按下按鍵 "p" 停止輸出資料。

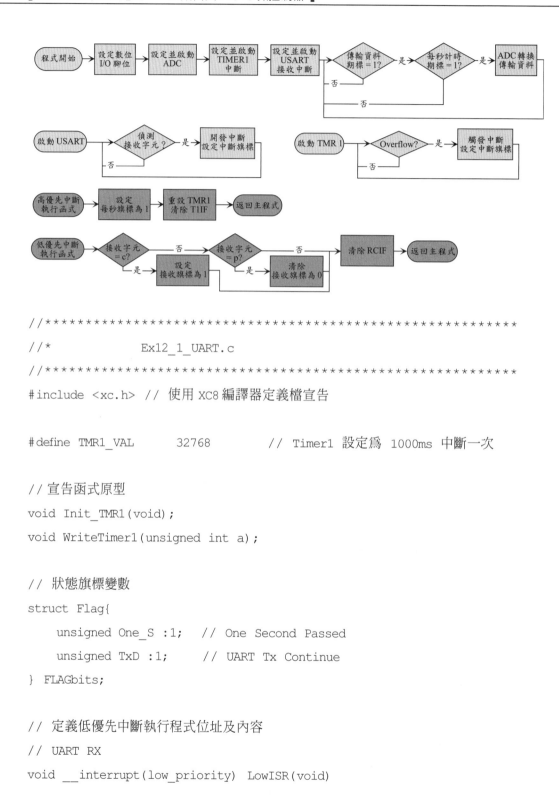

```
//*************************************************************
//*                Ex12_1_UART.c
//*************************************************************
#include <xc.h> // 使用 XC8 編譯器定義檔宣告

#define TMR1_VAL        32768            // Timer1 設定為 1000ms 中斷一次


// 宣告函式原型
void Init_TMR1(void);
void WriteTimer1(unsigned int a);


// 狀態旗標變數
struct Flag{
    unsigned One_S :1;   // One Second Passed
    unsigned TxD :1;     // UART Tx Continue
} FLAGbits;


// 定義低優先中斷執行程式位址及內容
// UART RX
void __interrupt(low_priority) LowISR(void)
```

```
{
    unsigned char RX_Temp;
    PIR1bits.RCIF = 0;        // 清除中斷旗標
    RX_Temp = RCREG;          // 讀取 USART 資料位元組
    LATD = RX_Temp;           // 將資料顯示於 LED
    if(RX_Temp =='c')   FLAGbits.TxD=0; // 'c' 則傳送資料
    if(RX_Temp =='p')   FLAGbits.TxD=1; // 'p' 則停止傳送
}


// 定義高優先中斷執行程式位址及內容
// TIMER1
void __interrupt(high_priority) HighISR(void)
{
    PIR1bits.TMR1IF = 0;      // 清除中斷旗標
    WriteTimer1(TMR1_VAL);    // 寫入計時預設值
    FLAGbits.One_S=1;         // 設定整秒旗標以利正常程式更新資料
}


void main () {
    unsigned char result;

    LATD = 0x00;              // 將 LATD 設定點亮 LED
    TRISD = 0;                // 將 TRISD 設為 0，PORTD 設定為輸出


// 開啟類比訊號轉換模組
    ADCON0=0x01;// 選擇 AN0 通道轉換，開啟 ADC 模組
    ADCON1=0x0E;// 使用 VDD，VSS 為參考電壓，設定 AN0 為類比輸入
    ADCON2=0xBA;// 結果向右靠齊並設定 TAD 時間為 32Tosc，轉換時間為 20TAD


// 開啟 USART 通訊介面
    TXSTA = 0b00100100;       // 設定為非同步傳輸，開啟資料連續接收
    RCSTA = 0b10010100;
```

CHAPTER

12

```c
// The Baud Rate is Fosc/(64*(spbrg+1)); for Low Speed
// The Baud Rate is Fosc/(16*(spbrg+1)); for High Speed
// 64 and High is 9600
    SPBRG = 64;

    PIR1bits.RCIF = 0;          // 清除中斷旗標
    IPR1bits.RCIP = 0;          // 設定為低優先中斷
    RCIE = 1;

    Init_TMR1();                // 開啓 TIMER1
    WriteTimer1(TMR1_VAL);      // 寫入計時預設值
    PIR1bits.TMR1IF = 0;        // 清除中斷旗標
    IPR1bits.TMR1IP = 1;        // 設定為高優先中斷
    TMR1IE = 1;

    RCONbits.IPEN=1;            // 開啓中斷優先功能
    GIEL = 1;                   // 開啓低優先中斷功能
    GIEH = 1;                   // 開啓高優先中斷功能

    FLAGbits.TxD = 0;           // 重置狀態旗標
    FLAGbits.One_S = 0;

    while(1) {
        while(FLAGbits.TxD==1);     // 判斷資料傳送狀態旗標
        if(FLAGbits.One_S==1) {     // 判斷是否整秒
            FLAGbits.One_S=0;       // 重置狀態旗標
            _delay(50);             // 時間延遲以完成採樣
            ADCON0bits.GO = 1 ;         // 進行訊號轉換
            while(ADCON0bits.GO);       // 等待轉換完成

            // 將十位元資料分三次傳出
            TXREG = (ADRESH+0x30);      // 轉換成 ASCII 符號並傳出數值
```

```
            while(!TRMT);                  //  等待傳輸完成

            result=(ADRESL>>4);            //  轉換成 ASCII 符號
            if(result>9)  result += 0x37;
            else result+=0x30;
            TXREG = result;                //  傳出數值
            while(!TRMT);                  //  等待傳輸完成

            result=ADRESL&0x0F;            //  轉換成 ASCII 符號
            if(result>9)  result += 0x37;
            else result+=0x30;
            TXREG = result;                //  傳出數值
            while(!TRMT);                  //  等待傳輸完成

            TXREG = 0x0A;                  //  傳出格式符號
            while(!TRMT);                  //  等待傳輸完成
            TXREG = 0x0D;
            while(!TRMT);                  //  等待傳輸完成
        }
    }
}


void Init_TMR1 (void){
    ……      ; 略以。參見程式檔
}


void WriteTimer1(unsigned int a) {   // 輸入 TIMER1 計數內容
    ……      ; 略以。參見程式檔
}
```

在範例程式中，藉由 USART 函式適當地設定將 USART 傳輸模組設定為非同步傳輸模式，傳輸速率則定在 9600bps 的鮑率，傳輸格式則為 8-N-1 的資料格式。同時藉由開啟資料接收中斷的功能，在任何時候只要有資料傳入微控制器的 RCREG 暫存器，則藉由低優先中斷的功能檢查輸入的字元符號，再依照符號的內容設定資料傳輸的旗標；當程式回復到主程式的執行後，根據所設定的旗標與計時器的時間數值綜合判斷，決定是否傳輸資料。如果需要傳輸的話，藉由十六進位編碼轉換 ASCII 編碼的格式轉換函式，將類比數位轉換的結果轉換成可以在超級終端機顯示的 ASCII 編碼字元符號。

同時程式中利用 TIMER1 計時器與高優先中斷建立每秒更新的類比訊號轉換結果顯示。由於同時有兩個中斷功能開啟，因此在中斷執行程式中分別以狀態旗標變數設定的方式記錄中斷的發生；然後再回到正常程式中在藉由狀態旗標變數的檢查決定是否進行相關的資料傳輸與類比訊號轉換程序。藉此方法可以避免在中斷執行程式時間過長影響其他程式執行的現象。而且為了計時的精準，故將計時器中斷列為高優先，資料接收列為低優先中斷；因此，即使在資料接收中斷程序中，仍可以精準地計時。

12.3　加強的EUSART模組功能

除了上述的一般 USART 模組功能之外，較新的 PIC18 微控制器配置有加強型的 EUSART 模組，主要增加的功能包括：

- 採樣電路
- 自動鮑率偵測（Auto Baudrate Detection）
- 12 位元中斷字元傳輸（12-bit Break Character Transmit）
- 同步中斷字元自動喚醒（Auto-Wake-up）

表 12-8　與 EUSART 模組相關的暫存器

Name	Bit 7	Bit 6	Bit 5	Bit 4	Bit 3	Bit 2	Bit 1	Bit 0
TXSTA	CSRC	TX9	TXEN	SYNC	SENDB	BRGH	TRMT	TX9D
RCSTA	SPEN	RX9	SREN	CREN	ADDEN	FERR	OERR	RX9D
BAUDCON	ABDOVF	RCIDL	—	SCKP	BRG16	—	WUE	ABDEN
SPBRGH	EUSART Baud Rate Generator Register, High Byte							
SPBRG	EUSART Baud Rate Generator Register, Low Byte							

◎ BAUDCON控制暫存器定義

在 EUSART 模組中增加了一個控制暫存器 BAUDCON，其相關位元定義與控制內容表列如下：

表 12-9　BAUDCON 控制暫存器內容定義

R/W-0	R-1	U-0	R/W-0	R/W-0	U-0	R/W-0	R/W-0
ABDOVF	RCIDL	—	SCKP	BRG16	—	WUE	ABDEN

bit 7 　　　　　　　　　　　　　　　　　　　　　　　　bit 0

bit 7 **ABDOVF:** Auto-Baud Acquisition Rollover Status bit

　　1 = 自動鮑率偵測時鮑率計數發生溢流。

　　0 = 未發生鮑率計數溢流。

bit 6 **RCIDL:** Receive Operation Idle Status bit

　　1 = 資料接收作業閒置。

　　0 = 資料接收作業進行中。

bit 5 **Unimplemented:** Read as '0'

bit 4 **SCKP:** Synchronous Clock Polarity Select bit

　　Asynchronous mode:

　　　　未使用。

　　Synchronous mode:

　　　　1 = 閒置時 CK 腳位為高電位。

　　　　0 = 閒置時 CK 腳位為低電位。

bit 3 **BRG16:** 16-bit Baud Rate Register Enable bit

　　1 = 使用 16 位元鮑率產生器。

　　0 = 使用 8 位元鮑率產生器。

bit 2 **Unimplemented:** Read as '0'

bit 1 **WUE:** Wake-up Enable bit

　　Asynchronous mode:

　　　　1 = 模組持續偵測 RX 腳位，於下降邊緣產生中斷，於下一個上升邊緣清除為 0。

　　　　0 = 模組不偵測 RX 腳位。

CHAPTER

12

Synchronous mode:

未使用。

bit 0 **ABDEN:** Auto-Baud Detect Enable bit

Asynchronous mode:

1 = 模組對 (55h) 訊號進行鮑率偵測；偵測完成時清除為 0。

0 = 鮑率偵測完成或關閉。

Synchronous mode:

未使用。

◼ 16 位元鮑率的使用

在加強的 EUSART 模組中，可以利用採樣電路與 16 位元鮑率產生器（SPBRGH&SPBRG）設定鮑率。使用 16 位元報率設定時，其計算公式可參考表 12-10。

表 12-10　EUSART 的 16 位元鮑率設定計算公式

設定位元			BRG/EUSART模式	鮑率計算公式
SYNC	BRG16	BRGH		
0	0	0	8-bit/非同步	$Fosc/[64(n + 1)]$
0	0	1	8-bit/非同步	$Fosc/[16(n + 1)]$
0	1	0	16-bit/非同步	
0	1	1	16-bit/非同步	$Fosc/[4(n + 1)]$
1	0	x	8-bit/同步	
1	1	x	16-bit/同步	

◼ 自動鮑率偵測

在加強的 EUSART 模組中，可以利用採樣電路與 16 位元鮑率產生器（SPBRGH&SPBRG）對於特定的輸入位元組訊號 0x55 = 01010101B 進行鮑率的偵測；在偵測時，16 位元鮑率產生器將作為一個計數器使用藉以偵測的輸入位元組訊號變化的時間，進了利用計數器的數值計算所需要的鮑率。在偵測完成時，會自動將適當的鮑率設定值存入到鮑率產生器中，便可以進行後續的資料傳輸與接收。

由於需要特殊輸入位元組訊號的配合，因此在使用上必須要求相對應的資料發送端在資料傳輸的開始時先行送出 0x55 的特殊訊號，否則將無法完成自動鮑率偵測的作業。

自動喚醒功能

在加強的 EUSART 模組中起，應用程式也可以藉由接收腳位 RX/DT 的訊號變化將微控制器從閒置的狀態中喚醒。

在微控制器的睡眠模式下，所有傳輸到 EUSART 模組的時序將會被暫停。因此，鮑率產生器的工作也將暫停而無法繼續地接受資料。此時，自動喚醒功能將可以藉由偵測資料接收腳位上的訊號變化來喚醒微控制器而得以處理後續的資料傳輸作業。但是這種自動喚醒的功能，只能夠在非同步傳輸的模式下使用。

藉由將控制位元 WUE 設定為 1 便可以啟動自動喚醒的功能。在完成設定後，正常的資料接收程序將會被暫停，而模組將會進入閒置狀態並且監視在資料接收腳位 RX/DT 上是否有喚醒訊號的發生。所需要的喚醒訊號是一個由高電壓變成低電壓的下降邊緣訊號，這個訊號與 LIN 通訊協定中的同步中斷或者喚醒訊號位元的開始狀態是相同的。也就是說，藉由適當的自動喚醒設定，EUSART 模組將可以使用在 LIN 通訊協定的環境中。

在接收到喚醒的訊號時，如果微控制器是處於睡眠模式時，EUSART 模組將會產生一個 RCIF 的中斷訊號。這個中斷訊號將可以藉由讀取 RCREG 資料暫存器的動作而清除為 0。在接收到喚醒訊號（下降邊緣）之後，RX 腳位上的下一個上升邊緣訊號將會自動的將控制位元 WUE 清除為 0。這個上升邊緣的訊號通常也就是同步中斷訊號的結束，此時模組將會回歸到正常的操作狀態。

CHAPTER 13

EEPROM 資料記憶體

除了一般的隨機讀寫資料記憶體（RAM）之外，通常在微控制器中也配置有可以永久儲存資料的電氣可抹除資料記憶體（EEPROM, Electrical Erasable Programmable ROM）。EEPROM 主要的用途是要將一些應用程式所需要使用的永久性資料儲存在記憶體中，無論微控制器的電源中斷與否，這一些資料都會永久地保存在記憶體中不會消失。因此，當應用程式需要儲存永久性的指標時，例如資料表、函式對照表、固定不變的常數等等，便可以將這些資料儲存在 EEPROM 記憶體中。

當然這一些固定不變的資料也可以藉由程式的撰寫，將它們安置在應用程式的一部分；但是這樣的作法一方面增加程式的長度，另一方面則由於資料隱藏在程式中間，如果需要做資料的修改或者更新時，便需要將程式重新地更新燒錄才能夠修正原始的資料。但是如果將資料儲存在 EEPROM 記憶體中時，則資料的更新可以藉由程式的軟體在線上自我更新，或是藉由燒錄器單獨更新 EEPROM 中的資料而不需要改寫程式。如此一來，便可將應用程式與永久性資料分開處理，可以更有效地進行資料管理與程式維修。

13.1 EEPROM資料記憶體讀寫管理

PIC18 系列微控制器的 EEPROM 資料記憶體可以在正常程式執行的過程中，利用一般的操作電壓完成 EEPROM 記憶資料的讀取或寫入。但是這些永久性的資料記憶體並不是直接映射到檔案暫存器空間，替代的方式是將它們透過特殊功能暫存器的使用以及間接定址的方式進行資料的讀取或寫入。

與 EEPROM 資料記憶體讀寫相關的特殊功能暫存器有下列四個：

■ EECON1
■ EECON2
■ EEDATA
■ EEADR

EEPROM 記憶體的讀寫是以位元組（byte）為單位進行的。在讀寫 EEPROM 資料的時候，EEDATA 特殊功能暫存器儲存著所要處理的資料內容，而 EEADR 特殊功能暫存器則儲存著所需要讀寫的 EEPROM 記憶體位址。PIC18F4520 微控制器總共配置有 256 個位元組的 EEPROM 資料記憶體，它們的位址定義為 0x00～0xFF。

由於硬體的特性，EEPROM 資料記憶體需要較長的時間才能完成抹除與寫入的工作。在 PIC18F4520 微控制器硬體的設計上，當執行一個寫入資料的動作時，將自動地先將資料抹除後再進行寫入的動作（erase-before-write）。資料寫入所需要的時間是由微控制器內建的計時器所控制。實際資料寫入所需的時間與微控制器的操作電壓和溫度有關，而且由於製造程序的關係，不同的微控制器也會有些許的差異。

與 EEPROM 資料記憶體讀寫相關的特殊功能暫存器如表 13-1 所示。

表 13-1　與 EEPROM 資料記憶體讀寫相關的特殊功能暫存器

Name	Bit 7	Bit 6	Bit 5	Bit 4	Bit 3	Bit 2	Bit 1	Bit 0	Value on: POR, BOR	Value on All Other RESETS
INTCON	GIE/ GIEH	PEIE/ GIEL	T0IE	INTE	RBIE	T0IF	INTF	RBIF	0000 000x	0000 000u
EEADR	EEPROM Address Register								0000 0000	0000 0000
EEDATA	EEPROM Data Register								0000 0000	0000 0000
EECON2	EEPROM Control Register2 (not a physical register)								—	—
EECON1	EEPGD	CFGS	—	FREE	WRERR	WREN	WR	RD	xx-0 x000	uu-0 u000
IPR2	OSCFIP	CMIP	—	EEIP	BCLIP	LVDIP	TMR3IP	CCP2IP	11-1 1111	11-1 1111
PIR2	OSCFIF	CMIF	—	EEIF	BCLIF	LVDIF	TMR3IF	CCP2IF	00-0 0000	00-0 0000
PIE2	OSCFIE	CMIE	—	EEIE	BCLIE	LVDIE	TMR3IE	CCP2IE	00-0 0000	00-0 0000

EECON1與EECON2暫存器

EECON1 是管理 EEPROM 資料記憶體讀寫的控制暫存器。EECON2 則是一個虛擬的暫存器，它是用來完成 EEPROM 寫入程序所需要的暫存器。如果讀取 EECON2 暫存器的內容，將會得到 0 的數值。

EECON1控制暫存器定義

EECON1 相關的暫存器位元定義表如表 13-2 所示。

表 13-2 EECON1 控制暫存器內容定義

R/W-x	R/W-x	U-0	R/W-0	R/W-x	R/W-0	R/S-0	R/S-0
EEPGD	CFGS	—	FREE	WRERR	WREN	WR	RD

bit 7　　　　　　　　　　　　　　　　　　　　　　　　　　　　　　　bit 0

bit 7 **EEPGD:** FLASH Program or Data EEPROM Memory Select bit

　1 = 讀寫快閃程式記憶體。

　0 = 讀寫 EEPROM 資料記憶體。

bit 6 **CFGS:** FLASH Program/Data EE or Configuration Select bit

　1 = 讀寫結構設定或校正位元暫存器。

　0 = 讀寫快閃程式記憶體或 EEPROM 資料記憶體。

bit 5 **Unimplemented:** Read as '0'

bit 4 **FREE:** FLASH Row Erase Enable bit

　1 = 在下一次寫入動作時，清除由 TBLPTR 定址的程式記憶列內容，清除動作完成時回復為 0。

　0 = 僅執行寫入動作。

bit 3 **WRERR:** FLASH Program/Data EE Error Flag bit

　1 = 寫入動作意外終止（由 MCLR 或其 RESET 引起）。

　0 = 寫入動作順利完成。

　Note：當 WRERR 發生時，EEPGD 或 FREE 狀態位元將不會被清除以便追蹤錯誤來源。

bit 2 **WREN:** FLASH Program/Data EE Write Enable bit

　　1 = 允許寫入動作。

　　0 = 禁止寫入動作。

bit 1 **WR**: Write Control bit

　　1 = 啟動 EEPROM 資料或快閃程式記憶體寫入動作，寫入完成時自動清除為 0。軟
體僅能設定此位元為 1。

　　0 = 寫入動作完成。

bit 0 **RD**: Read Control bit

　　1 = 開始 EEPROM 資料或快閃程式記憶體讀取動作，讀取完成時自動清除為 0。軟
體僅能設定此位元為 1。當 EEPGD = 1 時，無法設定此位元為 1。

　　0 = 未開始 EEPROM 資料或快閃程式記憶體讀取動作。

　　EECON1 暫存器中的控制位元 RD 與 WR 分別用來啟動讀取與寫入操作
的程序，軟體只可以將這些位元的狀態設定為 1 而不可以清除為 0。在讀寫的
程序完成之後，這些位元的內容將會由硬體清除為 0。這樣的設計目的是要避
免軟體意外地將 WR 位元清除為 0 而提早結束資料寫入的程序，這樣的意外
將會造成寫入資料的不完全。

　　要注意的是，WR 寫入程序的啟動是受到 WREN 位元的管控。當設定
WREN 位元為 1 時，才會開始寫入的程序，這時 WR 的設定才會發生作用。
在電源開啟的時候，WREN 位元是被預設為 0 的。當寫入的程序被重置、監
視計時器重置或者其他的指令中斷而沒有完成的時候，WRERR 狀態位元將
會被設定為 1，使用者可以檢查這個位元以決定是否在重置之後需要重新將資
料寫入到同一個位址。如果需要重新寫入的話，由於 EEDATA 資料暫存器與
EEADR 位址暫存器的內容在重置時被清除為 0，因此必須要將相關的資料重
新載入。

13.2　讀寫EEPROM記憶體資料

▋讀取EEPROM記憶體資料

　　要從一個 EEPROM 資料記憶體位址讀取資料，應用程式必須依照下列的

步驟：

    1. 先將想要讀取資料的記憶體位址寫入到 EEADR 暫存器。

    2. 將 EEPGD 控制位元清除為 0。

    3. 將 CFGS 控制位元清除為 0。

    4. 然後將 RD 控制位元設定為 1。

在完成這樣的動作後，資料在下一個指令週期的時間將可以從 EEDATA 暫存器中讀取。EEDATA 暫存器將持續地保留所讀取的數值直到下一次的 EEPROM 資料讀取，或者是應用程式寫入新的資料到這個暫存器。

由於這是一個標準的作業程序，所以讀者可以參考下面的標準組合語言範例撰寫 C 語言函式進行 EEPROM 資料記憶體的讀取。

```
MOVLW      DATA_EE_ADDR              ;
MOVWF      EEADR                     ; 被讀取資料記憶體位址
BCF        EECON1, EEPGD             ; 設定為資料記憶體
BCF        EECON1, CFGS              ; 開啟記憶體路徑
BSF        EECON1, RD                ; 讀取資料
MOVF       EEDATA, W                 ; 資料移入工作暫存器 WREG
```

◙ 寫入EEPROM記憶體資料

要將資料寫入到一個 EEPROM 資料記憶體位址，應用程式必須依照下列的步驟：

    1. 先將想要寫入資料的記憶體位址寫入到 EEADR 暫存器。

    2. 將要寫入的資料儲存到 EEDATA 暫存器。

    3. 接下來的動作較為繁複，但是由於寫入的程序是一個標準動作，因此可以參考下面的範例撰寫 C 語言函式完成資料寫入 EEPROM 記憶體的工作。

```
MOVWF      EEADR                    ; Data Memory Address to read
MOVLW      DATA_EE_DATA             ;
MOVWF      EEDATA                   ; Data Memory Value to write
BCF        EECON1, EEPGD            ; Point to DATA memory
BCF        EECON1, CFGS             ; Access program FLASH or Data EEPROM
                                    ; memory
BSF        EECON1, WREN             ; Enable writes
BCF        INTCON, GIE              ; 將所有的中斷關閉
MOVLW      55h                      ; Required
MOVWF      EECON2                   ; Sequence Write 55h
MOVLW      AAh                      ;
MOVWF      EECON2                   ; Write AAh
BSF        EECON1, WR               ; Set WR bit to begin write
BSF        INTCON, GIE              ; 重新啓動中斷功能
                                    ; user code execution
   :
   :
   :
BCF        EECON1, WREN             ; Disable writes on write complete (EEIF
                                    ; set)
```

　　如果應用程式沒有完全依照上列的程式內容來撰寫指令，特別是粗體字的
程式部分，則資料寫入的程序將不會被開啓。而爲了避免不可預期的中斷發生
而影響程式執行的順序，強烈建議應用程式碼在執行上述的指令之前，必須要
將所有的中斷關閉。

　　除此之外，EECON1 暫存器中的 WREN 控制位元必須要被設定爲 1 才能
夠開啓寫入的功能。這一個額外的機制可以防止不可預期的程式執行意外地啓
動 EEPROM 記憶體資料寫入的程序。除了在更新 EEPROM 資料記憶體的內
容之外，WREN 控制位元必須要永遠保持設定爲 0 的狀態。而且 WREN 位元
一定要由軟體清除爲 0，它不會被硬體所清除。

　　一旦開始寫入的程序之後，EECON1、EEADR 與 EEDATA 暫存器的內容就不可以被更改。除非 WREN 控制位元被設定為 1，否則 WR 控制位元將會被禁止設定為 1。而且這兩個位元必須要用兩個指令依照順序先後地設定為 1，而不可以使用 movlw 或其他的指令在同一個指令週期將它們同時設定為 1。這樣的複雜程序主要是為了保護 EEPROM 記憶體中的資料不會被任何不慎或者意外的動作所改變。

　　在完成寫入的動作之後，WR 狀態位元將會由硬體自動清除為 0，而且將會把 EEPROM 記憶體寫入完成中斷旗標位元 EEIF 設定為 1。應用程式可以利用開啟中斷功能或者是輪詢檢查這個中斷位元來決定寫入的狀態。EEIF 中斷旗標位元只能夠用軟體清除。

　　由於寫入動作的複雜，建議讀者在完成寫入動作之後，檢查數值寫入的資料是否正確。建立一個好的程式撰寫習慣是程式執行正確的開始。

　　如果應用程式經常地在改寫 EEPROM 資料記憶體的內容時，建議在應用程式的開始適當地將 EEPROM 資料記憶體的內容重置為 0，然後再有效地使用資料記憶體，以避免錯誤資料的引用。讀者可以參考下面的範例程式將所有的 EEPROM 資料記憶體內容歸零。

```
        clrf        EEADR               ; 由位址 0 的記憶體開始
        bcf         EECON1, CFGS        ; 開啟記憶體路徑
        bcf         EECON1, EEPGD       ; 設定為資料記憶體
        bcf         INTCON, GIE         ; 停止中斷
        bsf         EECON1, WREN        ; 啟動寫入
Loop                                    ; 清除陣列迴圈
        bsf         EECON1, RD          ; 讀取目前位址資料
        movlw       55h                 ; 標準程序
        movwf       EECON2              ; Write 55h
        movlw       AAh                 ;
        movwf       EECON2              ; Write AAh
        bsf         EECON1, WR          ; 設定 WR 位元開始寫入
        btfsc       EECON1, WR          ; 等待寫入完成
```

```
bra     $-2
incfsz      EEADR,F                 ; 遞加位址，並判斷結束與否
bra         Loop                    ; Not zero, 繼續迴圈
bcf         EECON1,WREN             ; 關閉寫入
bsf         INTCON,GIE              ; 啓動中斷
```

　　對於進階的使用者，也可以將資料寫入到 FLASH 程式記憶體的位址；將資料寫入到 FLASH 程式記憶體的程序和 EEPROM 資料的讀寫程序非常的類似，但是需要較長的讀寫時間。而且在讀寫的過程中除了可以使用單一位元組的讀寫程序之外，同時也可以藉由表列讀取（Table Read）或者表列寫入（Table Write）的方式一次將多筆資料同時寫入或讀取。由於這樣的讀寫需要較高的程式技巧，有興趣的讀者可以參考相關微控制器的資料手冊以了解如何將資料寫入到程式記憶體中。

範例 13-1

　　量測可變電阻的類比電壓值，並將 10 位元的量測結果轉換成 ASCII 編碼並輸出到個人電腦上的 VT-100 終端機。當電腦鍵盤按下下列按鍵時，進行以下的動作：

　　按下按鍵 'c' 開始輸出資料；
　　按下按鍵 'p' 停止輸出資料；
　　按下按鍵 'r' 讀取 EEPROM 的資料；
　　按下按鍵 'w' 更新 EEPROM 的資料；
　　按下按鍵 'e' 清除 EEPROM 的資料。

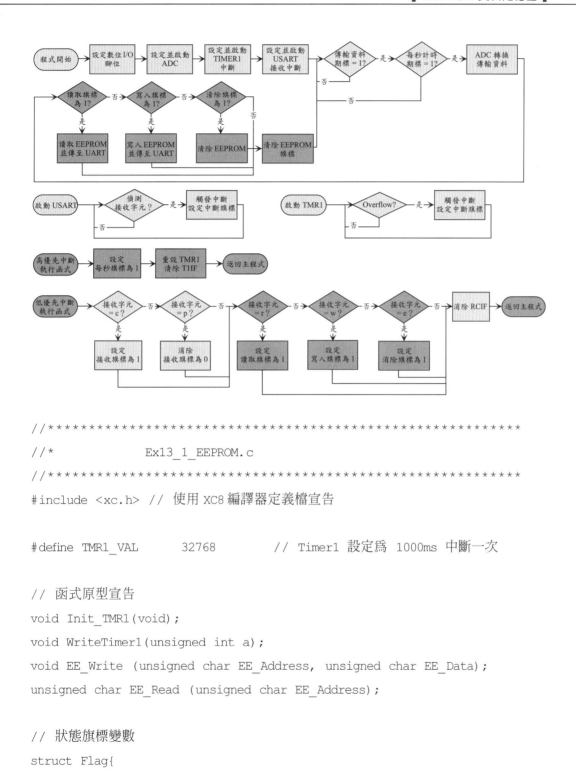

```
//************************************************************
//*                Ex13_1_EEPROM.c
//************************************************************
#include <xc.h>  // 使用 XC8 編譯器定義檔宣告


#define TMR1_VAL      32768            // Timer1 設定為 1000ms 中斷一次


// 函式原型宣告
void Init_TMR1(void);
void WriteTimer1(unsigned int a);
void EE_Write (unsigned char EE_Address, unsigned char EE_Data);
unsigned char EE_Read (unsigned char EE_Address);

// 狀態旗標變數
struct Flag{
```

```
    unsigned One_S :1;   //  One Second Passed
    unsigned TxD :1;     //  UART Tx Continue
    unsigned EERD :1;    //  Read EEPROM
    unsigned EEWR :1;    //  Read EEPROM
} FLAGbits;

// 定義低優先中斷執行程式位址及內容
void __interrupt(low_priority) LowISR(void){
    unsigned char RX_Temp;
    RCIF = 0;                // 清除中斷旗標
    RX_Temp = RCREG;      // 讀取 USART 資料位元組
    LATD = RX_Temp;        // 將資料顯示於 LED
    switch(RX_Temp) {
    case('c'): FLAGbits.TxD=0;  // 'c' 則傳送資料
            break;
    case('p'): FLAGbits.TxD=1;  // 'p' 則停止傳送
            break;
    case('r'): FLAGbits.TxD=0; // 'r' 則讀取 eeprom 資料傳送
            FLAGbits.EERD=1;
            FLAGbits.EEWR=0;
            break;
    case('w'): FLAGbits.TxD=0;  // 'w' 則將資料寫入 eeprom
            FLAGbits.EERD=0;
            FLAGbits.EEWR=1;
            break;
    case('e'): FLAGbits.TxD=0;  // 'e' 則清除 eeprom 資料
            FLAGbits.EERD=1;
            FLAGbits.EEWR=1;
            break;
    }
}
```

```
// 定義高優先中斷執行程式位址及內容
void __interrupt(high_priority) HIGHISR(void){
    TMR1IF = 0;                // 清除中斷旗標
    WriteTimer1(TMR1_VAL);     // 寫入計時預設值
    FLAGbits.One_S=1;          // 設定整秒旗標以利正常程式更新資料
}


void main () {
    unsigned char result, ADRH, ADRL;


    LATD = 0x00;               // 將 LATD 設定
    TRISD = 0;                 // 將 TRISD 設為 0，PORTD 設定為輸出

// 開啟類比訊號轉換模組
    ADCON0=0x01; // 選擇 AN0 通道轉換，開啟 ADC 模組
    ADCON1=0x0E; // 使用 VDD，VSS 為參考電壓，設定 AN0 為類比輸入
    ADCON2=0xBA; // 結果向右靠齊並設定轉換時間為 Fosc/32，採樣時間為 20TAD

// 開啟 USART 通訊介面
    TXSTA = 0b00100100;        // 設定為非同步傳輸，開啟資料連續接收
    RCSTA = 0b10010100;
// The Baud Rate is Fosc/(16*(spbrg+1)); for High Speed
// 64 and High is 9600
    SPBRG = 64;
    PIR1bits.RCIF = 0;         // 清除中斷旗標
    IPR1bits.RCIP = 0;         // 設定為低優先中斷
    RCIE = 1;

    Init_TMR1();               // 開啟 TIMER1
    WriteTimer1(TMR1_VAL);     // 寫入計時預設值
    TMR1IF = 0;                // 清除中斷旗標
    IPR1bits.TMR1IP = 1;       // 設定為高優先中斷
```

CHAPTER

13

```
        TMR1IE = 1;


        RCONbits.IPEN=1;              // 開啓中斷優先功能
        GIEL = 1;                     // 開啓低優先中斷功能
        GIEH = 1;                     // 開啓高優先中斷功能


        FLAGbits.TxD = 0;             // 重置狀態旗標
        FLAGbits.One_S = 0;


    while(1)  {
        while(FLAGbits.TxD==1);        // 判斷資料傳送狀態旗標
        if(FLAGbits.One_S==1)  {       // 判斷是否整秒
            FLAGbits.One_S = 0;        // 重置狀態旗標
            _delay(50);                // 時間延遲以完成採樣
            ADCON0bits.GO = 1 ;        // 進行訊號轉換
            while(ADCON0bits.GO);      // 等待轉換完成
            ADRL = ADRESL;
            ADRH = ADRESH;


            if(FLAGbits.EEWR == 0)  {
                if(FLAGbits.EERD == 1)  {// 讀取 eeprom 資料傳送
                    ADRL = EE_Read(0);
                    ADRH = EE_Read(1);
                }
                FLAGbits.EERD = 0;        // 重置狀態旗標
            }
            else  {
                if(FLAGbits.EERD == 0)  {     // 將資料寫入 eeprom
                    EE_Write(0, ADRL);
                    EE_Write(1, ADRH);
                }
```

```
        else {                          // 清除 eeprom 資料為 0
            EE_Write(0, 0);
            EE_Write(1, 0);
        }
        FLAGbits.EEWR = 0;              // 重置狀態旗標
    }

    // 將十位元資料分三次傳出
    TXREG = (ADRH+0x30);         // 轉換成 ASCII 符號並傳出數值
    while(!TRMT);                      // 等待傳輸完成

    result = (ADRL>>4);               // 轉換成 ASCII 符號
    if(result>9) result += 0x37;
    else result += 0x30;
    TXREG = result;                   // 傳出數值
    while(!TRMT);                      // 等待傳輸完成

    result = ADRL & 0x0F;             // 轉換成 ASCII 符號
    if(result>9) result += 0x37;
    else result += 0x30;
    TXREG = result;                   // 傳出數值
    while(!TRMT);                      // 等待傳輸完成

    TXREG = (0x0A);                   // 傳出格式符號
    while(!TRMT);                      // 等待傳輸完成
    TXREG = (0x0D);
    while(!TRMT);                      // 等待傳輸完成
    }
  }
}
```

CHAPTER

13

```c
// 將資料寫入 eeprom 標準程序函式
void EE_Write (unsigned char EE_Address, unsigned char EE_Data){
    PIR2bits.EEIF = 0;
    EEADR = EE_Address;
    EEDATA = EE_Data;
    EECON1bits.EEPGD = 0;
    EECON1bits.CFGS = 0 ;
    EECON1bits.WREN = 1;
    INTCONbits.GIE = 0;  // 關閉中斷功能確保下列程式的連續執行

    // 嵌入式組合語言確保程序執行
    asm("movlb    0x0F");
    asm("movlw    0x55");
    asm("movwf    EECON2, a");
    asm("movlw    0xAA");
    asm("movwf    EECON2, a");
    asm("bsf      EECON1, 1, a");

    INTCONbits.GIE = 1;  // 開啟中斷功能
    while (!PIR2bits.EEIF);
    PIR2bits.EEIF = 0;
    EECON1bits.WREN = 0;
}

// 讀取 eeprom 資料函式
unsigned char EE_Read (unsigned char EE_Address)
{
    EEADR = EE_Address;
    EECON1bits.EEPGD = 0;
    EECON1bits.CFGS = 0 ;
    EECON1bits.RD = 1;
```

```
        return EEDATA;
}


void Init_TMR1 (void){
    ......      ;  略以。參見程式檔
}


void WriteTimer1(unsigned int a)  {
    ......      ;  略以。參見程式檔
}
```

在範例程式中，利用了標準的 EEPROM 指令程序在相對應的電腦按鍵觸發而經由 UART 資料接收中斷的功能，在中斷執行函式中判斷所接收的資料符號為何。然後根據所接收到的符號設定相對應的動作旗標，再依照標準的 EEPROM 讀取或寫入的程序完成所發出的動作。

EEPROM 讀取或寫入的程序是依照資料手冊的標準程序所撰寫，特別是在寫入的部分，為了確保寫入的動作可以連續進行不受干擾，特別將中斷功能暫時關閉；同時並利用嵌入式組合語言的功能將特定的寫入程序嵌入 C 語言程式中，以避免 XC8 編譯器轉譯時產生差異而影響執行成果。

看完了這個範例程式，讀者還會覺得 EEPROM 的讀寫很困難嗎？

CHAPTER 14

LCD 液晶顯示器

　　在一般的微控制器應用程式中，經常需要以數位輸出入埠的管道來進行與其他外部周邊元件的訊息溝通。例如外部記憶體、七段顯示器、發光二極體與液晶顯示器等等。為了加強使用者對於這些基本需求的應用程式撰寫能力，在這個章節中將會針對以組合程式語言撰寫一般微控制器常用的 LCD 液晶顯示器驅動程式做一個詳細的介紹。希望藉由這樣的練習可以加強撰寫應用程式的能力，並可以應用到其他類似的外部周邊元件驅動程式處理。

　　在一般的使用上，微控制器的運作時常要與其他的數位元件做訊號的傳遞。除了複雜的通訊協定使用之外，也可以利用輸出入埠的數位輸出入功能來完成元件間訊號的傳遞與控制。在這裡我們將使用一個 LCD 液晶顯示器的驅動程式作為範例，示範如何適當而且有順序地控制控制器的各個腳位。

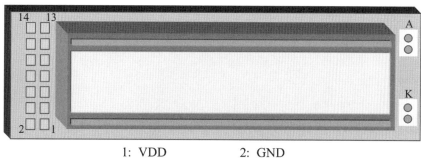

1: VDD	2: GND
3: VC	4: RS
5: RW	6: E
7: DB0	8: DB1
9: DB2	10: DB3
11: DB4	12: DB5
12: DB6	14: DB7

圖 14-1　液晶顯示器（LCD）腳位示意圖

14.1　液晶顯示器的驅動方式

　　要驅動一個 LCD 顯示正確的資訊，必須要對它的基本驅動方式有一個基本的認識。使用者可以參考 Microchip 所發布的 AN587 使用說明，來了解驅動一個與 Hitachi LCD 控制器 HD44780 相容的顯示器。如圖 14-1 所示，除了電源供應（VDD 、GND）、背光電源（A 、K）及對比控制電壓（VC）的外部電源接腳之外，LCD 液晶顯示器可分為 4 位元及 8 位元資料傳輸兩種模式的電路配置。基本上，如果使用 4 位元長度的資料傳輸模式，控制一個 LCD 需要七個數位輸出入的腳位。其中四個位元是作為資料傳輸，另外三個則控制了資料傳輸的方向以及採樣時間點。如果使用是 8 位元長度的資料傳輸模式，則需要十一個數位輸出入的腳位。它們的功能簡述如表 14-1。

表 14-1　液晶顯示器腳位功能

腳位	功能	
RS	L: Instruction Code Input H: Data Input	
R/W	H: Data Read (LCD module→MPU) L: Data Write (LCD module←MPU)	
E	H→L: Enable Signal L→H: Latch Data	
DB0	8- Bit Data Bus Line	
DB1		
DB2		
DB3		
DB4		4-Bit Data Bus Line
DB5		
DB6		
DB7		

設定一個 LCD 顯示器資料傳輸模式、資料顯示模式以及後續資料傳輸的標準流程可以從下面的圖 14-2 流程圖中看出。

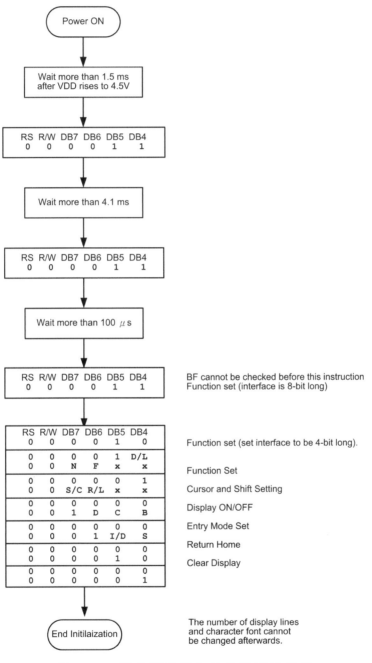

圖 14-2 液晶顯示器初始化設定流程圖

I/D = 1: Increment;	I/D = 0: Decrement
S = 1: Accompanies display shift	
S/C = 1: Display shift	S/C = 0: Cursor move
R/L = 1: Shift to the right	R/L = 0: Shift to the left
DL = 1: 8 bits	DL = 0: 4 bits
N = 1: 2 lines	N = 0: 1 line
F = 1: 5x10 dots	F = 0: 5x8 dots
D = 1: Display on	D = 0: Display off
C = 1: Cursor on	C = 0: Cursor off
B = 1: Blinking on	B = 0: Blinking off
BF = 1: Internally operating;	BF = 0: Instructions acceptable

顯示器的第一行起始位址為 0x00，第二行起始位址為 0x40，後續的顯示字元位址則由此遞增。要修改顯示內容時，依照下列操作步驟依序地將資料由控制器傳至 LCD 顯示器控制器：

1. 將準備傳送的資料中較高 4 位元（Higher Nibble）設定到連接 DB4～DB7 的腳位；

2. 將 E 腳位由 1 清除為 0，此時 LCD 顯示器控制器將接受 DB4～DB7 腳位上的數位訊號；

3. 先將 RS 與 RW 腳位依需要設定其電位（1 或 0）；

4. 緊接著將 E 腳位由 0 設定為 1；

5. 檢查 LCD 控制器的忙碌旗標（Busy Flag, BF）或等待足夠時間以完成傳輸。

6. 重複步驟 1～5，將步驟 1 的資料改為較低 4 位元（Lower Nibble），即可完成 8 位元資料傳輸。

傳輸時序如圖 14-3 所示。各階段所需的時間，如標示 1～7，請參閱 Microchip 應用說明 AN587。

因此在應用程式中，使用者必須依照所規定的流程順序控制時間，並依照所要求的資料設定對應的輸出入腳位，才能夠完成顯示器的設定與資料傳輸。在接下來的範例程式中，我們將針對設定流程中的步驟撰寫函式；並且將這些函式整合完成程式的運作。當控制器檢測到周邊相關的訊號時，將會在顯示器上顯示出相關的資訊。

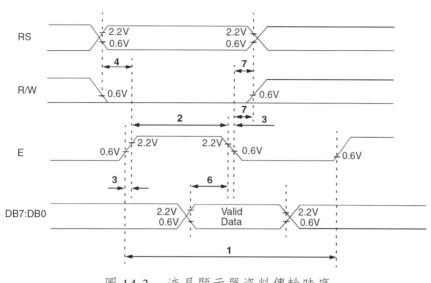

圖 14-3　液晶顯示器資料傳輸時序

　　單單是看到設定液晶顯示器的流程，恐怕許多讀者就會望之怯步，不知道要從何著手。但是這個需求反而凸顯出使用函式來撰寫 PIC 微控制器應用程式的優點。我們可以利用組合語言中呼叫函式的功能，將設定與使用 LCD 液晶顯示器的各個程序撰寫成函式；然後在主程式中需要與 LCD 液晶顯示器做訊息溝通時，使用呼叫函式的簡單敘述就可以完成 LCD 液晶顯示器所要求的繁瑣程序。

　　呼叫函式概念廣泛地被運用在組合語言程式的撰寫中。對於複雜繁瑣的工作程序，我們可以將它撰寫成函式。一方面可以將這些冗長的程式碼獨立於主程式之外；另一方面在程式的撰寫與除錯的過程中，也可以簡化程式的需求並縮小程式的範圍與大小，有利於程式的檢查與修改。而對於必須要重複執行的工作程序，使用呼叫函式的概念可以非常有效地簡化主程式的撰寫，避免一再重複的程式碼出現。同時這樣的函式也可以應用在僅有少數差異的重複工作程序中，增加程式撰寫的方便性與可攜性。例如，將不同的字元符號顯示在 LCD 液晶顯示器上的工作程序便可以撰寫成一個將所要顯示的字元作為引數的函式，這樣的函式便可以在主程式中重複地被呼叫使用，大幅地簡化主程式的撰寫。

　　接下來，就讓我們範例程式中學習如何將 LCD 液晶顯示器的工作程序撰寫成函式。

┃範例 14-0┃

　　根據 Microchip 所發布的 AN587 使用說明，來撰寫驅動一個與 Hitachi
LCD 控制器 HD44780 相容顯示器的函式集。

‧LCD 相關腳位與符號定義：

```
//*****************************************************
//*                   evm_lcd.c                      *
//*****************************************************
#include <xc.h>              // 使用 XC8 編譯器定義檔宣告
#include "evm_lcd.h"         // 使用 LCD 函式定義檔宣告


#ifndef _XTAL_FREQ
#define _XTAL_FREQ 10000000 // 使用 __delay_ms(x) 時，一定要先定義此符號
//__delay_ms(x);  x 不可以太大
#endif


//
// Definitions for I/O ports that provide LCD data & control
// PORTD[0:3]-->DB[4:7]:Higher order 4 lines data bus with bidirectional
//                     :DB7 can be used as a BUSY flag
// PORTE,0-->[RS]:LCD Register Select control
// PORTE,1-->[RW]:LCD Read/Write control
// PORTE,2-->[E] :LCD operation start signal control
//              :"0" for Instrunction register (Write), Busy Flag (Read)
//              :"1" for data register (Read/Write)
//
#define CPU_SPEED    _XTAL_FREQ/1000000      // CPU speed is 10 Mhz !!
#define LCD_RS       LATEbits.LATE0  // The definition of control pins
#define LCD_RW       LATEbits.LATE1
#define LCD_E        LATEbits.LATE2
#define DIR_LCD_RS   TRISEbits.TRISE0
```

```
#define DIR_LCD_RW      TRISEbits.TRISE1
#define DIR_LCD_E       TRISEbits.TRISE2

#define LCD_DATA        LATD            // PORTD[4:7] as LCD DB[4:7]
#define DIR_LCD_DATA    TRISD

// LCD Module commands
#define DISP_2Line_8Bit    0b00111000
#define DISP_2Line_4Bit    0b00101000
#define DISP_ON            0x00C  // Display on
#define DISP_ON_C          0x00E  // Display on, Cursor on
#define DISP_ON_B          0x00F  // Display on, Cursor on, Blink cursor
#define DISP_OFF           0x008  // Display off
#define CLR_DISP           0x001  // Clear the Display
#define ENTRY_INC          0x006  //
#define ENTRY_INC_S        0x007  //
#define ENTRY_DEC          0x004  //
#define ENTRY_DEC_S        0x005  //
#define DD_RAM_ADDR        0x080  // Least Significant 7-bit are for
                                  //            address
#define DD_RAM_UL          0x080  // Upper Left coner of the Display

unsigned char    Temp_CMD ;
unsigned char    Str_Temp ;
unsigned char    Out_Mask ;
```

CHAPTER

14

　　在上述的宣告中，利用虛擬指令 #define 將程式中所必須使用到的字元符號或者相關的腳位等等作詳細的定義，以便未來在撰寫程式時可以利用有意義的文字符號代替較難了解的 LCD 功能數值定義，有利於未來程式的維護與修改。同時相關腳位的定義方式也有助於未來硬體更替時程式修改的方便性，大幅地提高了這個函式庫的可攜性與應用。除此之外，並使用全域變數來宣告數個變數暫存器的位置，減少宣告時的複雜與困難。而全域變數的宣告，使這些變數可以在程式的任何 一個部分被使用。最後，利用函式與副程式檔的宣告，讓 XC8 程式編譯器將後續撰寫的其他函式程式檔透過聯結器適當地安排聯結。

接下來所撰寫的函式可以在專案中的任一個部分呼叫相關函式使用。

• 初始化 LCD 模組函式

```c
void OpenLCD(void)
{
  ADCON1=(ADCON1 & 0xF0)|0b00001110;    // Set PORTE for digital input
  LCD_E=0;
  LCD_RS=0;
  LCD_RW=0;

  LCD_DATA = 0x00;                       // LCD DB[4:7] & RS & R/W --> Low

  DIR_LCD_DATA = 0x00;                   // LCD DB[4:7] & RS & R/W are
                                         //    output function
  DIR_LCD_RS=0;                          // Set RS pin as output
  DIR_LCD_RW=0;                          // Set RW pin as output
  DIR_LCD_E=0;                           // Set E pin as output

  LCD_DATA = 0b00110000 ;                // Setup for 4-bit Data Bus Mode
  LCD_CMD_W_Timing() ;
  LCD_L_Delay() ;

  LCD_DATA = 0b00110000 ;
  LCD_CMD_W_Timing() ;
  LCD_L_Delay() ;

  LCD_DATA = 0b00110000 ;
  LCD_CMD_W_Timing() ;
```

```
    LCD_L_Delay() ;


    LCD_DATA = 0b00100000 ;
    LCD_CMD_W_Timing() ;
    LCD_L_Delay() ;
    WriteCmdLCD(DISP_2Line_4Bit) ;
    LCD_S_Delay() ;


    WriteCmdLCD(DISP_ON) ;
    LCD_S_Delay() ;


    WriteCmdLCD(ENTRY_INC) ;
    LCD_S_Delay() ;


    WriteCmdLCD(CLR_DISP) ;
    LCD_L_Delay() ;

}
```

• 傳送命令至 LCD 模組函式

```
void WriteCmdLCD( unsigned char LCD_CMD)
{
  Temp_CMD = (LCD_CMD & 0xF0) ;          // Send high nibble to LCD bus
  LCD_DATA= (LCD_DATA & 0x0F)|Temp_CMD ;
  LCD_CMD_W_Timing () ;

  Temp_CMD = (LCD_CMD & 0x0F)<<4 ;       // Send low nibble to LCD bus
  LCD_DATA= (LCD_DATA & 0x0F)|Temp_CMD ;
  LCD_CMD_W_Timing () ;

  LCD_S_Delay() ;                        // Delay 100uS for execution
}
```

• 傳送資料至 LCD 模組函式

```c
void WriteDataLCD (unsigned char LCD_CMD)
{

  Temp_CMD = (LCD_CMD & 0xF0) ;          // Send high nibble to LCD bus
  LCD_DATA= (LCD_DATA & 0x0F)|Temp_CMD ;
  LCD_DAT_W_Timing () ;

  Temp_CMD = (LCD_CMD & 0x0F)<<4 ;    // Send low nibble to LCD bus
  LCD_DATA= (LCD_DATA & 0x0F)|Temp_CMD ;
  LCD_DAT_W_Timing () ;

  LCD_S_Delay() ;                         // Delay 100uS for execution
}
```

• 傳送顯示字元至 LCD 模組函式

```c
void putcLCD (unsigned char LCD_Char)
{
  WriteDataLCD (LCD_Char) ;

}
```

• LCD 模組傳送命令時序控制函式

```c
void LCD_CMD_W_Timing (void )
{
  LCD_RS = 0 ;    // Set for Command Input
  Nop();
  LCD_RW = 0 ;
  Nop();
  LCD_E = 1 ;
  Nop();
```

```
  Nop();

  LCD_E = 0 ;

}
```

• LCD 模組傳送資料時序控制函式

```
void LCD_DAT_W_Timing( void )

{

  LCD_RS = 1;    // Set for Data Input

  Nop();

  LCD_RW = 0 ;

  Nop();

  LCD_E = 1 ;

  Nop();

  Nop();

  LCD_E = 0 ;

}
```

• LCD 模組調整顯示位置函式

```
void LCD_Set_Cursor (unsigned char CurY, unsigned char CurX)

{

  WriteCmdLCD( 0x80 + CurY * 0x40 + CurX) ;

  LCD_S_Delay() ;

}
```

• LCD 模組顯示固定字串函式

```
void putrsLCD ( const rom char *Str )

{

  while (1)

  {

    Str_Temp = *Str ;
```

```
            if (Str_Temp != 0x00 )
              {
                WriteDataLCD(Str_Temp) ;
                Str ++ ;
              }
            else
                return ;
      }
}
```

• LCD 模組顯示變數字串函式

```
void putsLCD( char *Str)
{
  while (1)
  {
    Str_Temp = *Str ;

      if (Str_Temp != 0x00 )
        {
          WriteDataLCD (Str_Temp) ;
          Str ++ ;
        }
      else
          return ;
  }
}
```

• LCD 模組顯示 16 進位數字符號函式

```
void puthexLCD(unsigned char HEX_Val)
{
    unsigned char Temp_HEX ;
```

```
    Temp_HEX = (HEX_Val >> 4) & 0x0f ;


    if ( Temp_HEX > 9 )Temp_HEX += 0x37 ;
  else Temp_HEX += 0x30 ;


    WriteDataLCD(Temp_HEX) ;
    Temp_HEX = HEX_Val  & 0x0f ;
    if ( Temp_HEX > 9 )Temp_HEX += 0x37 ;
  else Temp_HEX += 0x30 ;


    WriteDataLCD (Temp_HEX) ;
}
```

• 長延遲時間

```
void LCD_L_Delay(void)
{
    __delay_ms (CPU SPEED) ;
}
```

• 短延遲時間

```
void LCD_S_Delay (void)
{
    __delay_us (CPU SPEED*20) ;
}
```

　　在上列的 LCD 模組函式庫中，較為值得注意的有幾個地方。首先，由於硬體上使用 4 個腳位的資料匯流排模式，因此在 WriteDataLCD(WriteCmdLCD) 函式中先將較低的 4 個位元送出；然後藉由移位指令擷取較低 4 個位元，再次送出較低的 4 個位元而完成一個位元組的資料傳輸。其次，在 LCD 模組初始化的函式 OpenLCD 中值得讀者仔細地去學習了解的是 LCD 模組控制位元的訊號切換與先後次序。由於在初始化的過程中，必須要依據規格文件所定義的訊號順序以及間隔時間正確地傳送出相關的初始化訊號並定義 LCD 模組的使用方式,因此使用者必須詳細地閱讀相關的規格文件,例如 AN587,才能夠撰寫出正確的微控制器應用程式。最後,在 WriteDataLCD 與所呼叫的 LCD_DAT_W_Timing 函式中,由於 LCD 控制器的規格文件詳細地定義了 RD 、RW 、E 及資料匯流排的訊號切換時間與順序,因此在寫入資料時必須嚴格地遵守規格文件所定義的時序圖才能夠完成正確的資料傳輸。

另一個值得注意的小地方是 PORTE 的設定。由於在較新的 PIC 微控制器中 PORTE 可以多工作為類比訊號通道腳位使用,因此腳位皆預設為類比輸入的功能;但是在此應用中 PORTE 是作為數位輸出使用,因此在 OpenLCD 函式的一開始便將 PORTE 設定為數位接腳的功能。如果忽略這個設定,則 LCD 將因不能控制時序變化而無法動作。

從這個 LCD 函式庫的撰寫過程中,相信讀者已經了解到對於使用外部元件時所可能面臨的問題與困難。雖然相對於大部分的外部元件而言,LCD 模組是一個比較困難使用的元件;但是所必須要經歷的撰寫程式過程卻都是一樣的。在讀者開始撰寫任何一個外部元件的應用程式前,必須詳細地閱讀相關的規格文件以了解元件的正確使用方式與控制時序安排才能夠正確而有效地完成所需要執行的工作。這一點是所有的微控制器使用者的撰寫應用程式時,必須銘記在心的重要過程。

在完整地了解 LCD 顯示器模組的操作順序以及上列的相關函式庫使用觀念之後,讓我們用一個簡單的範例程式體驗函式庫應用的方便與效率。對於初學者而言,如何累積自己的函式庫將會成為日後發展微控制器應用的一個重要資源。或許本書所列舉的範例程式就是一個最好的開始。

範例 14-1

設定適當的輸出入腳位控制 LCD 模組,並在模組上顯示下列字串:

第一行:Welcome To PIC

第二行:Micro-Controller

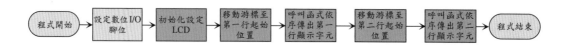

```
//************************************************
//              EX14_1_LCD.C
//************************************************
#include <xc.h>            // 使用 XC8 編譯器定義檔宣告
#include "evm_lcd.h"       // 使用 LCD 函式定義檔宣告


#define _XTAL_FREQ 10000000 // 使用 __delay_ms(x) 時，一定要先定義此符號
//__delay_ms(x);  x 不可以太大
// 宣告時間延遲函式原型
void delay_ms (long A);


void main() {
  OpenLCD();                        // 初始化 LCD 模組
  WriteCmdLCD( 0x01 );              // 清除 LCD 顯示資料
  LCD_Set_Cursor( 0, 0 );           // 顯示位置回至第 0 行第 0 格
  __delay_ms(1);                    // 時間延遲
  putrsLCD("Welcome to PIC");       // 顯示資料
  LCD_Set_Cursor( 1, 0 );           // 顯示位置調至第 1 行第 0 格
  __delay_ms(1);                    // 時間延遲
  putrsLCD("Micro-Controller");     // 顯示資料

  Sleep();                          // 進入睡眠省電模式
  while(1);                         // 永久迴圈
}
```

　　在這個範例中，由於程式專案使用了兩個檔案構成，第一個檔案儲存主程式，而第二個檔案則儲存與 LCD 模組使用相關的函式。利用這樣的檔案管理架構可以使得程式的撰寫更為清楚而獨立，有助於未來程式的維護與移轉。但是當一個專案包含兩個以上的程式檔時，則程式必須使用聯結器將不同檔案中的各種宣告以及資料與程式記憶體安置的位址等等作一個整體的安排與聯結處理。

　　由於相關的 LCD 函式已經於另一個程式檔 evm_lcd.c 中撰寫完成，因此主程式檔中的撰寫相對簡單容易許多，一旦於主程式中納入 evm_lcd.h 檔案中函式原型宣告後，使用者只需要直接呼叫相關函式即可。由於 evm_lcd.h 檔案儲存於專案程式的檔案資料夾中，故主程式中以

```
#include "evm_lcd.h"
```

的方式定義檔案搜尋位置。

CHAPTER 15

微控制器的通訊傳輸

　　由於微控制器受到本身記憶體、周邊功能與運算速度的限制，在特定用途的應用上常常會捉襟見肘而無法應付。因此微控制器除了本身的程式執行運算之外，也必須要具備某種程度的通訊傳輸功能才能夠擴充微控制器的功能與容量。特別是對於一些較為低階或者是低腳位數的微控制器而言，使用外部元件往往可以解決許多功能的不足或者程式執行效率瓶頸的問題。而要使用外部元件的首要問題便是如何與外部元件間作正確而適當的資料傳輸。

　　一般較為傳統的微控制器大多會提供基本的並列或串列傳輸功能，例如在前面章節中所提到的受控模式並列輸入埠 PSP 與通用非同步串列傳輸介面 USART 等等。這些較為早期的資料傳輸功能讓微控制器得以外部元件作適當的資料傳輸，並透過外部元件完成某些特定的功能。例如在前面我們使用了通用非同步串列傳輸介面個人電腦作溝通，因此得以在個人電腦上使用鍵盤螢幕與微處理器作資料的雙向溝通。

　　但是這些較為早期的資料傳輸建立與相關的傳輸協定隨著時代的演進，在傳輸速度與硬體條件上都漸漸無法符合現代數位電路高速運算傳輸的要求。而新的傳輸方式與協定發展使得外部元件與微控制器介面的資料傳輸更加快速，在這個情況下，除了可以擴張微控制器本身所短缺的功能之外，甚至於可以將某一些比較耗費核心處理器執行效率與資源的工作交給外部元件來處理，如此一來微控制器可以更專心地處理重要的核心應用程式。例如，當需要多通道高解析度的類比訊號轉換量測時，可以藉由外部元件完成訊號量測的工作之後，再將結果數值回傳微控制器供後續程式執行使用；如此一來，便可以將等待類比訊號轉換的時間投資在其他更重要的工作上，而得以提高微控制器執行的效率。

15.1　通訊傳輸的分類

　　基本上微控制器的通訊傳輸可以概分為兩大類：第一、元件與元件之間的資料傳輸；第二、系統與系統之間的資料傳輸。

　　當使用微控制器作為一個模組或者系統的核心處理器功能時，這時候微控制器必須要與其他相關的外部元件做資料的溝通；這時候，資料通訊傳輸的要求通常是在於微控制器與不同的外部元件之間做短暫而高速的資料交流。這就是所謂的元件與元件時間的資料傳輸。通常這一類的資料傳輸講求的是高速率、短距離與低誤差的傳輸方式。

　　而另外一種系統與系統之間的資料傳輸則是因為不同的硬體系統或模組之間需要定期的資料交流所產生的需求。通常這一類的傳輸方式必須要能夠克服較長的距離、較多的資料與較高的抗雜訊能力等等的困難。例如手機或者數位相機與個人電腦或其他儲存裝置的資料傳輸，或者汽車上的引擎控制模組與車控電腦之間的資料傳輸。

　　由於單一的微控制器無法完全提供各種不同的通訊介面，為了因應不同的需求，必須選擇不同的微控制器與相關的周邊硬體配合而完成所需要的通訊傳輸功能。一般較為高階的微控制器，例如本書所使用的 PIC18F450 微控制器，通常都會具備有較為完整的元件與元件之間的通訊功能，如基本的並列式傳輸、通用非同步串列傳輸，除此之外也配置有標準的同步串列傳輸介面模組（Synchronous Serial Port）。但是如果需要進行較為複雜的系統與系統之間的資料傳輸時，例如 USB 、CAN 、Ethernet 等等傳輸協定時，則必須要使用不同的微控制器（PIC18F4550/USB 、PIC18F4585/CAN）或外部元件（ENC28J60）。特別是這些系統與系統之間的資料傳輸協定通常多是有工業標準的規格要求，因此在使用上與硬體建置上，相對地複雜許多。有興趣的讀者必須要參閱相關的規格文件才能夠了解其使用方式。

15.2　同步串列傳輸介面模組

　　所謂的同步串列傳輸介面（Synchronous Serial Port）就是在微控制器與外部元件作資料傳輸溝通的時候，藉由一支腳位傳送固定排列的時脈序波作為彼此之間定義訊號相位的參考訊號。因此在實際的資料傳輸腳位上便可以精確地定義出資料位元的變化順序。PIC18F450 微控制器所提供的同步串列傳輸介面模組可以作為 SPI（Serial Peripheral Interface）與 I^2C（Inter-Integrated Circuit）兩種傳輸介面的模式使用。這兩種資料傳輸模式廣泛地被應用在與微控制器相關的外部串列記憶體、暫存器、顯示驅動器、類比／數位的訊號轉換、感測元件等等的資料通訊傳輸。而這兩種傳輸模式也都是工業標準的傳輸模式，因此不管是在硬體的建置上或者是使用它們的應用程式都必須要依照標準的傳輸方式進行才能夠得到正確的結果。

與同步串列傳輸介面模組相關的特殊功能暫存器包括：SSPSTAT、SSPCON1 與 SSPCON2。由於這些暫存器的使用方式在不同的通訊傳輸模式下有顯著的不同，因此將會在不同的模式下分別介紹。

SPI模式

同步串列傳輸介面模組的 SPI 操作模式讓微控制器可以進行與外部元件之間的 8 位元同步資料傳輸或接收。在 SPI 的主控（Master）模式下，主要使用三個腳位：

- 串列資料輸出（SDO）— RC5/SDO
- 串列資料輸入（SDI）— RC4/SDI/SDA
- 串列時序脈波（SCK）— RC3/SCK/SCL

如果應用程式選擇使用 SPI 的受控（Slave）模式時，則必須額外使用一個選擇偵測腳位：

- 受控選擇（$\overline{SS}$）—RA5/$\overline{SS}$

SPI 模式下的同步串列傳輸介面模組系統架構方塊圖如圖 15-1 所示。

CHAPTER

15

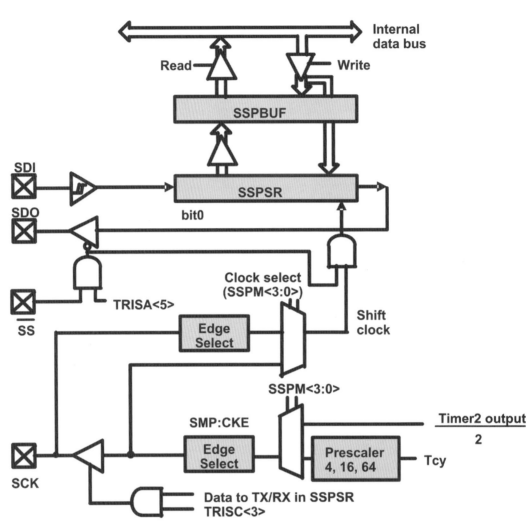

圖 15-1　SPI 模式的同步串列傳輸介面模組系統架構方塊圖

與 SPI 模式相關的暫存器與位元定義如表 15-1 所列。

表 15-1　SPI 模式相關的暫存器與位元定義

Name	Bit 7	Bit 6	Bit 5	Bit 4	Bit 3	Bit 2	Bit 1	Bit 0
INTCON	GIE/GIEH	PEIE/GIEL	TMR0IE	INT0IE	RBIE	TMR0IF	INT0IF	RBIF
PIR1	PSPIF	ADIF	RCIF	TXIF	SSPIF	CCP1IF	TMR2IF	TMR1IF
PIE1	PSPIE	ADIE	RCIE	TXIE	SSPIE	CCP1IE	TMR2IE	TMR1IE

表 15-1　SPI 模式相關的暫存器與位元定義（續）

Name	Bit 7	Bit 6	Bit 5	Bit 4	Bit 3	Bit 2	Bit 1	Bit 0
IPR1	PSPIP	ADIP	RCIP	TXIP	SSPIP	CCP1IP	TMR2IP	TMR1IP
TRISA	TRISA7	TRISA6	PORTA Data Direction Control Register					
TRISC	PORTC Data Direction Control Register							
SSPBUF	SSP Receive Buffer/Transmit Register							
SSPCON1	WCOL	SSPOV	SSPEN	CKP	SSPM3	SSPM2	SSPM1	SSPM0
SSPSTAT	SMP	CKE	D/A	P	S	R/W	UA	BF

SPI 模式下元件的連接方式如圖 15-2 所示。

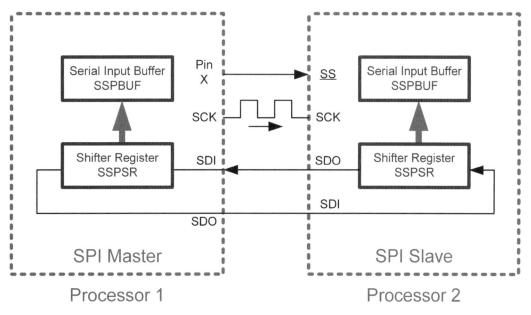

圖 15-2　SPI 模式的元件連接方式

　　在 SPI 主控模式下，微控制器將資料寫入 SSPBUF 緩衝器之後，將會自動被載入 SSPSRS 暫存器；然後藉由主控端所產生的時序脈波，SSPSR 在程式中的資料將以移位（Shifting）的方式，由高位元開始移入到 SDO，資料便可以傳入與受控端之間的資料匯流排，並由受控端的 SDI 腳位移入受控端。由於主控端將自行產生同步的時序脈波，因此將配合時序脈波的更替逐步地將每一個位元移入到資料匯流排中。而由於主控端與受控端之間將會藉由彼此的 SDI 與 SDO 腳位聯結成為一個循環的移位環路，所以當資料由主控端移入受控端時，受控端的移位暫存器資料也將逐一地移入到土控端的移位暫存器。而這些資料移動的速度是由主控端的時序脈波所控制的，並且在主控端可以選擇時序的頻率以及相對於資料移位時的時序觸發形式；因此配合時序脈波的高低電位與訊號邊緣選擇，SPI 的操控模式總共可以有 4 種選擇模式，如表 15-2 所示。在 PIC18F4520 微控制器中這 4 個模式的選擇是由 CKP 與 CKE 位元分別選擇時序脈波的高低電位與邊緣形式。當 8 位元的資料完全地被移入到 SSPSR 暫存器之後，資料將會自動地移入 SSPBUF 緩衝器等待核心處理器的讀取。此時緩衝器飽和位元 BF 與中斷旗標位元 SSPIF 將會被設定為 1。由 SSPSR 與 SSPBUF 形成的兩層緩衝暫存器使得處理器在讀取 SSPBUF 暫存器資料之前，仍可以由 SSPSR 繼續進行資料的傳輸。在資料的傳輸過程中，任何寫入 SSPBUF 的動作都會被忽略，而且將會設定寫入衝突的狀態位元 WCOL。應用程式必須清除這個寫入衝突的位元，以便確定後續的資料傳輸是否完成。

表 15-2　SPI 的 4 種操控模式選擇

Standard SPI Mode Terminology	Control Bits State	
	CKP	CKE
0, 0	0	1
0, 1	0	0
1, 0	1	1
1, 1	1	0

當應用程式準備接收資料時，必須要在下一筆資料完成傳輸之前將 SSPBUF 緩衝器中的資料讀出。當 BF 狀態位元為 1 時，顯示 SSPBUF 緩衝器中存在一筆有效且尚未讀取的資料。如果模組作為資料輸出使用的話，則這筆資料可能沒有任何的意義。

一般在應用程式中通常會以中斷的方式來決定資料的讀寫是否完成，然後再進行 SSPBUF 的讀寫動作。如果不使用中斷的方式，則必須使用輪詢的程式來確保寫入衝突不會發生。

有了這些基本的 SPI 操作觀念之後，就更容易了解相關的暫存器用途，這些暫存器包括：

- 控制暫存器 SSPCON1
- 狀態暫存器 SSPSTAT
- 串列接收傳輸緩衝器 SSPBUF
- 移位暫存器 SSPSR

其中 SSPSR 以為暫存器是不可以直接被讀寫的，核心處理器必須要透過 SSPBUF 緩衝器進行 SPI 資料傳輸的資料讀寫。而且由於硬體是提供單一的緩衝器，因此在資料完成傳輸之後，在下一次的傳輸開始之前必須進行資料的讀取。相關的暫存器位元定義，如表 15-3 與 15-4 所示。

■SSPSTAT 暫存器定義

表 15-3　SSPSTAT 暫存器位元定義

R/W-0	R/W-0	R-0	R-0	R-0	R-0	R-0	R-0
SMP	CKE	D/$\overline{\text{A}}$	P	S	R/W	UA	BF

bit 7 　　　　　　　　　　　　　　　　　　　　　　　　　　bit 0

bit 7 **SMP:** Sample bit

　　SPI Master mode:

　　1 = 資料輸出結束時進行輸入資料的採樣。

　　0 = 在資料輸出中間進行輸入資料採樣。

　　SPI Slave mode:

　　受控模式下必須設定為 0。

bit 6 **CKE:** SPI Clock Select bit

　　1 = 資料傳輸發生在下降邊緣。

　　0 = 資料傳輸發生在上升邊緣。

　　Note: Polarity of clock state is set by the CKP bit (SSPCON1<4>).

bit 5 **D/$\overline{\text{A}}$:** Data/Address bit

　　Used in I^{2}C mode only.

bit 4 **P:** Stop bit

Used in I²C mode only. This bit is cleared when the MSSP module is disabled, SSPEN is cleared.

bit **3** S: Start bit

Used in I²C mode only.

bit 2 **R/W̄**: Read/Write Information bit

Used in I²C mode only.

bit 1 **UA**: Update Address bit

Used in I²C mode only.

bit 0 **BF:** Buffer Full Status bit (Receive mode only)

1 = 資料接收完成，緩衝器資料飽和。

0 = 資料接收進行中，緩衝器資料空乏。

■ SSPCON1 暫存器定義

表 15-4　SSPCON1 暫存器位元定義

R/W-0	R/W-0	R/W-0	R/W-0	R/W-0	R/W-0	R/W-0	R/W-0
WCOL	SSPOV	SSPEN	CKP	SSPM3	SSPM2	SSPM1	SSPM0

bit 7 　　　　　　　　　　　　　　　　　　　　　　　　　　　bit 0

bit 7 **WCOL**: Write Collision Detect bit (Transmit mode only)

1 = 傳輸未完成時寫入資料衝突。

0 = 沒有衝突。

bit 6 **SSPOV**: Receive Overflow Indicator bit

SPI Slave mode:

1 = 接收資料溢流。接收到一筆新資料，但是緩衝器裡的資料尚未被讀取。僅使用於受控模式；主控模式傳送資料前，其先讀取資料。僅能由軟體清除。

0 = 無資料溢流。

Note: 主控模式下，將不會偵測溢流現象。

bit 5 **SSPEN**: Synchronous Serial Port Enable bit

1 = 開啟並設定相關腳位為串列傳輸埠。

0 = 關閉串列傳輸埠與相關腳位。

Note: 開啟時，相關腳位需設定為適當的輸出入腳位。

bit 4 **CKP:** Clock Polarity Select bit

    1 = 時序脈波高電位為閒置狀態。

    0 = 時序脈波低電位為閒置狀態。

bit 3-0 **SSPM3:SSPM0:** Synchronous Serial Port Mode Select bits

    0101 = SPI Slave mode, clock = SCK pin, $\overline{SS}$ pin control disabled, $\overline{SS}$ can be used as I/O pin

    0100 = SPI Slave mode, clock = SCK pin, $\overline{SS}$ pin control enabled

    0011 = SPI Master mode, clock = TMR2 output/2

    0010 = SPI Master mode, clock = Fosc/64

    0001 = SPI Master mode, clock = Fosc/16

    0000 = SPI Master mode, clock = Fosc/4

    Note: 未列出之位元組合保留作 I^2C 模式。

要正確地使用這個串列傳輸埠，在開啓時也必須利用 TRISC 方向控制暫存器將相關腳位的輸出方向做正確的定義。如果有不需要使用的腳位，則可以將它們設定為相反的資料方向。由於在傳輸時，主控端與受控端將會形成一個循環的移位資料通道，因此在傳輸結束時，可能有一端將會收到一筆完全不相關的資料結果；應用程式可以決定是否需要使用這筆資料。這樣的循環移位資料通道將造成應用程式必須選擇下列 3 種傳輸情形中的一種：

    1. 主控端傳送*必要的*資料—受控端傳送無用的資料

    2. 主控端傳送*必要的*資料—受控端傳送*必要的*資料

    3. 主控端傳送無用的資料—受控端傳送*必要的*資料

由於主控端掌握了時序脈波產生的掌控權，因此一切的資料傳輸都是由主控端啓動並引導受控端配合資料的傳輸。主控端的時序脈波頻率是可以由使用者設定成下列 4 種頻率中的一個：

    ・Fosc/4 (or TCY)

    ・Fosc/16 (or 4・TCY)

    ・Fosc/64 (or 16・TCY)

    ・(Timer2 output)/2

在 40MHz 的操作頻率下，傳輸速率將可以高達 10MHz。但是如果主控端進入睡眠模式時，所有的時脈訊號將會被停止，因此將無法繼續任何的資料傳輸直到被喚醒為止。

　　而在受控模式下，所有的動作都將配合外部時序脈波輸入以進行資料的傳送或接收。當最後一個位元的資料接收完成時，將會觸發 SSPIF 中斷旗標位元；如果微控制器是處於睡眠模式下時，將會被中斷訊號喚醒。

數位訊號轉類比電壓元件

　　由於 SPI 通訊模式必須與其他外部元件做資料傳輸，因此我們將以 Microchip 的 MCP4921 數位訊號轉類比電壓元件作為範例說明的對象。 MCP4921 的結構示意圖如圖 15-3 所示。

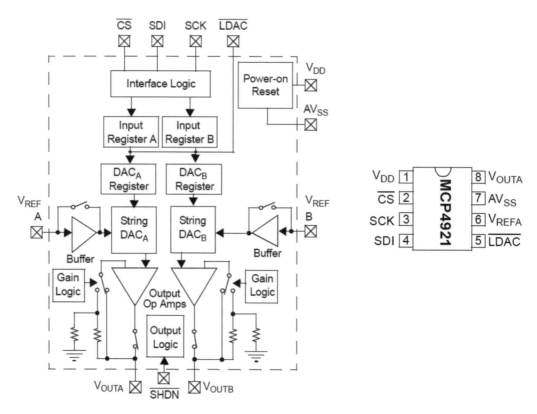

圖 15-3　MCP4921 數位訊號轉類比電壓元件結構示意圖

　　基本上 MCP4921 是一個 12 位元解析度的數位訊號轉類比電壓的類比元件，並利用 SPI 通訊模式與微控制器作資料的溝通介面。當作為主控端的控制器透過 SPI 傳輸介面傳送 16 個位元資料的時候，需將傳輸模式設定為 mode (0, 0) 或 mode (1, 1)；作為受控端的 MCP4921 將根據所接收 16 個位元的資料內容，設定需要輸出的類比電壓值。在開始傳輸之前，主控端的微控制器必須以低電位觸發 MCP4921 的 CS 腳位使其進入資料接收狀態；然後由主控端的微控制器同時以 SCK 及 SDI 腳位與 MCP4921 進行資料的傳輸。當完成資料的傳輸後，主控端的微控制器必須先將 CS 腳位的低電壓移除，然後再以低電位觸發 MCP4921 的 LDAC 腳位使其將所設定的類比電壓由所對應的 Vout 腳位輸出。相關的控制與資料傳輸時序圖如圖 15-4 所示。

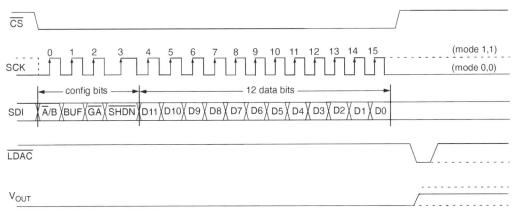

圖 15-4　MCP4921 數位訊號轉類比電壓元件控制與資料傳輸時序圖

　　主控端的微控制器需要傳送給 MCP4921 類比電壓元件的位元資料定義如表 15-5 所示。

表 15-5　MCP4921 類比電壓元件的位元資料定義

bit 15   bit 8

$\overline{A/B}$	BUF	$\overline{GA}$	$\overline{SHDN}$	D11	D10	D9	D8

bit 7   bit 0

D7	D6	D5	D4	D3	D2	D1	D0

CHAPTER

15

bit 15 $\overline{\textbf{A/B}}$: DAC$_\text{A}$ or DAC$_\text{B}$ Select bit

　　1 = MCP4921 未配置。Write to DAC$_\text{B}$

　　0 = Write to DAC$_\text{A}$

bit 14 **BUF**: V Input Buffer Control bit

　　1 = 使用緩衝器。Buffered

　　0 = 未使用緩衝器。Unbuffered

bit 13 $\overline{\textbf{GA}}$: Output Gain Select bit

　　1 = 一倍輸出增益。1x (V_OUT = V_REF * D/4096)

　　0 = 二倍輸出增益。2x (V_OUT = 2 * V_REF * D/4096)

bit 12 $\overline{\textbf{SHDN}}$: Output Power Down Control bit

　　1 = 啓動輸出。

　　0 = 關閉輸出。

bit **11-0 D11:D0**: DAC Data bits

　　數位轉類比 12 位元資料。

範例 15-1

　　利用 SPI 傳輸協定,調整 MCP4921 類比電壓產生器的輸出電壓,使其輸出一個 0 伏特到 5 伏特的類比鋸齒波型電壓輸出。

```
//**********************************************************
//*      EX15_1_SPI
//**********************************************************
#include <xc.h>  // 使用 XC8 編譯器定義檔宣告

// 設定 MCP4921 相關腳位
#define TRIS4921_CS        TRISAbits.TRISA5
#define TRIS4921_LDAC      TRISBbits.TRISB1
#define TRIS4921_SDI       TRISCbits.TRISC5
#define TRIS4921_SCK       TRISCbits.TRISC3
#define MCP4921_CS         PORTAbits.RA5
#define MCP4921_LDAC       PORTBbits.RB1
```

```
#define TMR1_VAL      32768           //  Timer1 設定為 1000ms 中斷一次


// 宣告函式原型
void Init_TMR1(void);
void WriteTimer1(unsigned int a);


//  宣告相關變數並初始化為 0
unsigned char update=0;


//  宣告高優先中斷執行程式（TIMER1 計時器）
void __interrupt(high_priority) HighISR(void){
    PIR1bits.TMR1IF = 0;          //  清除中斷旗標
    WriteTimer1(0x8000);          //  設定計時器初始值
    update=1;                     //  設定更新旗標
}


void main()  {
//  宣告 union 變數以方便資料運算
    union DAC{
        unsigned int lt;
        char bt[2];
    }  DAC_A;


    unsigned char chanA=0x70, spi_data;


//  初始化計時器 Timer1
    Init_TMR1();
    WriteTimer1(0x8000);        //  0x8000=1sec @32786Hz Crystal
    TMR1IP = 1;                 //  高優先中斷
    TMR1IF = 0;                 //  清除中斷旗標
    TMR1IE = 1;                 //  啟動中斷功能
```

CHAPTER

15

```
    PEIE = 1;                      // 啓動周邊中斷功能
    GIE = 1;                       // 啓動全部的中斷功能


// 初始化 SPI1 模組
    SSPSTAT = 0x00;                // 中間採樣 (SMP Middle)，CKE=0;
    SSPCON1 = 0x32;                // 啓動 SSP 模組，CKP=1，傳輸速率 FOSC/64


    DAC_A.lt = 0;// 初始化 DAC_A 變數 (因爲 union 宣告，bt[0]=bt[1]=0)
    TRIS4921_CS = 0;               // Chip Select 腳位設爲輸出
    TRIS4921_LDAC = 0;             // LDAC 腳位設爲輸出
    TRIS4921_SDI = 0;              // SDI 腳位設爲輸出
    TRIS4921_SCK = 0;              // SCK 腳位設爲輸出
    MCP4921_CS = 1;                // CS 初始化爲 1
    MCP4921_LDAC = 1;              // LDAC 初始化爲 1


while (1) {
    if(update) {
        if ((DAC_A.lt += 128) > 4095)  DAC_A.lt = 0;  // 遞加輸出值


        MCP4921_CS = 0;        // Chip Select
        spi_data = (chanA|DAC_A.bt[1]);       // 設定第一個 byte
        SSPBUF = spi_data;                    // 輸出第一個 byte
        while(!SSPSTATbits.BF);               // 檢查傳輸是否完成
        spi_data=SSPBUF;        // 一定要讀出資料，否則無法再寫入


        spi_data = DAC_A.bt[0];
        SSPBUF = spi_data;                    // 輸出第二個 byte
        while(!SSPSTATbits.BF);               // 檢查傳輸是否完成
        spi_data=SSPBUF;        // 一定要讀出資料，否則無法再寫入


        MCP4921_CS = 1;                    // 結束與 MCP4921 的 SPI 通訊
```

```
        _delay(4);

        MCP4921_LDAC = 0;                // 啓動 MCP4921 類比訊號轉換
        _delay(4);
        MCP4921_LDAC = 1;

        update = 0;                      // 清除更新旗標
      }
    }
}


void Init_TMR1 (void){
    ……    ; 略以。參見程式檔
}


void WriteTimer1(unsigned int a) {    // 輸入 TIMER1 計數內容
    ……    ; 略以。參見程式檔
}
```

　　在範例程式中，當需要使用 SPI 傳輸時，只需要將資料寫入 SSPBUF，然後再藉由檢查 BF 旗標便可以知道傳輸是否完成。檢查資料是否傳輸完成也可以藉由 SSPIF 中斷旗標進行。SPI 在傳出資料的同時也會接收到從屬裝置的一個位元組資料，所以傳輸完成時也要將資料從 SSPBUF 暫存器讀出，才能進行下一筆傳輸。另外在主程式開始的地方，使用 union 集合宣告了一個集合變數 DAC_A；這樣宣告的主要目的是因為在處理 MCP4921 的資料時，由於數位資料長度多達 12 個位元，因此必須占用兩個位元組的空間。但是在 8 位元的 SPI 傳輸架構下，每一次又只能夠處理單一個位元組的資料，因此藉由集合的宣告使得在資料處理時能夠彈性地使用兩個位元組或個別一個位元組的處理方式。當在程式內部計算時，可以用兩個位元組的方式撰寫程式，則使用 DAC_A.lt 的形式處理；但是在進行資料傳輸，或者僅需要一個位元組的工作處理時，則可以分別使用 DAC_A.bt[0] 與 DAC_A.bt[1]。藉由集合的宣告方式，編譯器會將 DAC_A.lt 與 DAC_A.bt[0] 及 DAC_A.bt[1] 安置在同一組資料記憶體位址；如此一來，當微控制器針對 DAC_A.lt 作運算處理的時候，也就同時地改變了 DAC_A.bt[0] 及 DAC_A.bt[1] 這兩個位元組的內容。換句話說，集合宣告中的變數它們是共用記憶體空間，而且是一體兩面的呈現方式。這種方式對於程式撰寫或變數運用是非常方便的一種處理。

▋ I^2C 模式

I^2C（Inter-Integrated Circuit）是由飛利浦公司所發展出來在 IC 元件間傳輸資料的通訊協定。顧名思義，這個通訊協定所能夠使用的距離就僅限於元件或者模組之間的數十公分而已。但是這個通訊協定的架構與規格遠較 SPI 更為複雜。

SPI 傳輸協定雖然可以由許多元件共用相同的傳輸線路，但是在每一筆的資料傳輸時，只能有一個受控端的元件被選取並與主控端進行資料的傳輸。但是 I^2C 的資料傳輸並不是藉由主控端利用個別的線路腳位觸發選擇受控端元件，而是藉由所傳輸的資料訊息中設定元件的位址，然後由每一個同時在網路上的元件判斷位址的正確與否；如果傳輸訊息中的位址與受控端所預設的位置相吻合，則由受控端發出一個確認的訊號後，再由主控端與受控端進行資料傳輸。因此在整個 I^2C 資料傳輸的架構上，所有的相關元件都使用共同的兩條線路作為資料傳輸網路，然後所有的受控端都必須事先編列一個接收訊息的位址以便主控端在發出訊息時得以確認目標。而由於整個通訊網路上有眾多類似的元件在傳遞訊息或確認訊號，因此整個通訊協定必須以非常嚴謹的架構與方式進行，才能夠完成正確的資料傳輸。

PIC18F4520 微控制器所配置的同步資料傳輸模組可以支援 I^2C 模式下的主控端或者受控端模式。在 I^2C 受控端的模式下，同步資料傳輸模組的結構示意圖如圖 15-5 所示。

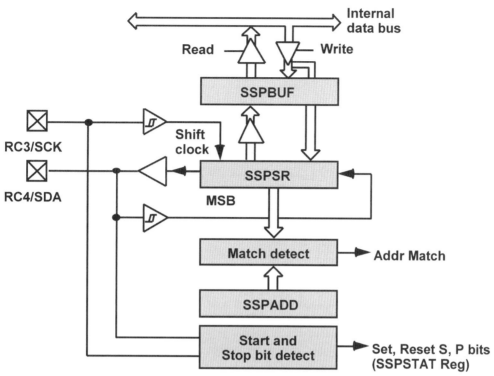

圖 15-5　I²C 受控端模式下的同步資料傳輸模組的結構示意圖

在 I²C 主控端的模式下，同步資料傳輸模組的結構示意圖如圖 15-6 所示。

I²C 傳輸模式下，將會使用到同步資料傳輸模組的暫存器包括：

- SSPCON1 控制暫存器
- SSPCON 控制暫存器
- SSPSTAT 狀態暫存器
- SSPBUF 緩衝器
- SSPSR 移位暫存器
- SSPADD 位址暫存器

這些 I²C 同步資料傳輸模組相關暫存器位元的定義如表 15-6 所示。

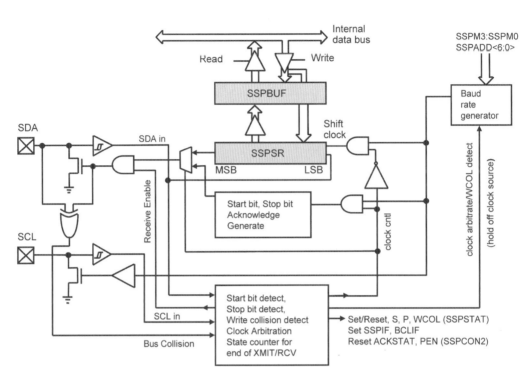

圖 15-6　I²C 主控端模式下的同步資料傳輸模組的結構示意圖

表 15-6　I²C 同步資料傳輸模組相關暫存器位元定義

File Name	Bit 7	Bit 6	Bit 5	Bit 4	Bit 3	Bit 2	Bit 1	Bit 0	Value on POR, BOR
SSPBUF	SSP Receive Buffer/Transmit Register								xxxx xxxx
SSPADD	SSP Address Register in I²C™ Slave Mode. SSP Baud Rate Reload Register in I²C™ Master Mode.								0000 0000
SSPSTAT	SMP	CKE	D/A	P	S	R/W	UA	BF	0000 0000
SSPCON1	WCOL	SSPOV	SSPEN	CKP	SSPM3	SSPM2	SSPM1	SSPM0	0000 0000
SSPCON2	GCEN	ACKSTAT	ACKDT	ACKEN	RCEN	PEN	RSEN	SEN	0000 0000

　　由於 I²C 傳輸協定相當地複雜，讓我們先以一個一般傳輸模式的資料格式來說明相關的操作內容。I²C 傳輸協定的基本資料格式如圖 15-7 所示。

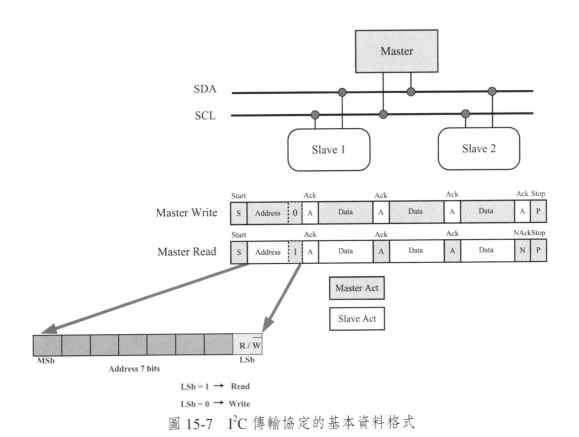

圖 15-7　I²C 傳輸協定的基本資料格式

　　所有的 I²C 相關元件，不論是主控端或者是多個受控端模式的外部元件，都共同使用兩條資料傳輸的線路 SDA 與 SCL。所有一切資料傳輸的開始都必須由主控端發出訊息，受控端是無法主動地發出訊息與其他的元件進行資料傳輸溝通；因此主控端在整個 I²C 同時網路上是擁有著絕對的控制權。當主控端決定進行資料溝通時，必須要先發出一個 "Start" 開始訊號讓通訊網路上的所有元件注意到資料傳輸的開始；緊接著主控端將發出一個 8 位元的訊息，其中前 7 個位元將定義一個元件的位址，第 8 個位元則宣告主控端希望進行資料讀取或輸出。這時候如果有任何一個受控端元件接收到這一個位址的訊息而且其位址符合訊息中所定義的位址時，則這個受控端必須要發出一個 "Ack" 確認的訊號。假設主控端希望進行資料輸出時（第 8 個位元為 0），在收到這個確認的訊號後便可以輸出一個 8 位元的資料，並等待受控端在接受完成後發出確認的訊息；依照這個模式，主控端可以重複地發出 8 位元的資料，等待受控端確認的訊號，直到主控端發出全部的資料為止。最後主控端並將發出一個

"Start" 結束的訊號以結束這一次的資料傳輸。

　　如果主控端是希望讀取受控端的資料時，則在第一個 8 位元的資料中的最低位元將會設定為 1。受控端在確認位址之後，也將發出一個 "Ack" 的確認訊號。然後將由受控端的外部元件送出一個 8 位元的資料，而由主控端發出確認的訊號；並重複執行這一個資料傳輸與確認的動作直到所有的資料傳輸完畢。在完成資料傳輸後，將由主控端發出一個結束的訊號而完成這一次的資料讀取。在一般情形下，當完成最後一位元組（byte）資料的讀寫之後主控端可以不必等待確認的訊號而直接發出結束訊號停止傳輸。

　　相關的 I²C 時序操作圖如圖 15-8 所示。

　　而主控端的微控制器在傳輸的過程中可以透過中斷旗標位元 SSPIF 的觸發或者 BF 狀態位元的輪詢檢查了解資料傳輸進行的狀態，並藉以決定是否進行下一位元組（byte）資料的傳輸或者其他的動作。

　　另外一個在使用 I²C 傳輸模式下時常進行的動作為「重新開始」（Restart），這通常是應用在主控端的微控制器要接受資料的狀況下進行。通常的情況是由主控端的微控制器先按照 I²C 傳輸協定發出開始訊號（Start）、位址與寫入

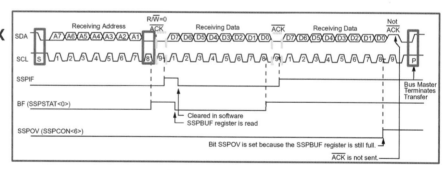

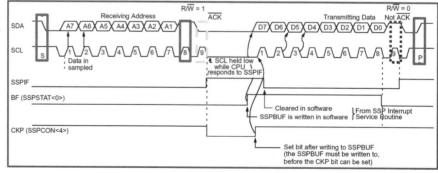

圖 15-8　I²C 時序操作圖

位元（0）的第一個位元組（byte）資料；在獲得確認的訊號之後，如果需要進行設定的話便送出第二個位元組（byte）資料到受控端元件進行設定；在完成設定之後，此時主控端並不等待所有程序的完成而直接重新送出開始訊號（Start）、位址與讀取位元（1）的第一個位元組（byte）資料，重新將整個 I^{2}C 通訊網路帶入到另一筆新的資料傳輸狀態，然後繼續進行資料的讀取。因為這種所謂的「重新開始」的方法不必等待整個完整的資料訊息完成之後便重新開始，可以節省許多資料傳輸的時間。

在了解 I^{2}C 的基本操作方式之後，恐怕許多讀者會感到戒慎恐懼，不知道如何開始撰寫這樣的通訊應用程式。這時候建議讀者使用 XC8 編譯器所提供的 I^{2}C 函式庫，其中的函式包含了所有上述傳輸動作的相關函式。使用者只要依循通訊協定所規定的動作依照順序地呼叫相關函式，便可以完成所需要的資料讀寫動作。讓我們以 MCP9800 數位溫度計作為資料傳輸的對象，說明 I^{2}C 傳輸介面的使用方法。

◎ MCP9800溫度感測器

MCP9800 溫度感測器是一個精確的溫度感測器，可以量測攝氏零下 40 度到正 125 度的範圍，是一個標準工業用的溫度感測器。除了可以感測溫度之外，MCP9800 溫度感測器並且可以由使用者指定溫度感測的精確度，同時也可以輸出一個警示的訊號；當溫度超過使用者所設定的上限時，將會觸發一個使用者所設定的高電壓或低電壓警示訊號。同樣的，使用者也可以設定一個警示訊號解除的溫度下限，當溫度低於所設定的下限值時，將解除警示訊號的輸出。

MCP9800 溫度感測器是一個使用 I^{2}C 通訊傳輸協定的數位溫度感測器，因此所有的功能設定與資料擷取，必須要透過 I^{2}C 傳輸協定來進行。既然是使用 I^{2}C 通訊傳輸協定，必須要設定 MCP9800 溫度感測器的通訊傳輸位址。MCP9800 溫度感測器在腳位配置圖如圖 15-10 所示。MCP9800 溫度感測器的 I^{2}C 通訊傳輸位址如表所示，較高的四個位元為預設值 1001，而較低的 3 個位元這可以由 MCP9800 的型號來決定。例如本書所用的型號為 A5，因此完整的 I^{2}C 通訊位址為 1001101x；這裡的 x 為通訊協定中保留作為讀取或者寫入資料的選擇位元。

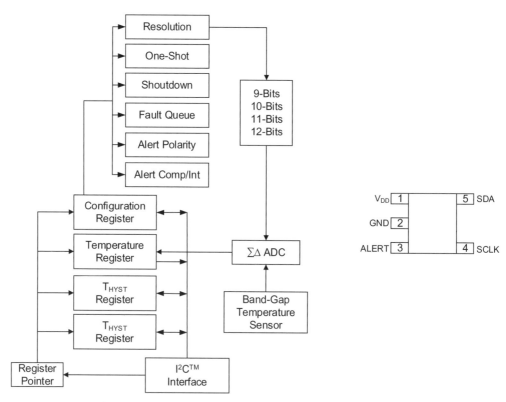

圖 15-9　MCP9800 溫度感測器的結構與腳位示意圖

表 15-7　MCP9800 A5 溫度感測器的 I²C 通訊位址設定

Device	A6	A5	A4	A3	A2	A1	A0
MCP9800 A5	1	0	0	1	1	0	1

▣ MCP9800溫度感測器暫存器定義

MCP9800 溫度感測器內部共有 4 個暫存器，分別為：

表 15-8　MCP9800 溫度感測器內部暫存器

位址	功能暫存器	資料長度
00	溫度資料暫存器	2 Bytes
01	設定暫存器	1 Byte
10	溫度警示上限暫存器	2 Bytes
11	溫度警示解除下限暫存器	2 Bytes

■ 溫度資料暫存器

　　溫度暫存器存放著感測的溫度資料，其資料長度為兩個位元組。在高位元組存放的是攝氏溫度的整數部分，而低位元組存放的則是小數的部分。而資料的內容可以藉由設定暫存器的設定調整量測的精確度。溫度資料暫存器的內容與位元定義如表所示。

表 15-9　溫度資料暫存器內容與位元定義

Upper Half:　高位元組

R-0	R-0	R-0	R-0	R-0	R-0	R-0	R-0
Sign	2^6 °C/bit	2^5 °C/bit	2^4 °C/bit	2^3 °C/bit	2^2 °C/bit	2^1 °C/bit	2^0 °C/bit

bit 15　　　　　　　　　　　　　　　　　　　　　　　　　　bit 8

Lower Half:　低位元組

R-0	R-0	R-0	R-0	R-0	R-0	R-0	R-0
2^{-1} °C/bit	2^{-2} °C/bit	2^{-3} °C/bit	2^{-4} °C/bit	0	0	0	0

bit 7　　　　　　　　　　　　　　　　　　　　　　　　　　bit 0

■ 設定暫存器

　　設定暫存器為一個 8 位元的暫存器，透過這個暫存器可以讓使用者設定溫度感測器的使用功能。其詳細的位元內容定義如表 15-10 所示。

表 15-10　設定暫存器內容與位元定義

R/W-0	R/W-0	R/W-0	R/W-0	R/W-0	R/W-0	R/W-0	R/W-0
One-Shot	Resolution		Fault Queue		ALERT Polarity	$\overline{\text{COMP}}$/INT	Shutdown

bit 7　　　　　　　　　　　　　　　　　　　　　　　　　　　　　bit 0

bit 7　單次量測設定位元

　　1 = 啓動。

　　0 = 關閉。(啓動預設)

bit 5-6　溫度轉換精確度設定位元

　　00 = 9 bit(啓動預設)

　　01 = 10 bit

　　10 = 11 bit

　　11 = 12 bit

bit 3-4　故障序列位元

　　00 = 1(啓動預設)

　　01 = 2

　　10 = 4

　　11 = 6

bit 2　警示訊號極性位元

　　1 = Active-high

　　0 = Active-low(啓動預設)

bit 1　警示訊號模式 $\overline{\text{COMP}}$/INT 位元

　　1 = 中斷模式。

　　0 = 比較模式 。(啓動預設)

bit 0　功能關閉位元

　　1 = Enable

　　0 = Disable(啓動預設)

CHAPTER

15

■ 溫度警示上限暫存器

　　這個暫存器儲存著一個溫度預設值。當實際量測的溫度大於這個預設的溫度上限時，警示訊號腳位將會依照使用者的設定輸出一個警示訊號。這個暫存器的資料長度雖然有兩個位元組，但是在第一位元組的部分只有最高位元可以作為設定使用，其他的較低位元內容將會被忽略。暫存器的內容與溫度資料暫存器相同，使用者可以參考表 15-9。

■ 溫度警示解除下限暫存器

　　這個暫存器儲存著一個溫度預設值。當實際量測的溫度小於這個預設的溫度下限時，警示訊號腳位將會輸出的警示訊號將會被解除。這個暫存器的資料長度雖然有兩個位元組，但是在第一位元組的部分只有最高位元可以作為設定使用，其他的較低位元內容將會被忽略。暫存器的內容與溫度資料暫存器相同，使用者可以參考表 15-9。

■ MCP9800 溫度感測器操作程序

　　由於透過通訊傳輸協定的方式，因此所有的 MCP9800 溫度感測器操作程序必須依照相關的規定進行。

■ 寫入資料

　　在透過 I^2C 通訊協定傳輸資料時，第一個位元組必須要傳送 MCP9800 溫度感測器的 I^2C 通訊傳輸位址以及寫入位元（0）的定義；第二個位元組則必須指定所要處理的資料暫存器位址，暫存器的位址如表 15-8 所示；然後根據應用程式的需求，如果是寫入資料的話，則根據暫存器的資料長度可以繼續傳輸一個或兩個位元組的資料輸出到 MCP9800 溫度感測器。藉由這樣的寫入程序，應用程式可以改變設定暫存器的內容以及溫度警示上下限暫存器的設定。

■ 讀取資料

　　而在讀取量測溫度的時候，首先第一個位元組必須要傳送 MCP9800 溫度感測器的 I^2C 通訊傳輸位址以及寫入位元（0）的定義；第二個位元組則必須指定所要處理的資料暫存器位址，暫存器的位址如表 15-8 所示。這時候，應用程式可以直接發出重新開始的訊號,然後發出一個位元組傳送 MCP9800 溫度感測器的通訊傳輸位址以及讀取位元(1)的定義;然後微控制器便可以進入資料接收的狀態,並根據資料的長度接收一個或兩個位元的溫度感測器資料。

由於 XC8 編譯器所提供的函式庫包含許多與外部通訊使用的相關函式,因此在撰寫應用程式時便可以直接利用這些函式完成,而不需要另外開發 I²C 通訊協定的特定函式,可以大幅減低開發應用程式所需要的時間與資源。讓我們以範例 15-2 更進一步的說明 I²C 通訊協定相關的使用。

範例 15-2

配合 TIMER1 計時器的使用,每一秒鐘使用溫度感測器量取溫度並在 LCD 模組上顯示時間與溫度。並利用溫度感測器警示設定值,設定一個溫度警示範圍,利用發光二極體 LED8 做為警示訊號的輸出。

```
//***********************************************************
//*      EX15-2.c I2C Temperature
//***********************************************************
#include <xc.h>            // 使用 XC8 編譯器定義檔宣告
#include "evm_lcd.h"       // 使用 LCD 函式定義檔宣告
#include "i2c1.h"          // 使用 I2C1 函式定義檔宣告
#include <stdlib.h>   // 使用標準輸出入函式庫,以便將數值轉成ASCII函式(itoa)


#define TMR1_VAL      65536-32768         // Timer1 設定為 1000ms 中斷一次


// 宣告函式原型
void Init_TMR1(void);
void WriteTimer1(unsigned int a);


// MCP9800A5 I2C Device Address, 使用向右靠齊
#define I2C_DEVICE_address 0b01001101
```

```
#define _XTAL_FREQ 10000000 // 使用 __delay_ms(x) 時，一定要先定義此符號
//__delay_ms(x); x 不可以太大


// 宣告時間相關變數並初始化為 0
unsigned char hour=0, min=0, sec=0, update=0;


// 宣告 I2C1 高優先中斷執行程式
void __interrupt(high_priority) HighISR(void){
    // interrupt handler
    if(PIR2bits.BCLIF == 1){
        I2C1_BusCollisionISR();
    }
    else if(PIR1bits.SSPIF == 1){
        I2C1_ISR();
    }
}
// 宣告 TIMER1 計時器低優先中斷執行程式
void interrupt low_priority LowISR(void){
//  PIR1bits.TMR1IF = 0;        // 清除中斷旗標
    TMR1IF = 0;                 // 清除中斷旗標
    WriteTimer1(TMR1_VAL);      // 設定計時器初始值
    update=1;                   // 設定更新旗標
}


void main() {
    unsigned char Temp[3];
    char char_str[5]={0,0,0,0,0};
    I2C1_MESSAGE_STATUS i2cstatus;

    OpenLCD();                  // 初始化液晶顯示模組
    putrsLCD("0:0:0");          // 初始化 LCD
```

```c
// 初始化 I2C 模組
I2C1_Initialize();          // 初始化 I2C 模組
IPR2bits.BCLIP = 1;         // BCLI - high priority
IPR1bits.SSPIP = 1;         // SSPI - high priority

// 初始化計時器 Timer1
Init_TMR1();                // 初始化設定 Timer1 函式
WriteTimer1(TMR1_VAL);      // 0x8000=1sec @32786Hz Crystal

RCONbits.IPEN = 1;          // 啟動中斷優先分級功能
INTCONbits.GIEH = 1;        // 啟動高優先的中斷功能
INTCONbits.GIEL = 1;        // 啟動低優先的中斷功能

// MCP9800 初始化設定
Temp[0]=0x01;          // 設定暫存器位址
Temp[1]=0x00;          // 初始化 MCP9800 模組為 9bit 模式
I2C1_MasterWrite(Temp, 2, I2C_DEVICE_address, &i2cstatus);
// 設定溫度警示觸發上限
Temp[0]=0x02;              // MCP9800 內部暫存器位址
Temp[1]=26;  // 設定溫度警示上限 =char_str[0]+char_str[1]/256
Temp[2]=128;               // 僅 bit7 有作用
I2C1_MasterWrite(Temp, 3, I2C_DEVICE_address, &i2cstatus);
// 設定溫度警示解除下限
Temp[0]=0x03;              // MCP9800 內部暫存器位址
Temp[1]=24;      // 設定溫度警示解除下限 =char_str[0]+char_str[1]/256
Temp[2]=128;               // 僅 bit7 有作用
I2C1_MasterWrite(Temp, 3, I2C_DEVICE_address, &i2cstatus);

while (1) {
    if(update) {
        ++sec;                              // 將秒數遞加
```

```
        if (sec >= 60) {                    // 作進位處理
            sec-=60;
min++;
        }
        if (min >= 60) {
            min-=60;
            hour++;
        }
        if ( hour > 0x24 ) hour-=24;
        WriteCmdLCD(0x01) ;          // 清除液晶顯示器
        LCD_Set_Cursor( 0, 0 );          // 調整顯示位址
        __delay_ms(1);
        putsLCD(itoa(char_str, hour,10));        // 顯示時間資料
        putcLCD(':');
        putsLCD(itoa(char_str, min, 10));
        putcLCD(':');
        putsLCD(itoa(char_str, sec, 10));

        // 讀取溫度值
        Temp[0]=0;
        I2C1_MasterWrite(Temp,1,I2C_DEVICE_address,&i2cstatus);
        I2C1_MasterRead(Temp,2,I2C_DEVICE_address,&i2cstatus);
        LCD_Set_Cursor(1, 0);            // 調整顯示位址
        putsLCD(itoa(char_str, Temp[0], 10));
        putcLCD(0xDF);
        putcLCD('C');

        update=0;                // 清除更新旗標
    }
  }
}
```

```
void Init_TMR1 (void){
     ……     ; 略以。參見程式檔
}

void WriteTimer1(unsigned int a) {        // 設定 TIMER1 計數內容
     ……     ; 略以。參見程式檔
}
```

　　由於 I²C 的操作相當複雜，在開啓通訊時必須要不斷地偵測網路上是否有其他裝置發起通訊，進而在需要的時候接收資料；同時在需要傳送資料時，也要經過適當的步驟確認取得通訊的優先權後方可開始傳送資料。所以 I²C 不但在硬體上較 SPI 或 UART 更爲複雜，使用時也相當不容易，一般使用者是無法自行開發完整穩定的應用程式。因此，本範例使用 Microchip 開發給 PIC18F45K22 的函式庫爲基礎，將相關的暫存器與功能設定進行對應的調整後，轉換成 PIC18F4520 可以使用的 I²C 函式庫。讀者可以自行開啓範例程式中的 I²C 函式庫進行觀摩學習。基本上只需要了解下列幾個重要的函式：

```
I2C1_Initialize();          // 初始化 I2C 模組
I2C1_MasterWrite();         // 傳送資料
I2C1_MasterRead();          // 要求從屬裝置提供資料
```

就可以大致了解相關的運作。當然較爲複雜的部分還有需要宣告一個特殊形態的變數，

```
I2C1_MESSAGE_STATUS i2cstatus;
```

並將高優先中斷設定給 I²C 相關的狀態檢查使用，以應付網路上高速進行的狀態變化。

　　在完成 SPI 與 I²C 的學習之後，相信使用者對 PIC18F4520 微控制器的

使用應該有完整的了解，也具備進階微控制器應用程式開發的技術。雖然 PIC18F4520 微控制器是相對早期且簡單的微控制器，但是它的架構設計與應用方式是通用於所有的 PIC18 系列微控制器。讀者如果有更高階的應用需求可以繼續研讀 Microchip PIC18F 的 K 系列與 Q 系列微控制器，也可以研習更高階的 16/32/64 位元架構微控制器。這些推陳出新的產品不斷地提供更新穎、更快速的功能與設計，可以開發更多、更好的應用，使日常生活的應用更方便、更舒適。

CHAPTER

15

Microchip 開發工具

如果讀者決定使用 PIC18 系列微控制器作為應用的控制器，除了硬體之外，將需要適當的開發工具。整個 PIC18 系列微控制器應用程式開發的過程可以分割為 3 個主要的步驟：

撰寫程式碼

程式除錯

燒錄程式

每一個步驟將需要一個工具來完成，而這些工具的核心就是 Microchip 所提供的整合式開發環境軟體 MPLAB X IDE。

A.1　Microchip 開發工具概況

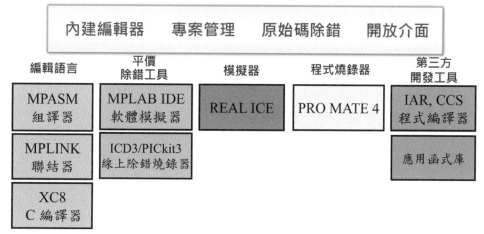

圖 A-1　MPLAB X IDE 整合式開發環境軟體與周邊軟硬體

▍整合式開發環境軟體MPLAB X IDE

　　整合式開發環境軟體 MPLAB X IDE 是由 Microchip 免費提供的，讀者可由 Microchip 的網站免費下載最新版的軟體。這個整合式的開發環境提供使用者在同一個環境下完成程式專案開發從頭到尾所有的工作。使用者不需要另外的文字編輯器、組譯器、編譯器、程式工具，來產生、除錯或燒錄應用程式。MPLAB X IDE 提供許多不同的功能來完成整個應用程式開發的過程，而且許多功能都是可以免費下載或內建的。

　　MPLAB X IDE 提供許多免費的功能，包含專案管理器、文字編輯器、MPASM 組譯器、聯結器、軟體模擬器以及許多視窗介面連接到燒錄器，除錯器以及硬體模擬器。

■ 開發專案

　　MPLAB X IDE 提供了在工作空間內產生及使用專案所需的工具。工作空間將儲存所有專案的設定，所以使用者可以毫不費力地在專案間切換。專案精靈可以協助使用者用簡單的滑鼠即可完成建立專案所需的工作。使用者可以使用專案管理視窗，輕易地增加或移除專案中的檔案。

■ 文字編輯器

　　文字編輯器是 MPLAB X IDE 整合功能的一部分，它提供許多的功能使得程式撰寫更為簡便，包括程式語法顯示、自動縮排、括號對稱檢查、區塊註解、書籤註記以及許多其他的功能。除此之外，文字編輯視窗直接支援程式除錯工具，可顯示現在執行位置、中斷與追蹤指標，更可以用滑鼠點出變數執行中的數值等等的功能。

▍PIC微控制器程式語言工具

■ 組合語言程式組譯器與聯結器

　　MPLAB X IDE 整合式開發環境包含了以工業標準 GNU 為基礎所開發的 MPASM 程式組譯器以及 MPLINK 程式聯結器。這些工具讓使用者得以在這個環境下開發 PIC 微控制器的程式而無須購買額外的軟體。MPASM 程式組譯器可將原始程式碼組合編譯成目標檔案（object files），再由聯結器 MPLINK 聯結所需的函式庫程式，並轉換成輸出的十六進位編碼（HEX）檔案。

■C 語言程式編譯器

如果使用者想要使用 C 程式語言開發程式，Microchip 提供了 MPLAB XC8 程式編譯器。這個程式編譯器提供免費試用版本，也可以另外付費購買永久使用權的版本。XC8 編譯器讓使用者撰寫的程式可以有更高的可攜性、可讀性、擴充性以及維護性。而且 XC8 編譯器也可以被整合於 MPLAB X IDE 的環境中，提供使用者更緊密的整合程式開發、除錯與燒錄。

除了 Microchip 所提供的 XC8 編譯器之外，另外也有其他廠商供應的 C 程式語言編譯器，例如 Hi-Tech、CCS 等等。這些編譯器都針對 PIC 微控制器提供個別的支援。

■程式範本、包含檔及聯結檔

一開始到撰寫 PIC 微控制器應用程式，卻不知如何下手時，怎麼辦呢？這個時候可以參考 MPLAB X IDE 所提供的許多程式範本檔案，這些程式範本可以被複製並使用為讀者撰寫程式的基礎。使用者同時可以找到各個處理器的包含檔，這些包含表頭檔根據處理器技術手冊的定義，完整地定義了各個處理器所有的暫存器及位元名稱，以及它們的位址。聯結檔則提供了程式聯結器對於處理器記憶體的規劃，有助於適當的程式自動編譯與數據資料記憶體定址。

■應用說明 Application Note

AN587

Interfacing PICmicro® MCUs to an LCD Module

圖 A-2　Microchip 應用說明文件

　　如果使用者不曉得如何建立自己的程式應用硬體與軟體設計，或者是想要加強自己的設計功力，或者是工作之餘想打發時間，這時候可到 Microchip 的網站上檢閱最新的應用說明。Microchip 不時地提供新的應用說明，並有實際的範例引導使用者正確地運用 PIC 微控制器於不同的實際應用。

◉ 除錯器與硬體模擬器

　　在 MPLAB X IDE 的環境中，Microchip 針對 PIC 微控制器提供了三種不同的除錯工具：MPLAB X IDE 軟體模擬器、ICD3 線上即時除錯器以及 REAL ICE 硬體模擬器。上述的除錯工具提供使用者逐步程式檢查、中斷點設定、暫存器監測更新以及程式記憶體與數據資料記憶體內容查閱等等。每一個工具都有它獨特的優點與缺點。

■ MPLAB X IDE 軟體模擬器

　　MPLAB X IDE 軟體模擬器是一個內建於 MPLAB X IDE 中功能強大的軟體除錯工具，這個模擬器可於個人電腦上執行模擬 PIC 控制器上程式執行的狀況。這個軟體模擬器不僅可以模擬程式的執行，同時可以配合模擬外部系統輸入及周邊功能操作的反應，並可量測程式執行的時間。

　　由於不需要外部的硬體，所以 MPLAB X IDE 軟體模擬器是一個快速而且簡單的方法來完成程式的除錯，在測試數學運算以及數位訊號處理函式的重複計算時特別有用。可惜的是，在測試程式對於外部實體電路類比訊號時，資料的處理與產生會變得相當地困難與複雜。如果使用者可以提供採樣或合成的資料作為模擬的外部訊號，測試的過程可以變得較為簡單。

　　MPLAB X IDE 軟體模擬器提供了所有基本的除錯功能以及一些先進的功能，例如：

　　碼錶—可作為程式執行時間的偵測

　　輸入訊號模擬—可用來模擬外部輸入與資料接收

　　追蹤—可檢視程式執行的紀錄

■ MPLAB REAL ICE 線上硬體模擬器

MPLAB REAL ICE 線上硬體模擬器是一個全功能的模擬器，它可以在真實的執行速度下模擬所有 PIC 控制器的功能。它是所有偵測工具中功能最強大的，它提供了優異的軟體程式以及微處理器硬體的透視與剖析。而且它也完整的整合於 MPLAB X IDE 的環境中，並具備有 USB 介面提供快速的資料傳輸。這些特性讓使用者可以在 MPLAB X IDE 的環境下快速地更新程式與數據資料記憶體的內容。

這個模組化的硬體模擬器同時支援多種不同的微控制器與不同的包裝選擇。相對於其功能的完整，這個模擬器的價格也相對地昂貴。它所具備的基本偵測功能與特別功能簡列如下：

多重的觸發設定—可偵測多重事件的發生，例如暫存器資料的寫入

碼錶—可作爲程式執行時間的監測

追蹤—可檢視程式執行的紀錄

邏輯偵測—可由外部訊號觸發或產生觸發訊號給外部測試儀器

■ MPLAB ICD5 及 PICkit5 線上除錯燒錄器

MPLAB ICD5 線上除錯是一個價廉物美的偵測工具，它提供使用者將所撰寫程式在實際硬體上執行即時除錯的功能。對於大部分無法負擔 REAL ICE 昂貴的價格卻不需要它許多複雜的功能，ICD5 是一個很好的選擇。

ICD5 提供使用者直接對 PIC 控制器在實際硬體電路上除錯的功能，同時也可以用它在線上直接對處理器燒錄程式。雖然它缺乏了硬體模擬器所具備的一些先進功能，例如記憶體追蹤或多重觸發訊號，但是它提供了基本除錯所需要的功能。

除了 ICD5 之外，Microchip 也提供更平價的線上除錯燒錄機 PICkit3，雖然速度較爲緩慢些，但也可以執行大多數 ICD5 所提供的功能。

無論如何，使用者必須選擇一個除錯工具以完成程式的開發。

■ 程式燒錄器 Programmer

除了 ICD5 之外，Microchip 也提供了許多程式燒錄器，例如 MPLAB

PM4。這些程式燒錄器也已經完整地整合於 MPLAB IDE 的開發環境中，使用者可以輕易地將所開發的程式燒錄到對應的 PIC 控制器中。由於這些程式燒錄器的價格遠較 ICD5 昂貴，讀者可自行參閱 Microchip 所提供的資料。在此建議使用者初期先以 ICD5 作爲燒錄工具，待實際的程式開發完成後，視需要再行購買上述的程式燒錄器。

■ 實驗板

Microchip 提供了幾個實驗板供使用者測試與學習 PIC 微控制器的功能，這些實驗板並附有一些範例程式與教材，對於新進的使用者是一個很好的入門工具。有興趣的讀者可自行參閱相關資料。

配合本書的使用，讀者可使用相關的 APP025 實驗板，其詳細的硬體與周邊功能將在第五章中有詳細的介紹。

A.2　MPLAB X IDE整合式開發環境

◉ MPLAB X IDE概觀

在介紹了 PIC 微控制器以及相關的開發工具後，讀者可以準備撰寫一些程式了。在開始撰寫程式之前，必須要對 MPLAB X IDE 的使用有基本的了解，因爲在整個過程中它將會是程式開發的核心環境，無論是程式撰寫、編譯、除錯以及燒錄。我們將以目前的版本爲基礎，介紹 MPLAB X IDE 下列幾個主要的功能：

專案管理器─用來組織所有的程式檔案
文字編輯器─用來撰寫程式
程式編譯器介面─聯結個別程式編譯器用以編譯程式
軟體模擬器─用來測試程式的執行
除錯器與硬體模擬器介面─聯接個別的除錯器或硬體模擬器用以測試程式
程式燒錄介面─作爲個別燒錄器燒錄處理器應用程式的介面
爲協助讀者了解前述軟硬體的特性與功能，我們將以簡單的範例程式作一個示範，以實作的方式加強學習的效果。

　　首先，請讀者到 Microchip 網站上下載免費的 MPLAB X IDE 整合式開發環境軟體。安裝的過程相當的簡單，在此請讀者自行參閱安裝說明。

◙ 建立專案

■ 專案與工作空間

　　一般而言，所有在 MPLAB X IDE 的工作都是以一個專案為範圍來管理。一個專案包含了那些建立應用程式，例如原始程式碼，聯結檔等等的相關檔案，以及與這些檔案相關的各種開發工具，例如使用的語言工具與聯結器，以及開發過程中的相關設定。

　　一個工作空間則可包含一個或數個專案，以及所選用的處理器、除錯工具、燒錄器、所開啓的視窗與位置管理、以及其他開發環境系統的設定。通常使用者會選用一個工作空間包含一個專案的使用方式，以簡化操作的過程。

　　MPLAB X IDE 中的專案精靈是建立器專案極佳的工具，整個過程相當地簡單。

　　在開始之前，請在電腦的適當位置建立一個空白的新資料夾，以作為這個範例專案的位置。在這裏我們將使用　　:\PIC\EX_for_XC8　　@為我們儲存的位置。要注意的是 MPLAB X IDE 目前已經可以支援中文的檔案路徑，讀者可以自行定義其他位置的專案檔案路徑。讀者可將本書所附範例程式複製到上述的位置。

　　現在讀者可以開啓 MPLAB X IDE 這個的程式，如果開啓後有任何已開啓的專案，請在選單中選擇 File>Close All Projects 將其關閉。然後選擇 File>New Project 選項，以開啓專案精靈。

　　第 1 步—選擇所需的處理器類別

　　下列畫面允許使用者選擇所要的處理器類別及專案類型。請選擇 Microchip Embedded>Standalone Project。完成後，點選「下一步」（Next）繼續程式的執行。

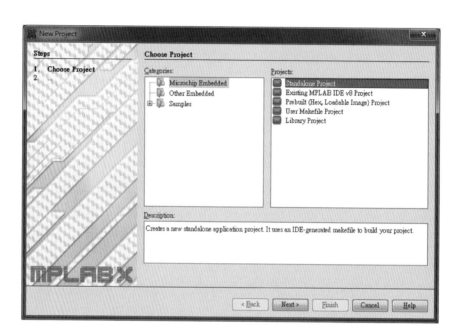

如果讀者有已經存在的專案，特別是以前利用舊版 MPLAB IDE 所建立的檔案，可以選擇其他項目轉換。

第 2 步—選擇所需的微控制器裝置

下列畫面允許使用者選擇所要使用的微控制器裝置。請選擇 PIC18F4520。完成後，點選「下一步」（Next）繼續程式的執行。

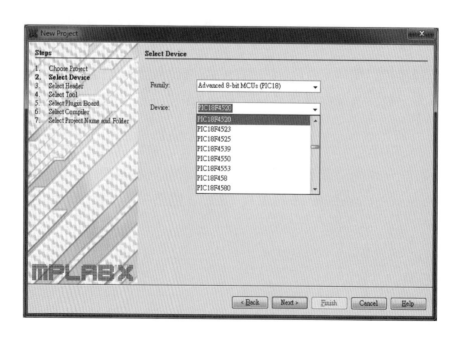

第 3 步—選擇程式除錯及燒錄工具

　　下列畫面允許使用者選擇所要使用的程式除錯及燒錄工具。讀者可是自己擁有的工具選擇，建議讀者可以選擇 ICD 3 或 PICkit3，較為物美價廉。裝置前方如果是綠燈標記，表示為 MPLAB X IDE 所支援的裝置；如果是黃燈標記，則為有限度的支援。完成後，點選「下一步」（Next）繼續程式的執行。

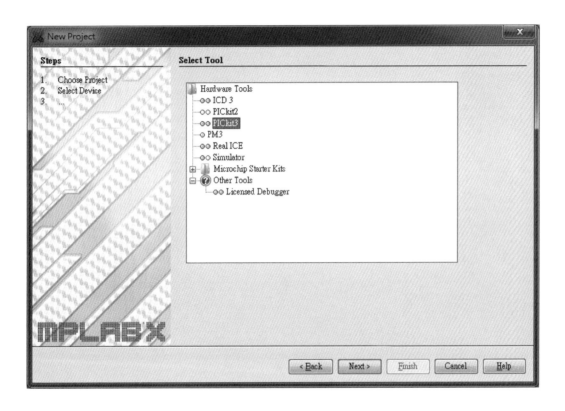

附

錄

A

第 4 步—選擇程式編譯工具

　　下列畫面允許使用者選擇所要使用的程式除錯及燒錄工具。如果是使用 C 語言可以選用 XC8，或者是選用內建的 MPASM 組合語言組譯器。完成後，點選「下一步」（Next）繼續程式的執行。

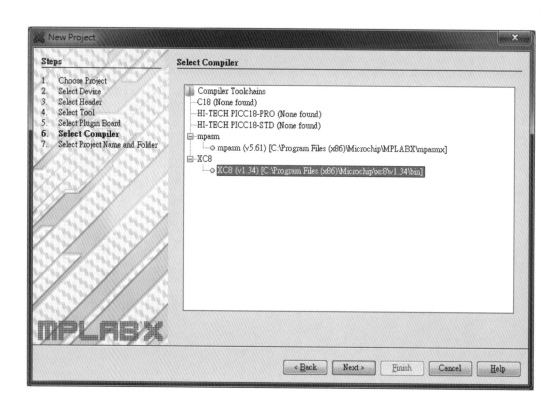

第 5 步—設定專案名稱與儲存檔案的資料夾

在下列畫面中,使用者必須為專案命名。請鍵入 my_first_c_porject 作為專案名稱並且將專案資料夾指定到事先所設定的資料夾 D:\PIC\EX for XC8\ex_my_first_c_project。

特別需要注意的是,如果在程式中需要加上中文註解時,為了要顯示中文,必須要將檔案文字編碼(Encoding)設定為 Big5 或者是 UTF-8,才能正確地顯示。如果讀者有過去的檔案無法正確顯示時,可以利用其他文字編輯程式,例如筆記本,打開後再剪貼到 MPLAB X IDE 中再儲存即可更新。

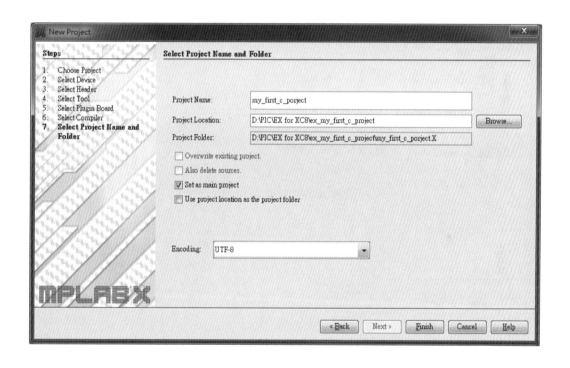

完成後,點選「結束」(Finish)完成專案的初始化設定。同時就可以看到完整的 MPLAB X IDE 程式視窗。

第 6 步—加入現有檔案到專案

如果需要將已經存在的檔案加入到專案中,可以在專案視窗中對應類別的資料夾上按下滑鼠右鍵,將會出現如下的選項畫面,就可以將現有檔案加入專案中。

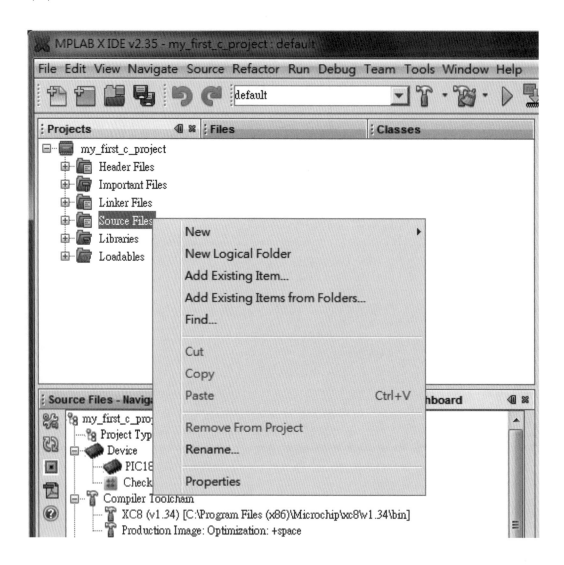

所選的檔案並不需要與專案在同一個資料夾,但是將它們放在一起會比較方便管理。

在完成專案精靈之後,MPLAB X IDE 將會顯示一個專案視窗,如下圖。

其中在原始程式檔案類別（Source Files）將包含 "my_first_c_code.c" 檔案。如果讀者發現缺少檔案時，不需要重新執行專案精靈。這時候只要在所需要的檔案類別按滑鼠右鍵，選擇 Add Existing Item，然後尋找所要增加的檔案，點選後即可加入專案。使用者也可以按滑鼠右鍵，選擇 Remove From Project，將不要的檔案移除。

這時候使用者如果檢視專案所在的資料夾，將會發現 my_first_c_project.x 專案資料夾與相關資料檔已由 MPLAB X IDE 產生。在專案管理視窗中雙點選 "my_first_c_code.c"，將可在程式編輯視窗中開啓這個檔案以供編輯。

文字編輯器

MPLAB X IDE 程式編輯視窗中的文字編輯器提供數項特別功能，讓程式撰寫更加方便平順。這些功能包括：

- 程式語法顯示
- 檢視並列印程式行號
- 在單一檔案或全部的專案檔案搜尋文字
- 標記書籤或跳躍至特定程式行
- 雙點選錯誤訊息時，將自動轉換至錯誤所對應的程式行

- 區塊註解
- 括號對稱檢查
- 改變字型或文字大小

程式語法顯示是一個非常有用的功能，使用者因此不需要逐字地閱讀程式檢查錯誤。程式中的各項元素，例如指令、虛擬指令、暫存器等等會以不同的顏色與字型顯示，有助於使用者方便地閱讀並了解所撰寫的程式，並能更快地發現錯誤。

◎專案資源顯示

在專案資源顯示視窗中，將會顯示目前專案所使用的資源狀況，例如對應的微控制器裝置使用程式記憶體空間大小，使用的除錯燒錄器型別，程式編譯工具等等資訊。除此之外，視窗並提供下列圖案的快捷鍵，讓使用者可以在需要的時候快速查閱相關資料。

上列的圖示分別連結到，專案屬性，更新除錯工具狀態，調整中斷點狀態，微控制器資料手冊，以及程式編譯工具說明。

A.3　建立程式碼

◎組譯與聯結

建立的專案包括兩個步驟。第一個是組譯或編譯的過程，在此每一個原始程式檔會被讀取並轉換成一個目標檔（object file）。目標檔中將包含執行碼或者是 PIC 控制器相關指令。這些目標檔可以被用來建立新的函式庫，或者被用來產生最終的 16 進位編碼輸出檔作為燒錄程式之用。建立程式的第二個步驟是所謂聯結的步驟。在聯結的步驟中，各個目標檔和函式庫檔中所有 PIC 控制器指令和變數將與聯結檔中所規畫的記憶體區塊，一一地放置到適當的記憶體位置。

■ 聯結器將會產生兩個檔案：

1. .hex 檔案—這個檔案將列出所有要放到 PIC 控制器中的程式、資料與結構記憶。

2. .cof 檔案—這個檔案就是編譯目標檔格式，其中包含了在除錯原始碼時所需要的額外資訊。

在使用 XC8 編譯器時，程式會自動地完成編譯與聯結的動作，使用者不需要像過去的方式需要自行指定聯結檔。XC8 的程式就包含一個 hlink 的聯結器程式，不需要再重新定義。

微控制器系統設定位元

XC8 程式碼中必須包含系統設定位元（Configuration Bits）記憶體的設定，通常可以在程式中會以虛擬指令 config 定義，或以另一個檔案定義。MPLAB X IDE 要求在專案中以設定位元定義設定位元選項後，產生一個相關的定義檔，並加檔案加入到專案中。例如在 my_first_c_project 範例中，在燒錄或除錯程式碼之前，我們必須要自行定義系統設定位元。這時候我們可以點選 Window>PIC Memory Views>Configuration Bits 來開啟結構位元視窗。使用者可以點選設定欄位中的文字來編輯各項設定，並選擇下方的程式碼產生按鍵，自動輸出系統設定位元程式檔。

在範例終將系統位元設定儲存微 Config.c 檔案，並加入到專案中。

建立專案程式

一旦有了上述的程式檔與設定位元檔，專案的微控制器程式就可以被建立了，讀者可點選 RUN>Build Project 選項來建立專案程式。或者選擇工具列中的相關按鍵，如下圖中的紅框中按鍵完成程式建立。

程式建立的結果會顯示在輸出視窗，如果一切順利，這時候視窗的末端將會顯現 Build Successful 的訊息。

現在專案程式已經成功地被建立了，使用者可以開始進行程式的除錯。除錯可以用幾種不同的工具來進行。在後續的章節中，我們將介紹使用 PICkit3 線上除錯器來執行除錯。

A.4　MPLAB X IDE軟體模擬器

一旦建立了控制器程式，接下來就必須要進行除錯的工作以確定程式的正確性。如果在這一個階段讀者還沒有計畫使用任何的硬體，那麼 MPLAB X IDE 軟體模擬器就是最好的選擇。其實 MPLAB X IDE 軟體模擬器還有一個更大的優點，就是它可以在程式燒錄之前，進行程式執行時間的監測以及各種數學運算結果的檢驗。MPLAB X IDE 軟體模擬器的執行已經完全地與 MPLAB X IDE 結合。它可以在沒有任何硬體投資的情況下模擬使用者所撰寫的程式在硬體上執行的效果，使用者可以模擬測試控制器外部輸入、周邊反應以及檢查內部訊號的狀態，卻不用做任何的硬體投資。

當然 MPLAB X IDE 軟體模擬器還是有它使用上的限制。這個模擬器仍然不能與任何的實際訊號作反應，或者是產生實際的訊號與外部連接。它不能夠觸發按鍵，閃爍 LED，或者與其他的控制器溝通訊號。即使如此 MPLAB X IDE 軟體模擬器仍然在開發應用程式、除錯與解決問題時，給使用者相當大的彈性。

基本上 MPLAB X IDE 軟體模擬器提供下列的功能：

- 修改程式碼並立即重新執行
- 輸入外部模擬訊號到程式模擬器中
- 在預設的時段，設定暫存器的數值

PIC 微控制器晶片有許多輸出入接腳與其他的周邊功能作多工的使用，因此這些接腳通常都有一個以上的名稱。軟體模擬器只認識那些定義在標準控制器表頭檔中的名稱為有效的輸出入接腳。因此，使用者必須參考標準處理器的表頭檔案來決定正確的接腳名稱。

如果要使用 MPLAB X IDE 軟體模擬器，可以點選 Window>Simulator 開啟相關的模擬功能。

A.5　MPLAB ICD3與PICkit3線上除錯燒錄器

ICD3 是一個在程式發展階段中可以使用的燒錄器以及線上除錯器。雖然它的功能不像一個硬體線上模擬器（ICE）一般地強大，但是它仍然提供了許多有用的除錯功能。

ICD3 提供使用者在實際使用的控制器上執行所撰寫的程式，使用者可以用實際的速度執行程式或者是逐步地執行所撰寫的指令。在執行的過程中，使用者可以觀察而且修改暫存器的內容，同時也可以在原始程式碼中設立至少一個中斷點。它最大的優點就是，與硬體線上模擬器比較，它的價格非常地便宜。

附

錄

A

除此之外，還有另一個選項就是 PICkit3 線上除錯器，它雖然速度較
ICD3 稍微緩慢，但可以提供相似的功能且價格更爲便宜。

在這一章我們將會介紹如何使用 PICkit3 線上除錯器。首先，我們必須將
前面所建立的範例專案開啓，如果讀者還沒有完成前面的步驟，請參照前面的
章節完成。

安裝PICkit3

在使用者安裝 MPLAB X IDE 整合式開發環境時,安裝過程中將會自動安裝 PICkit3 驅動程式。當 PICkit3 透過 USB 連接到電腦時,將會出現要求安裝驅動程式的畫面。這些驅動程式在安裝 MPLAB X IDE 時,將會自動載入驅動程式完成裝置聯結。

開啟專案

請點選 File>Open Project,打開前面所建立示範專案 my_first_c_project。

選用PICkit3線上除錯器

使用 PICkit3 的時候可以透過 USB 將 PICkit3 連接到電腦。這時候可以將電源連接到實驗板上。接著將 PICkit3 經由實驗板的 6-PIN 聯結埠,連接到待測試硬體所在的實驗板上。

如果在專案資源顯示視窗中發現除錯工具不是 PICkit3 的話,可以在 File>Project Properties 的選項下修改除錯工具選項,點選 PICkit3 選項。

建立程式除錯環境

與建立一般程式不同的是,程式除錯除了使用者撰寫的程式之外,必須加入一些除錯用的程式碼以便控制程式執行與上傳資料給電腦以便檢查程式。所以在建立程式時,必須要選擇建立除錯程式選項而非一般程式選項,如下圖所示。

附錄

A

監測視窗與變數視窗

在 PICkit3 線上除錯器功能中，也有許多輔助視窗可以用來顯示微控制器執行中的數據資料幫助除錯。但是這些數據必須要藉由中斷點控制微處理器停止執行時，才會更新數據資料。其中最重要的是除錯監測視窗與變數視窗，它們可以在 Window>Debugging 選項下啟動。

點選 Window>Debugging>Watches 開啟一個新的監測視窗，如下圖所示。

在視窗中只要輸入特殊暫存器或程式中的變數名稱，便可以在程式停止時更新顯示它們的數值資料。如果跟上一次的內容比較有變動時，將會以紅色數字顯示。數值的顯示型式，也可以選擇以十進位、二進位或十六進位等等方式表示。

點選 Window>Debugging>Variables 開啟一個新的變數視窗，如下圖所示。

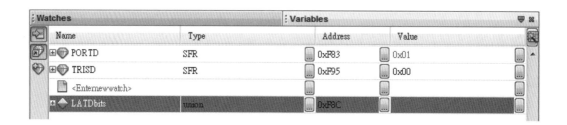

變數視窗會將程式目前執行中的所有局部變數（Local Variables）內容顯示出來以供檢查。

程式檢查與執行

使用者現在可以執行程式。執行程式有兩種方式：燒錄執行與除錯執行。

■燒錄執行

　　燒錄執行式將編譯後的程式燒錄到微控制器中，然後由微控制器硬體直接以實際的程式執行，不受 MPLAB X IDE 的控制。也就是以使用者預期的狀態執行所設計的程式。在 MPLAB X IDE 上提供幾個與燒錄執行相關的功能按鍵，如下圖所示。每個圖示的功能分別是，下載並執行程式、下載程式到微控制器、上傳程式到電腦、微控制器執行狀態。

　　下載並執行程式會降程式燒錄到微控制器後直接將 MCLR 腳位的電壓提昇讓微控制器直接進入執行狀態，點選後店完成燒錄的動作就可以觀察硬體執行程式的狀況。下載程式到微控制器及上傳程式到電腦則只進行程式或上傳的程序，並不會進入執行的狀態；程式下載完成後，可以點選微控制器執行狀態的圖示，藉由改變 MCLR 腳位的電壓，啓動或停止程式的執行。點選後的圖示會改變爲下圖的圖樣作爲執行中的區別。

■除錯執行

　　使用燒錄執行時只能藉由硬體的變化，例如燈號的變化或按鍵的觸發來改變或觀察程式執行的狀態，無法有效檢查程式執行的內容。除錯執行則可以利用中斷點、監視視窗與變數視窗等工具，在程式關鍵的位置設置中斷點暫停，透過監視視窗或變數視窗觀察，甚至改變變數內容，有效地檢查程式執行已發現可能的錯誤。

　　使用除錯執行必須要先用建立除錯程式編譯，以便加入除錯執行所需要的程式碼，如下圖所示。

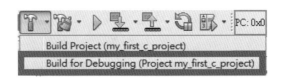

要開始除錯執行，必須在編譯除錯程式後，選擇下載除錯程式，如下圖所示，才能進行除錯。

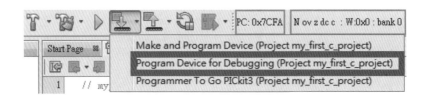

接下來，點選下圖中最右邊的圖示便會開始執行除錯程式。

使用者也可以直接點選這個圖示一次完成編譯、下載與除錯執行程式的程序。進入除錯執行的階段時，將會在工具列出下列圖示，分別代表停止除錯執行、暫停程式執行、重置程式、繼續執行、執行一行程式（指令）並跳過函式、執行一行程式（指令）並跳入函式、程式執行至游標所在位置後暫停、將程式計數器移至游標所在位置、將視窗與游標移至程式計數器（程式執行）所在位置。

利用這些功能圖示，使用者可以有效控制程式執行的範圍以決定檢查的範圍。除了監視視窗與變數視窗外，如果是使用組合語言撰寫程式的話，工具列中的程式計數器（Program Counter, PC）與狀態位元的內容也會顯示在下圖中的工具列作為檢查的用途。

⑨ 中斷點

由於使用暫停的功能無法有效控制程式停止的位置，除了利用暫停的功能外，使用者也可以利用中斷點（Breakpoint）讓程式暫停。要設定中斷點，只要在程式暫停執行的時候點選程式最左端，使其出現下圖的紅色方塊圖示即可。只要程式執行完設有中斷點的程式集會暫停並更新監視視窗的內容。

```
4    void main (void) {
5
6        PORTD = 0x00;
7        TRISD = 0;
□        LATDbits.LATD0 = 1;
⇨        while (1) ;
10   }
```

綠色箭頭表示的是程式暫停的位置（尚未執行）。

每一種除錯工具所能夠設定的中段點數量會因微控制器型號不同而有差異。以 PICkit3 與 PIC18F4520 為例，所能提供的硬體中斷點為三個，而且不提供軟體中斷點（通常只有模擬器才有此功能）。

A.6 軟體燒錄程式 Bootloader

除了上述由原廠所提供的開發工具之外，由於 PIC 微控制器的普遍使用，在坊間有許多愛用者為他開發了免費的軟體燒錄程式（Bootloader）。

所謂的軟體燒錄程式是藉由 PIC 系列微控制器所提供的線上自我燒錄程式的功能，事先在微控制器插入一個簡單的軟體燒錄程式，也就是所謂的 Bootloader。當電源啟動或者是系統重置的時候，這個軟體燒錄程式將會自我檢查以確定是否進入燒錄的狀態。檢查的方式將視軟體的撰寫而定，有的是等待一段時間，有的則是檢查某一筆資料，或者是檢查某一個硬體狀態等等。當檢查的狀態滿足時，這項呼叫軟體燒錄函式而進入自我燒錄程式的狀態；當檢查的狀態不滿足的時候，則將忽略燒錄程式的部份而直接進入正常程式執行的執行碼。

AN851

A FLASH Bootloader for PIC16 and PIC18 Devices

　　由於軟體燒錄程式可以在網際網路上取得，因此不需要特別的費用，甚至 Microchip 也提供了一個包括原始碼在內的 AN851 應用範例提供相關的程式。除此之外，針對 PIC18F 系列微控制器也可以找到支援的軟體燒錄程式，例如 COLT。如果讀者在初期便不想花費金錢添購燒錄硬體，但是又想嘗試微控制器的功能，不妨使用這一類的軟體燒錄程式作為一個開始。可惜的是，通常他們只能作為燒錄或檢查部份的資料記憶體內容，而無法進行程式除錯的工作。詳細的軟體燒錄程式架構以及使用方法請參見 Microchip 應用範例說明 AN851。

PIC18 微控制器組合語言指令

ADDLW	**WREG** 與常數相加
語法：	[*label*] ADDLW k
運算元：	0 ≤ k ≤ 255
指令動作：	(W) + k → W
影響旗標位元：	N, OV, C, DC, Z
組譯程式碼：	00001111kkkk kkkk
指令概要：	將 W 的內容與 8 位元常數 k 相加，結果存入 W。
指令長度：	1
執行週期數：	1

範例：

    ADDLW 0x15

指令執行前：

    W0x10

指令執行後：

    W0x25

ADDWF	**WREG** 與 **f** 相加
語法：	[*label*]ADDWF f [,d[,a]]
運算元：	0 ≤ f ≤ 255
	d ∈[0,1]
	a ∈[0,1]
指令動作：	(W) (f) → dest
影響旗標位元：	N, OV, C, DC, Z
組譯程式碼：	0010 01da ffff ffff
指令概要：	將 W 與暫存器 f 相加。如果 d 為 0，結果存入 W。如果 d 為 1，結果存回暫存器 f（預設情況）。如果 a 為 0，選擇擷取區塊。如果 a 為 1，則使用 BSR 暫存器。
指令長度：	1
執行週期數：	1

範例：

    ADDWF REG, 0, 0

指令執行前：

    W0x17

    REG0xC2

指令執行後：

    W0xD9

    REG0xC2

ADDWFC	WREG 與 f 及 C 進位旗標相加
語法：	[*label*] ADDWFC f [,d [,a]]
運算元：	0 ≤ f ≤ 255
	d ∈ [0,1]
	a ∈ [0,1]
指令動作：	(W) + (f) + (C) → dest
影響旗標位元：	N, OV, C, DC, Z
組譯程式碼：	0010 00da ffff ffff
指令概要：	將 W、C 進位旗標位元和資料暫存器 f 相加。如果 d 為 0，結果存入 W。如果 d 為 1，結果存入資料暫存器 f。如果 a 為 0，則選擇擷取區塊。如果 a 為 1，則使用 BSR 暫存器。
指令長度：	1
執行週期數：	1

範例：

    ADDWFC REG, 0, 1

指令執行前：

    Carry bit1
    REG0x02
    W0x4D

指令執行後：

    Carry bit0
    REG0x02
    W0x50

ANDLW	WREG 與常數作 "AND" 運算
語法：	[*label*] ANDLW k
運算元：	0 ≤ k ≤ 255
指令動作：	(W) .AND. k → W
影響旗標位元：	N, Z
組譯程式碼：	0000 1011 kkkk kkkk
指令概要：	將 W 的內容和 8 位元常數 k 進行「且」運算。結果存入 W。
指令長度：	1
執行週期數：	1

範例：

    ANDLW   0x5F

指令執行前：

    W0xA3

指令執行後：

    W0x03

ANDWF	WREG 和 f 進行 "AND" 運算	BC	進位則切換程式位址

ANDWF — WREG 和 f 進行 "AND" 運算

語法：   [*label*] ANDWF f [,d [,a]]

運算元：   0 ≤ f ≤ 255
d ∈ [0,1]
a ∈ [0,1]

指令動作：   (W) .AND. (f) → dest

影響旗標位元：N, Z

組譯程式碼：   0001 01da ffff ffff

指令概要：   將 W 的內容和暫存器 f 進行「且」運算。如果 d 為 0，結果存入 W 暫存器。如果 d 為 1，結果存回暫存器 f（預設情況）。如果 a 為 0，選擇擷取區塊。如果 a 為 1，則使用 BSR。

指令長度：   1

執行週期數：   1

範例：

     ANDWF REG, 0, 0

指令執行前：

     W0x17

     REG0xC2

指令執行後：

     W0x02

     REG0xC2

BC — 進位則切換程式位址

語法：   [*label*] BC n

運算元：   -128 ≤ n ≤ 127

指令動作：   if carry bit is '1'
(PC) + 2 + 2n → PC

影響旗標位元：None

組譯程式碼：   1110 0010 nnnn nnnn

指令概要：   如果 C 進位旗標位元為 1，程式跳行切換。2 的補數法數值「2n」與 PC 相加，結果存入 PC。因為 PC 要加 1 才能取得下一個指令，因此新的程式位址是 PC+2+2n。因此，該指令是一個雙週期指令。

指令長度：   1

執行週期數：   1(2)

範例：

     HERE BC 5

指令執行前：

     PCaddress（HERE）

指令執行後：

     If Carry1;

     PCaddress（HERE+12）

     If Carry0;

     PCaddress（HERE+2）

附

錄

B

BCF	清除 **f** 的 **b** 位元為 0
語法：	[*label*] BCF f,b[,a]
運算元：	0 ≤ f ≤ 255
	0 ≤ b ≤ 7
	a ∈[0,1]
指令動作：	0 → f<b>
影響旗標位元：	None
組譯程式碼：	1001 bbba ffff ffff
指令概要：	將暫存器 f 的 bit b 清除為 0。如果 a 為 0，則忽略 BSR 數值而選擇擷取區塊。如果 a 為 1，則會根據 BSR 的值選擇資料儲存區塊。
指令長度：	1
執行週期數：	1
範例：	

BCF FLAG_REG, 7, 0

指令執行前：

FLAG_REG0xC7

指令執行後：

FLAG_REG0x47

BN	為負則切換程式位址
語法：	[*label*] BN n
運算元：	-128 ≤ n ≤ 127
指令動作：	if negative bit is '1'
	(PC) + 2 + 2n → PC
影響旗標位元：	None
組譯程式碼：	1110 0110 nnnn nnnn
指令概要：	如果負數旗標位元為 1，程式跳行切換。2 的補數法數值 "2n" 與 PC 相加，結果存入 PC。因為 PC 需要加 1 才能取得下一個指令，因此新的程式位址將是 PC+2+2n。該指令是一個雙週期指令。
指令長度：	1
執行週期數：	1(2)
範例：	

HERE BN Jump

指令執行前：

PCaddress (HERE)

指令執行後：

If Negative1;

PCaddress (Jump)

If Negative0;

PCaddress (HERE+2)

BNC	無進位則切換程式位址	**BNN**	不為負則切換程式位址

BNC   無進位則切換程式位址

語法：   [*label*] BNC n

運算元： $-128 \leq n \leq 127$

指令動作：   if carry bit is '0'
(PC) + 2 + 2n → PC

影響旗標位元：None

組譯程式碼：   1110 0011 nnnn nnnn

指令概要：   如果 C 進位旗標位元為 0，程式跳行切換。2 的補數法數值 "2n" 與 PC 相加，結果存入 PC。由於 PC 需要加 1 才能取得下一個指令，所以新的程式位址是 PC+2+2n。這個指令是一個雙週期指令。

指令長度：   1

執行週期數：   1(2)

範例：

     HERE   BNC   Jump

指令執行前：

     PCaddress (HERE)

指令執行後：

     If Carry0;

     PCaddress (Jump)

     If Carry1;

     PCaddress (HERE+2)

BNN   不為負則切換程式位址

語法：   [*label*] BNN n

運算元： $-128 \leq n \leq 127$

指令動作：   if negative bit is '0'
(PC) + 2 + 2n → PC

影響旗標位元：None

組譯程式碼：   1110 0111 nnnn nnnn

指令概要：   如果負數旗標位元為 1，程式將跳行切換。2 的補數法數值「2n」與 PC 相加，結果存入 PC。由於 PC 需要加 1 才能取得下一個指令，所以新的程式位址是 PC+2+2n。這個指令是一個雙週期指令。

指令長度：   1

執行週期數：   1(2)

範例：

     HERE   BNN   Jump

指令執行前：

     PCaddress (HERE)

指令執行後：

     If Negative0;

     PCaddress (Jump)

     If Negative1;

     PCaddress (HERE+2)

附錄

B

BNOV	不溢位則切換程式位址	**BNZ**	不為零則切換程式位址
語法：	[*label*] BNOV n	語法：	[*label*] BNZ n
運算元：	-128 ≤ n ≤ 127	運算元：	-128 ≤ n ≤ 127
指令動作：	if overflow bit is '0'	指令動作：	if zero bit is '0'
	(PC) + 2 + 2n → PC		(PC) + 2 + 2n → PC
影響旗標位元：None		影響旗標位元：None	
組譯程式碼：	1110 0101 nnnn nnnn	組譯程式碼：	1110 0001 nnnn nnnn

指令概要：　如果溢位旗標位元為 0，程式將跳行切換。2 的補數法數值 "2n" 與 PC 相加，結果存入 PC。因為 PC 需要加 1 才能取得下一個指令，所以新的程式位址是 PC+2+2n。這個指令是一個雙週期指令。

指令概要：　如果零旗標位元 Z 為 0，程式將跳行切換。2 的補數法數值 "2n" 與 PC 相加，結果存入 PC。因為 PC 需要加 1 才能取得下一個指令，所以新的程式位址是 PC+2+2n。這個指令是一個雙週期指令。

指令長度：	1	指令長度：	1
執行週期數：	1(2)	執行週期數：	1(2)

範例：

```
      HERE      BNOV  Jump
```

指令執行前：

```
      PCaddress (HERE)
```

指令執行後：

```
      If Overflow0;
      PCaddress (Jump)
      If Overflow1;
      PCaddress (HERE+2)
```

範例：

```
      HERE      BNZ  Jump
```

指令執行前：

```
      PCaddress (HERE)
```

指令執行後：

```
      If Zero0;
      PCaddress (Jump)
      If Zero1;
      PCaddress (HERE+2)
```

BOV 溢位則切換程式位址

語法： [*label*] BOV n

運算元： -128 ≤ n ≤ 127

指令動作： if overflow bit is '1'
(PC) + 2 + 2n → PC

影響旗標位元：None

組譯程式碼： 1110 0100 nnnn nnnn

指令概要： 如果溢位旗標位元為 1，
程式跳行切換。2 的補數
法數值 "2n" 與 PC 相加，
結果存入 PC。由於 PC 要
加 1 才能取得下一個指
令，所以新的程式位址是
PC+2+2n。這個指令是一
個雙週期指令。

指令長度： 1

執行週期數： 1(2)

範例：

          HERE   BOV Jump

指令執行前：

     PCaddress (HERE)

指令執行後：

     If Overflow1;

     PCaddress (Jump)

     If Overflow0;

     PCaddress (HERE+2)

BRA 無條件切換程式位址

語法： [*label*] BRA n

運算元： -1024 ≤ n ≤ 1023

指令動作： (PC) + 2 + 2n → PC

影響旗標位元：None

組譯程式碼： 1101 0nnn nnnn nnnn

指令概要： 將 2 的補數法數值「2n」
與 PC 相加，結果存入
PC。因為 PC 需要加 1
才能取得下一條指令，
所以新的程式位址是
PC+2+2n。該指令是一條
雙週期指令。

指令長度： 1

執行週期數： 2

範例：

          HERE   BRA Jump

指令執行前：

     PC = address (HERE)

指令執行後：

     PC = address (Jump)

附錄

B

BSF	設定 **f** 的 **b** 位元為 **1**

語法：   [*label*] BSF f,b[,a]

運算元：   0 ≤ f ≤ 255

                        0 ≤ b ≤ 7

                        a ∈ [0,1]

指令動作：   1 → f<b>

影響旗標位元：None

組譯程式碼：   1000 bbba ffff ffff

指令概要：   將暫存器 f 的 bit b 置 1。如果 a 為 0，則選擇擷取區塊，並忽略 BSR 的值。如果 a 為 1，則根據 BSR 的值選擇存取資料儲存區塊。

指令長度：   1

執行週期數：   1

範例：

```
     BSF    FLAG_REG, 7, 1
```

指令執行前：

```
     FLAG_REG = 0x0A
```

指令執行後：

```
     FLAG_REG = 0x8A
```

BTFSC	檢查 **f** 的 **b** 位元，為 **0** 則跳過

語法：   [*label*] BTFSC f,b[,a]

運算元：   0 ≤ f ≤ 255

                        0 ≤ b ≤ 7

                        a ∈ [0,1]

指令動作：   skip if (f<b>) = 0

影響旗標位元：None

組譯程式碼：   1011 bbba ffff ffff

指令概要：   如果暫存器 f 的 bit b 為 0，則跳過下一個指令。如果 bit b 為 1，則（在目前指令執行期間所取得的）下一個指令不再執行，改為執行一個 NOP 指令，使該指令變成雙週期指令。如果 a 為 0，則選擇擷取區塊，並忽略 BSR 的值。如果 a 為 1，則根據 BSR 的值選擇存取資料儲存區塊。

指令長度：   1

執行週期數：   1(2)

                  註記：如果跳行且緊接著為二字元長指令時，則需要三個執行週期。

範例：

```
     HERE       BTFSC  FLAG, 1, 0
     FALSE      :
     TRUE       :
```

指令執行前：

```
     PC = address (HERE)
```

指令執行後：

```
     If FLAG<1> = 0;
     PC = address (TRUE)
     If FLAG<1> = 1;
     PC = address (FALSE)
```

BTFSS　　　　　　檢查 **f** 的 **b** 位元，為 **1** 則
　　　　　　　　　跳過

語法：	[*label*] BTFSS f,b[,a]	PC = address (HERE)
運算元：	0 ≤ f ≤ 255	指令執行後：
	0 ≤ b ≤ 7	If FLAG<1> = 0;
	a ∈[0,1]	PC = address (FALSE)
指令動作：	skip if(f<b>) = 1	If FLAG<1> = 1;
影響旗標位元：	None	PC = address (TRUE)
組譯程式碼：	1010 bbba ffff ffff	

指令概要：　　　　如果暫存器 f 的 bit b 為
　　　　　　　　1，則跳過下一個指令。
　　　　　　　　如果 bit b 為 0，則（在
　　　　　　　　目前指令執行期間所取得
　　　　　　　　的）下一個指令不再執
　　　　　　　　行，改為執行一個 NOP 指
　　　　　　　　令，使該指令變成雙週期
　　　　　　　　指令。如果 a 為 0，則忽
　　　　　　　　略 BSR 數值而選擇擷取區
　　　　　　　　塊。如果 a 為 1，則根據
　　　　　　　　BSR 的值選擇資料儲存區
　　　　　　　　塊。

指令長度：	1
執行週期數：	1(2)

　　　　　　　　註記：如果跳行且緊接著
　　　　　　　　為二字元長指令時，則需
　　　　　　　　要三個執行週期。

範例：

```
HERE      BTFSS  FLAG, 1, 0
FALSE        :
TRUE         :
```

指令執行前：

BTG	反轉 **f** 的 **b** 位元
語法：	[*label*] BTG f,b[,a]
運算元：	0 ≤ f ≤ 255
	0 ≤ b ≤ 7
	a ∈ [0,1]
指令動作：	(f<b>) → f<b>
影響旗標位元：	None
組譯程式碼：	0111 bbba ffff ffff
指令概要：	對資料儲存位址單元 f 的 bit b 做反轉運算。如果 a 為 0，則忽略 BSR 數值而選擇擷取區塊。如果 a 為 1，則根據 BSR 的值選擇資料儲存區塊。
指令長度：	1
執行週期數：	1
範例：	
	BTG　PORTC, 4, 0
指令執行前：	
	PORTC = 0111 0101 [0x75]
指令執行後：	
	PORTC = 0110 0101 [0x65]

BZ	為零則切換程式位址
語法：	[*label*] BZ n
運算元：	-128 ≤ n ≤ 127
指令動作：	if Zero bit is '1'
	(PC) + 2 + 2n → PC
影響旗標位元：	None
組譯程式碼：	1110 0000 nnnn nnnn
指令概要：	如果零旗標位元 Z 為 1，程式跳行切換。2 的補數法數值「2n」與 PC 相加，結果存入 PC。由於 PC 要加 1 才能取得下一個指令，所以新的程式位址是 PC+2+2n。這個指令是一個雙週期指令。
指令長度：	1
執行週期數：	1(2)
範例：	
	HERE　　BZ　Jump
指令執行前：	
	PC = address (HERE)
指令執行後：	
	If Zero = 1;
	PC = address (Jump)
	If Zero = 0;
	PC = address (HERE+2)

CALL　　　　　　呼叫函式

語法：　　　　　　[*label*] CALL k [,s]

運算元：　　　　　0 ≤ k ≤ 1048575

　　　　　　　　　s ∈[0,1]

指令動作：　　　　(PC) + 4 → TOS,

　　　　　　　　　k → PC<20:1>,

　　　　　　　　　if s = 1

　　　　　　　　　(W) → WS,

　　　　　　　　　(STATUS) → STATUSS,

　　　　　　　　　(BSR) → BSRS

影響旗標位元：None

組譯程式碼：

　　　　　　　　　1st word(k<7:0>)

　　　　　　　　　　　1110 110s kkkk

　　　　　　　　　　　kkkk

　　　　　　　　　2nd word(k<19:8>)

　　　　　　　　　　　1111 kkkk kkkk

　　　　　　　　　　　kkkk

指令概要：　　　　2 MB 儲存空間內的函
式呼叫。首先，將返回
位址（PC+ 4）推入返
回堆疊。如果 s 為 1，
則 W、STATUS 和 BSR 暫
存器也會被推入對應的
替代（Shadow）暫存器
WS、STATUSS 和 BSRS。
如果 s 為 0，不會產生更
新（預設情況）。然後，
將 20 位元數值 k 存入
PC<20:1>。CALL 為雙週
期指令。

指令長度：　　2

執行週期數：　2

範例：

　　　　HERE　　　CALL　THERE,1

指令執行前：

　　　　PC = address(HERE)

指令執行後：

　　　　PC = address(THERE)

　　　　TOS = address(HERE + 4)

　　　　WS = W

　　　　BSRS = BSR

　　　　STATUSS= STATUS

附
錄

B

附

錄

B

CLRF	暫存器 f 清除為零	**CLRWDT**	清除監視（看門狗）計時器為 0

語法：	[*label*] CLRF f [,a]	語法：	[*label*] CLRWDT
運算元：	0 ≤ f ≤ 255	運算元：	None
	a ∈ [0,1]	指令動作：	000h → WDT,
指令動作：	000h → f		000h → WDT postscaler,
	1 → Z		1 → $\overline{TO}$,
影響旗標位元：Z			1 → $\overline{PD}$
組譯程式碼：	0110 101a ffff ffff	影響旗標位元：$\overline{TO}$, $\overline{PD}$	
指令概要：	指定暫存器的內容清除為 0。如果 a 為 0，則忽略 BSR 數值而選擇擷取區塊。如果 a 為 1，則會根據 BSR 的值選擇資料儲存區塊（預設情況）。	組譯程式碼：	0000 0000 0000 0100
		指令概要：	CLRWDT 指令重定監視（看門狗）計時器。而且會重置 WDT 的後除頻器。狀態位 $\overline{TO}$ 和 $\overline{PD}$ 被置 1。
指令長度：	1	指令長度：	1
執行週期數：	1	執行週期數：	1
範例：		範例：	

```
        CLRF    FLAG_REG,1
```
指令執行前：
```
        FLAG_REG = 0x5A
```
指令執行後：
```
        FLAG_REG = 0x00
```

```
        CLRWDT
```
指令執行前：
```
        WDT Counter = ?
```
指令執行後：
```
        WDT Counter = 0x00
        WDT Postscaler = 0
        TO = 1
        PD = 1
```

COMF	對 **f** 取補數

語法：	[*label*]COMF f [,d [,a]]
運算元：	0 ≤ f ≤ 255
	d ∈[0,1]
	a ∈[0,1]
指令動作：	→ dest
影響旗標位元：	N, Z
組譯程式碼：	0001 11da ffff ffff
指令概要：	對暫存器 f 的內容做反轉運算。如果 d 為 0，結果存入 W 暫存器。如果 d 為 1，結果存回暫存器 f（預設情況）。如果 a 為 0，則忽略 BSR 數值而選擇擷取區塊。如果 a 為 1，則根據 BSR 的值選擇資料儲存區塊。
指令長度：	1
執行週期數：	1

範例：

```
      COMF    REG, 0, 0
```

指令執行前：

```
      REG = 0x13
```

指令執行後：

```
      REG = 0x13
      W  = 0xEC
```

CPFSEQ	**f** 與 **WREG** 比較，等於則跳過

語法：	[*label*] CPFSEQ f [,a]
運算元：	0 ≤ f ≤ 255
	a ∈[0,1]
指令動作：	(f)-(W),
	skip if (f) = (W)
	(unsigned comparison)
影響旗標位元：	None
組譯程式碼：	0110 001a ffff ffff
指令概要：	執行無符號減法，比較資料暫存器 f 和 W 中的內容。如果 'f' = W，則不再執行取得的指令，轉而執行 NOP 指令，進而使該指令變成雙週期指令。如果 a 為 0，則忽略 BSR 數值而選擇擷取區塊。如果 a 為 1，則根據 BSR 的值選擇資料儲存區塊。
指令長度：	1
執行週期數：	1(2)
	註記：如果跳行且緊接著為二字元長指令時，則需要三個執行週期。

範例：

```
      HERE      CPFSEQ   REG, 0
      NEQUAL    :
      EQUAL     :
```

指令執行前：

```
      PC Address = HERE
```

附錄

B

W = ?

REG = ?

指令執行後：

If REG = W;

PC = Address(EQUAL)

If REG ≠ W;

PC = Address(NEQUAL)

CPFSGTf　　　與 **WREG** 比較，大於則跳過

語法：　　　　[*label*] CPFSGT f [,a]

運算元：　　　0 ≤ f ≤ 255

　　　　　　　a ∈[0,1]

指令動作：　　(f)　(W),

　　　　　　　skip if (f) > (W)

　　　　　　　(unsigned comparison)

影響旗標位元：None

組譯程式碼：　0110 010a ffff ffff

指令概要：　　執行無符號減法，對資料
暫存器 f 和 W 中的內容進
行比較。如果 f 的內容大
於 WREG 的內容，則不再
執行取得的指令，轉而執
行一個 NOP 指令，進而使
該指令變成雙週期指令。
如果 a 為 0，則忽略 BSR
數值而選擇擷取區塊。如
果 a 為 1，則根據 BSR 的
值選擇資料儲存區塊。

指令長度：　　1

執行週期數：　1(2)

註記：如果跳行且緊接著為二字元長指令
時，則需要三個執行週期。

範例：

HERE　　　CPFSGT　　REG, 0

NGREATER　　　　:

GREATER　　　　:

指令執行前：

PC = Address(HERE)

W = ?

指令執行後：

    If REG W;

    PC = Address (GREATER)

    If REG W;

    PC = Address (NGREATER)

CPFSLT	**f** 與 **WREG** 比較，小於則跳過
語法：	[*label*] CPFSLT f [,a]
運算元：	0 ≤ f ≤ 255
	a ∈[0,1]
指令動作：	(f) (W),
	skip if (f) < (W)
	(unsigned comparison)

影響旗標位元：None

組譯程式碼：　0110 000a ffff ffff

指令概要：　執行無符號的減法，對資料暫存器 f 和 W 中的內容進行比較。如果 f 的內容小於 W 的內容，則不再執行取得的指令，轉而執行一個 NOP 指令，進而使該指令變成雙週期指令。如果 a 為 0，則選擇擷取區塊。如果 a 為 1，則使用 BSR。

指令長度：　1

執行週期數：　1(2)

    註記：如果跳行且緊接著為二字元長指令時，則需要三個執行週期。

範例：

    HERE   CPFSLT   REG, 1

    NLESS   :

    LESS:

指令執行前：

    PC = Address (HERE)

    W = ?

附錄

B

指令執行後：

  If REG < W;

  PC = Address（LESS）

  If REG   W;

  PC = Address（NLESS）

DAW	十進位調整 **WREG**

語法：   [*label*] DAW

運算元： None

指令動作： If [W<3:0> >9] or [DC = 1] then

      (W<3:0>)+6 → W<3:0>;

    else

      (W<3:0>) → W<3:0>;

    If [W<7:4> >9] or [C = 1] then

      (W<7:4>) + 6 → W<7:4>;

    else

      (W<7:4>) → W<7:4>;

影響旗標位元：C

組譯程式碼： 0000 0000 0000 0111

指令概要： DAW 調整 W 內的 8 位元數值，這 8 位元數值為前面兩個變數（格式均為 BCD 格式）的和，並產生正確的 BCD 格式的結果。

指令長度： 1

執行週期數： 1

Example1: DAW

指令執行前：

  W = 0xA5

  C = 0

  DC = 0

指令執行後：

    W = 0x05

    C = 1

    DC = 0

Example 2:

指令執行前：

    W = 0xCE

    C = 0

    DC = 0

指令執行後：

    W = 0x34

    C = 1

    DC = 0

DECF f　　　　　減 1

語法：　　　　　[*label*] DECF f [,d [,a]]

運算元：　　　　0 ≤ f ≤ 255

               d ∈ [0,1]

               a ∈ [0,1]

指令動作：　　　(f)1 → dest

影響旗標位元：C, DC, N, OV, Z

組譯程式碼：　　0000 01da ffff ffff

指令概要：　　　暫存器 f 內容減 1。如果 d 為 0，結果存入 W 暫存器。如果 d 為 1，結果存回暫存器 f（預設情況）。如果 a 為 0，則忽略 BSR 數值而選擇擷取區塊。如果 a 為 1，則會根據 BSR 的值選擇資料儲存區塊。

指令長度：　　　1

執行週期數：　　1

範例：0

    DECF　CNT, 1, 0

指令執行前：

    CNT = 0x01

    Z = 0

指令執行後：

    CNT = 0x00

    Z = 1

附

錄

B

DECFSZ   **f** 減 1，為 0 則跳過

語法：   [*label*]DECFSZf[,d[,a]]   PC = Address (HERE)

運算元：   0 ≤ f ≤ 255   指令執行後：

             d ∈[0,1]   CNT = CNT - 1

             a ∈[0,1]   If CNT =0;

指令動作：   (f)1 → dest,   PC = Address (CONTINUE)

             skip if result = 0   If CNT ≠ 0;

影響旗標位元：None   PC = Address (HERE+2)

組譯程式碼：   0010 11da ffff ffff

指令概要：   暫存器 f 的內容減 1。如
             果 d 為 0，結果存入 W。
             如果 d 為 1，結果存回暫
             存器   ] 預設情況）。
             如果結果為 0，則不再執
             行取得的下一個指令，轉
             而執行一個 NOP 指令，
             進而該指令變成雙週期指
             令。如果 a 為 0，則忽略
             BSR 數值而選擇擷取區塊。
             如果 a 為 1，則按照 BSR
             的值選擇資料儲存區塊。

指令長度：   1

執行週期數：   1(2)

             註記：如果跳行且緊接著
             為二字元長指令時，則需
             要三個執行週期。

範例：

     HERE   DECFSZ   CNT, 1, 1

                 GOTO   LOOP

     CONTINUE

指令執行前：

DCFSNZ	**f** 減 **1**，非 **0** 則跳過	
語法：	[*label*] DCFSNZ f[,d[,a]]	TEMP = ?
運算元：	0 ≤ f ≤ 255	指令執行後：
	d ∈ [0,1]	TEMP = TEMP - 1,
	a ∈ [0,1]	If TEMP = 0;
指令動作：	(f) 1 → dest,	PC = Address (ZERO)
	skip if result ≠ 0	If TEMP ≠ 0;
影響旗標位元：	None	PC = Address (NZERO)
組譯程式碼：	0100 11da ffff ffff	

指令概要：　暫存器 f 的內容減 1。如果 d 為 0，結果存入 W。如果 d 為 1，結果存回暫存器 f（預設情況）。如果結果非 0，則不再執行取得的下一個指令，轉而執行一個 NOP 指令，進而該指令變成雙週期指令。如果 a 為 0，則忽略 BSR 數值而選擇擷取區塊。如果 a 為 1，則按照 BSR 的值選擇資料儲存區塊。

指令長度：　1

執行週期數：　1(2)

註記：如果跳行且緊接著為二字元長指令時，則需要三個執行週期。

範例：

```
HERE     DCFSNZ   TEMP, 1, 0
ZERO     :
NZERO    :
```

指令執行前：

附
錄

B

GOTO	切換程式位址

語法： [*label*] GOTO k

運算元： 0 ≤ k ≤ 1048575

指令動作： k → PC<20:1>

影響旗標位元：None

組譯程式碼：

1st word (k<7:0>)

1110 110s kkkk

kkkk

2nd word(k<19:8>)

1111 kkkk kkkk

kkkk

指令概要： GOTO 允許無條件地跳行切換到 2MB 儲存空間中的任何地方。將 20 位元數值「k」存入 PC<20:1>。GOTO 始終為雙週期指令。

指令長度： 2

執行週期數： 2

範例：

GOTO THERE

指令執行後：

PC = Address (THERE)

INCF	f 加 1

語法： [*label*]INCF f [,d [,a]]

運算元： 0 ≤ f ≤ 255

d ∈[0,1]

a ∈[0,1]

指令動作： (f) + 1 → dest

影響旗標位元：C, DC, N, OV, Z

組譯程式碼： 0010 10da ffff ffff

指令概要： 暫存器 f 的內容加 1。如果 d 為 0，結果存入 W。如果 d 為 1，結果存回到暫存器 f（預設情況）。如果 a 為 0，則忽略 BSR 數值而選擇擷取區塊。如果 a 為 1，則按照 BSR 數值選擇資料儲存區塊（預設情況）。

指令長度： 1

執行週期數： 1

範例：

INCF CNT, 1, 0

指令執行前：

CNT = 0xFF

Z = 0

C = ?

DC = ?

指令執行後：

CNT = 0x00

Z = 1

C = 1

DC = 1

INCFSZ	**f** 加 **1**，為 **0** 則跳過	
語法：	[*label*] INCFSZ f [,d [,a]]	PC = Address (HERE)
運算元：	0 ≤ f ≤ 255	指令執行後：
	d ∈ [0,1]	CNT = CNT + 1
	a ∈ [0,1]	If CNT = 0;
指令動作：	(f) + 1 → dest,	PC = Address (ZERO)
	skip if result = 0	If CNT ≠ 0;
影響旗標位元：	None	PC = Address (NZERO)
組譯程式碼：	0011 11da ffff ffff	
指令概要：	暫存器 f 的內容加 1。如果 d 為 0，結果存入 W。如果 d 為 1，結果存回暫存器 f（預設情況）。如果結果為 0，則不再執行取得的下一個指令，轉而執行一個 NOP 指令，進而該指令變成雙週期指令。如果 a 為 0，則忽略 BSR 數值而選擇擷取區塊。如果 a 為 1，則按照 BSR 數值選擇資料儲存區塊。	
指令長度：	1	
執行週期數：	1(2)	
	註記：如果跳行且緊接著為二字元長指令時，則需要三個執行期週期。	

範例：

```
HERE     INCFSZ  CNT,  1,  0
NZERO    :
ZERO     :
```

指令執行前：

INFSNZ   **f** 加 1，非 0 則跳過

語法：	`[label] INFSNZ f [,d`	指令執行前：
	`[,a]]`	PC = Address (HERE)
運算元：	0 ≤ f ≤ 255	指令執行後：
	d ∈ [0,1]	
	a ∈ [0,1]	REG = REG + 1
指令動作：	(f) + 1 → dest,	If REG ≠ 0;
	skip if result ≠ 0	PC = Address (NZERO)
影響旗標位元：None		If REG = 0;
組譯程式碼：	0100 10da ffff ffff	PC = Address (ZERO)

指令概要：   暫存器 f 的內容加 1。如果 d 為 0，結果存入 W。如果 d 為 1，結果存回暫存器 f（預設情況）。如果結果不為 0，則不再執行取得的下一個指令，轉而執行一個 NOP 指令，進而該指令變成雙週期指令。如果 a 為 0，則忽略 BSR 數值而選擇擷取區塊。如果 a 為 1，則按照 BSR 數值選擇資料儲存區塊。

指令長度：   1

執行週期數：   1(2)

                 註記：如果跳行且緊接著為二字元長指令時，則需要三個執行週期。

範例：

```
HERE     INFSNZ  REG, 1, 0
ZERO         :
NZERO        :
```

IORLW	**WREG** 和常數進行「或」運算	**IORWF**	**WREG** 和 **f** 進行「或」運算

語法：	[*label*] IORLW k	語法：	[*label*] IORWF f [,d [,a]]
運算元：	0 ≤ k ≤ 255	運算元：	0 ≤ f ≤ 255
指令動作：	(W).OR. k → W		d ∈[0,1]
影響旗標位元：N, Z			a ∈[0,1]
組譯程式碼：	0000 1001 kkkk kkkk	指令動作：	(W).OR. (f) → dest
指令概要：	W中的內容與 8 位元常數	影響旗標位元：N, Z	
	「k」進行「或」運算。	組譯程式碼：	0001 00da ffff ffff
	結果存入 W。	指令概要：	W 與 f 暫存器的內容進行

語法： [*label*] IORLW k

運算元： 0 ≤ k ≤ 255

指令動作： (W).OR. k → W

影響旗標位元：N, Z

組譯程式碼： 0000 1001 kkkk kkkk

指令概要： W中的內容與 8 位元常數
「k」進行「或」運算。
結果存入 W。

指令長度： 1

執行週期數： 1

範例：

    IORLW 0x35

指令執行前：

    W = 0x9A

指令執行後：

    W = 0xBF

語法： [*label*] IORWF f [,d [,a]]

運算元： 0 ≤ f ≤ 255

    d ∈[0,1]

    a ∈[0,1]

指令動作： (W).OR. (f) → dest

影響旗標位元：N, Z

組譯程式碼： 0001 00da ffff ffff

指令概要： W 與 f 暫存器的內容進行
「或」運算。如果 d 為 0，
結果存入 W。如果 d 為 1，
結果存回暫存器「f」（預
設情況）。如果 a 為 0，則
忽略 BSR 數值而選擇擷取
區塊。如果 a 為 1，則按
照 BSR 數值選擇資料儲存
區塊（預設情況）。

指令長度： 1

執行週期數： 1

範例：

    IORWF RESULT, 0, 1

指令執行前：

    RESULT = 0x13

    W = 0x91

指令執行後：

    RESULT = 0x13

    W = 0x93

附

錄

B

LFSR	載入 **FSR**
語法：	[*label*] LFSR f, k
運算元：	0 ≤ f ≤ 2
	0 ≤ k ≤ 4095
指令動作：	k → FSRf
影響旗標位元：	None
組譯程式碼：	1110 1110 00ff kkkk
	1111 0000 kkkk kkkk
指令概要：	12 位常數 k 存入 f 指向的檔案選擇暫存器。
指令長度：	2
執行週期數：	2
範例：	
	LFSR　2, 0x3AB
指令執行後：	
	FSR2H = 0x03
	FSR2L = 0xAB

MOVF	傳送暫存器 **f** 的內容
語法：	[*label*] MOVF f [,d [,a]]
運算元：	0 ≤ f ≤ 255
	d ∈ [0,1]
	a ∈ [0,1]
指令動作：	f → dest
影響旗標位元：	N, Z
組譯程式碼：	0101 00da ffff ffff
指令概要：	根據 d 的狀態，將暫存器 f 的內容存入目標暫存器。如果 d 為 0，結果存入 W。如果 d 為 1，結果存回暫存器 f（預設情況）。f 可以是 256 位元組資料儲存區塊中的任何暫存器。如果 a 為 0，則忽略 BSR 數值而選擇擷取區塊。如果 a 為 1，則按照 BSR 數值選擇資料儲存區塊。
指令長度：	1
執行週期數：	1
範例：	
	MOVF　REG, 0, 0
指令執行前：	
	REG = 0x22
	W = 0xFF
指令執行後：	
	REG = 0x22
	W = 0x22

MOVFF   傳送暫存器 1 的內容至暫
存器 2

語法：   [*label*] MOVFF f,f   指令長度：   2

運算元：   0 ≤ f ≤ 4095   執行週期數：   2 (3)

0 ≤ f ≤ 4095   範例：

指令動作：   (f) → f   MOVFF   REG1, REG2

影響旗標位元：None   指令執行前：

組譯程式碼：   REG1 = 0x33

1st word (source)   REG2 = 0x11

1100 ffff ffff ffffs   指令執行後：

2nd word (destin.)   REG1 = 0x33,

1111 ffff ffff ffffd   REG2 = 0x33

指令概要：   將來源暫存器 f 的內容移
到目標暫存器 f。來源 f
可以是 4096 位元組資料
空間（000h 到 FFFh）中
的任何暫存器，目標 f 也
可以是 000h 到 FFFh 中的
任何暫存器。來源或目標
都可以是 w（這是個有用
的特殊情況）。MOVFF 在
將資料傳遞到周邊功能暫
存器（如資料傳輸緩衝器
或數位輸出入埠）時特
別有用。MOVFF 指令中的
目標暫存器不能是 PCL、
TOSU、TOSH 或 TOSL。

註記：在執行任何中斷
時，不應該使用
MOVFF 指令修改中
斷設置。

附

錄

B

MOVLB 常數內容搬移到 BSR<3: 0>

語法： [*label*] MOVLB k

運算元： 0 ≤ k ≤ 255

指令動作： k → BSR

影響旗標位元：None

組譯程式碼： 0000 0001 kkkk kkkk

指令概要： 將 8 位元常數 k 存入資料儲存區塊選擇暫存器（BSR）。

指令長度： 1

執行週期數： 1

範例：

    MOVLB 5

指令執行前：

    BSR register = 0x02

指令執行後：

    BSR register = 0x05

MOVLW 常數內容搬移到 **WREG**

語法： [*label*] MOVLW k

運算元： 0 ≤ k ≤ 255

指令動作： k → W

影響旗標位元：None

組譯程式碼： 0000 1110 kkkk kkkk

指令概要： 將 8 位元常數 k 存入資料儲存區塊選擇暫存器（BSR）。

指令長度： 1

執行週期數： 1

範例：

    MOVLW 0x5A

指令執行後：

    W = 0x5A

MOVWF　　　　　　**WREG** 的內容傳送到 **f**

語法：　　　　　　[*label*] MOVWF f [,a]

運算元：　　　　　0 ≤ f ≤ 255

　　　　　　　　　a ∈[0,1]

指令動作：　　　　(W) → f

影響旗標位元：None

組譯程式碼：　　　0110 111a ffff ffff

指令概要：　　　　將資料從 W 移到暫存器 f。f 可以是 256 位元組資料儲存區塊中的任何暫存器。如果 a 為 0，則忽略 BSR 數值而選擇擷取區塊。如果 a 為 1，則按照 BSR 數值選擇資料儲存區塊。

指令長度：　　　　1

執行週期數：　　　1

範例：

　　　MOVWF　REG, 0

指令執行前：

　　　W = 0x4F

　　　REG = 0xFF

指令執行後：

　　　W = 0x4F

　　　REG = 0x4F

MULLW　　　　　　**WREG** 和常數相乘

語法：　　　　　　[*label*] MULLW k

運算元：　　　　　0 ≤ k ≤ 255

指令動作：　　　　(W) k → PRODH:PRODL

影響旗標位元：None

組譯程式碼：　　　0000 1101 kkkk kkkk

指令概要：　　　　W 的內容與 8 位元常數 k 執行無符號乘法運算。16 位乘積結果保存在 PRODH:PRODL 暫存器對中。PRODH 包含高位元組。W 的內容不變。所有狀態旗標位元都不受影響。請注意此操作不可能發生溢位或進位。結果有可能為 0，但不會被偵測到。

指令長度：　　　　1

執行週期數：　　　1

範例：

　　　MULLW　0xC4

指令執行前：

　　　W = 0xE2

　　　PRODH = ?

　　　PRODL = ?

指令執行後：

　　　W = 0xE2

　　　PRODH = 0xAD

　　　PRODL = 0x08

附

錄

B

MULWF　　　　**WREG** 和 **f** 相乘

語法：	[*label*] MULWF f [,a]	指令執行後：
運算元：	0 ≤ f ≤ 255	W = 0xC4
	a ∈[0,1]	REG = 0xB5
指令動作：	(W)(f) → PRODH:PRODL	PRODH = 0x8A
影響旗標位元：None		PRODL = 0x94
組譯程式碼：	0000 001a ffff ffff	

指令概要：　　將 W 和暫存器檔暫存器 f
中的內容執行無符號乘法
運算。運算的 16 位結果
保存在 PRODH:PRODL 暫存
器對中。PRODH 包含高位
元組。W 與 f 的內容都不
變。所有狀態旗標位元都
不受影響。請注意此操作
不可能發生溢位或進位。
結果有可能為 0，但不會
被偵測到。如果 a 為 0，
則忽略 BSR 數值而選擇擷
取區塊。如果 a 為 1，則
按照 BSR 數值選擇資料儲
存區塊。

指令長度：　　1

執行週期數：　1

範例：

　　　MULWF　REG, 1

指令執行前：

　　　W = 0xC4

　　　REG = 0xB5

　　　PRODH = ?

　　　PRODL = ?

NEGF　　　　　　　對 **f** 求 **2** 的補數負數

語法：　　　　　[*label*] NEGF f [,a]

運算元：　　　　0 ≤ f ≤ 255

　　　　　　　　a ∈[0,1]

指令動作：　　　(f) + 1 → f

影響旗標位元：N, OV, C, DC, Z

組譯程式碼：　　0110 110a ffff ffff

指令概要：　　　用 2 的補數法數值對暫存器 f 求補數。結果保存在資料暫存器 "f" 中。如果 a 為 0，則忽略 BSR 數值而選擇擷取區塊。如果 a 為 1，則按照 BSR 的值選擇資料儲存區塊。

指令長度：　　　1

執行週期數：　　1

範例：

　　　NEGF　　REG, 1

指令執行前：

　　　REG = 0011 1010 [0x3A]

指令執行後：

　　　REG = 1100 0110 [0xC6]

NOP　　　　　　　無動作

語法：　　　　　[*label*] NOP

運算元：　　　　None

指令動作：　　　No operation

影響旗標位元：None

組譯程式碼：　　0000 0000 0000 0000

　　　　　　　　1111 xxxx xxxx xxxx

指令概要：　　　無動作。

指令長度：　　　1

執行週期數：　　1

附
錄

B

POP	將返回堆疊頂部的內容推出	**PUSH**	將內容推入返回堆疊的頂部

語法：　　　　　[*label*]　POP

運算元：　　　　None

指令動作：　　　(TOS)　→ bit bucket

影響旗標位元：None

組譯程式碼：　　0000　0000　0000　0110

指令概要：　　　從返回堆疊取出 TOS 值並
　　　　　　　　拋棄。前一個推入返回堆
　　　　　　　　疊的值隨後成為 TOS 值。
　　　　　　　　此指令可以讓使用者正確
　　　　　　　　管理返回堆疊以組成軟體
　　　　　　　　堆疊。

指令長度：　　　1

執行週期數：　　1

範例：

　　　POP

　　　GOTO　　NEW

指令執行前：

　　　TOS　=　0031A2h

　　　Stack (1 level down) = 014332h

指令執行後：

　　　TOS　=　014332h

　　　PC　=　NEW

語法：　　　　　[*label*]　PUSH

運算元：　　　　None

指令動作：　　　(PC+2)　→ TOS

影響旗標位元：None

組譯程式碼：　　0000　0000　0000　0101

指令概要：　　　PC+2 被推入返回堆疊的頂
　　　　　　　　部。原先的 TOS 值推入堆
　　　　　　　　疊的下一層。此指令允許
　　　　　　　　通過修改 TOS 來實現軟體
　　　　　　　　堆疊，然後將其推入返回
　　　　　　　　堆疊。

指令長度：　　　1

執行週期數：　　1

範例：

　　　PUSH

指令執行前：

　　　TOS　=　00345Ah

　　　PC　=　000124h

指令執行後：

　　　PC　=　000126h

　　　TOS　=　000126h

　　　Stack (1 level down) = 00345Ah

RCALL	相對呼叫函式
語法：	[*label*] RCALL n
運算元：	$-1024 \leq n \leq 1023$
指令動作：	(PC) + 2 → TOS,
	(PC) + 2 + 2n → PC
影響旗標位元：None
組譯程式碼：	1101 1nnn nnnn nnnn
指令概要：	從目前位址跳轉（最多 1K 範圍）來呼叫函式。首先，返回位址（PC+2）被推入堆疊。然後，將 PC 加上 2 的補數法數值 "2n"。因為 PC 要先遞增才能取得下一個指令，因此新位址將為 PC+2+2n。這是一個雙週期的指令。
指令長度：	1
執行週期數：	2

範例：

```
        HERE    RCALL    Jump
```

指令執行前：

```
    PC = Address (HERE)
```

指令執行後：

```
    PC = Address (Jump)
    TOS = Address (HERE+2)
```

RESET	軟體系統重置
語法：	[*label*] RESET
運算元：	None
指令動作：	將所有受 MCLR 重置影響的暫存器或旗標重置。
影響旗標位元：All
組譯程式碼：	0000 0000 1111 1111
指令概要：	此指令可用於在軟體中執行 MCLR 重置。
指令長度：	1
執行週期數：	1

範例：

```
    RESET
```

指令執行後：

```
    Registers = Reset Value
    Flags* = Reset Value
```

附

錄

B

RETFIE	中斷返回	
語法：	[*label*] RETFIE [s]	PC – TOS
運算元：	s ∈[0,1]	W = WS
指令動作：	(TOS) → PC,	BSR = BSRS
	1 → GIE/GIEH or PEIE/	STATUS = STATUSS
	GIEL,	GIE/GIEH, PEIE/GIEL = 1
	if s = 1	
	(WS) → W,	
	(STATUSS) → STATUS,	
	(BSRS) → BSR,	
	PCLATU, PCLATH are	
	unchanged.	

影響旗標位元：GIE/GIEH, PEIE/GIEL.

組譯程式碼： 0000 0000 0001 000s

指令概要： 從中斷返回。執行 POP 操作，將堆疊頂端（Top-of-Stack, TOS）位址內容存入 PC。通過將高／低優先順序全域中斷設定爲 A 可以開啓中斷。如果 s 爲 1，將替代（Shadow）暫存器 WS、STATUSS 和 BSRS 的內容存入對應的暫存器 W、STATUS 和 BSR。如果 s 爲 0，則不會更新這些暫存器（預設情況）。

指令長度： 1

執行週期數： 2

範例：

```
    RETFIE 1
After Interrupt
```

RETLW 返回時將常數存入 **WREG**

語法： [*label*] RETLW k

運算元： 0 ≤ k ≤ 255

指令動作： k → W,

(TOS) → PC,

PCLATU, PCLATH are

unchanged

影響旗標位元：None

組譯程式碼： 0000 1100 kkkk kkkk

指令概要： 將 8 位常數 k 存入 W。將
堆疊頂端暫存器內容（返
回位址）存入程式計數
器。高位元組位址栓鎖暫
存器（PCLATH）保持不變。

指令長度： 1

執行週期數： 2

範例：

```
CALL    TABLE ; W contains table
              ; offset value
              ; W now has
              ; table value
     :
TABLE
    ADDWF  PCL  ; W = offset
    RETLW  k0   ; Begin table
    RETLW  k1   ;
     :
     :
    RETLW  kn   ; End of table
```

指令執行前：

```
    W = 0x07
```

指令執行後：

```
    W = value of kn
```

RETURN 從函式返回

語法： [*label*] RETURN [s]

運算元： s∈[0,1]

指令動作： (TOS) → PC,

if s = 1

(WS) → W,

(STATUSS) → STATUS,

(BSRS) → BSR,

PCLATU, PCLATH are

unchanged

影響旗標位元：None

組譯程式碼： 0000 0000 0001 001s

指令概要： 從函式返回。推出堆疊中
的數據，並將堆疊頂端
（TOS）暫存器內容存入
程式計數器。如果 s 為
1，將影子暫存器 $\overline{WS}$、
STATUSS 和 $\overline{BSRS}$ 的內容
被存入對應的暫存器 W、
STATUS 和 BSR。如果 s 為
0，則不會更新這些暫存
器（預設情況）。

指令長度： 1

執行週期數： 2

範例：

```
        RETURN
After Interrupt
    PC = TOS
```

附錄

B

RLCF	含 C 進位旗標位元迴圈左移 **f**	**RLNCF**	迴圈左移 **f**（無 C 進位旗標位元）
語法：	[*label*] RLCF f [,d [,a]]	語法：	[*label*] RLNCF f [,d [,a]]
運算元：	0 ≤ f ≤ 255 d ∈ [0,1] a ∈ [0,1]	運算元：	0 ≤ f ≤ 255 d ∈ [0,1] a ∈ [0,1]
指令動作：	(f<n>) → dest<n+1>, (f<7>) → C, (C) → dest<0>	指令動作：	(f<n>) → dest<n+1>, (f<7>) → dest<0>
影響旗標位元：	C, N, Z	影響旗標位元：	N, Z
組譯程式碼：	0011 01da ffff ffff	組譯程式碼：	0100 01da ffff ffff

指令概要：

RLCF — 暫存器「f」的內容帶 C 進位旗標位元旗標迴圈左移 1 位。如果 d 為 0，結果存入 W。如果 d 為 1，結果存回到 f 暫存器（預設情況）。如果 a 為 0，則忽略 BSR 數值而選擇擷取區塊。如果 a 為 1，則按照 BSR 數值選擇資料儲存區塊。

RLNCF — 暫存器 f 的內容迴圈左移 1 位。如果 d 為 0，結果存入 W。如果 d 為 1，結果存回到 f 暫存器（預設情況）。如果 a 為 0，則忽略 BSR 數值而選擇擷取區塊。如果 a 為 1，則按照 BSR 數值選擇資料儲存區塊。

	RLCF	RLNCF
指令長度：	1	1
執行週期數：	1	1

RLCF 範例：

```
    RLCF    REG, 0, 0
```

指令執行前：

```
    REG = 1110 0110
    C   = 0
```

指令執行後：

```
    REG = 1110 0110
    W   = 1100 1100
    C   = 1
    C register f
```

RLNCF 範例：

```
    RLNCF   REG, 1, 0
```

指令執行前：

```
    REG = 1010 1011
```

指令執行後：

```
    REG = 0101 0111
```

RRCF	含 C 進位旗標位元迴圈右移 **f**

語法：　　　　　[*label*] RRCF f [,d [,a]]

運算元：　　　　0 ≤ f ≤ 255

　　　　　　　　d ∈ [0,1]

　　　　　　　　a ∈ [0,1]

指令動作：　　　(f<n>) → dest<n-1>,

　　　　　　　　(f<0>) → C,

　　　　　　　　(C) → dest<7>

影響旗標位元：C, N, Z

組譯程式碼：　　0011 00da ffff ffff

指令概要：　　　暫存器 f 的內容帶 C 進位旗標位元旗標迴圈右移 1 位。如果 d 為 0，結果存入 W。如果 d 為 1，結果存回到暫存器 f（預設情況）。如果 a 為 0，則忽略 BSR 數值而選擇擷取區塊。如果 a 為 1，則按照 BSR 數值選擇資料儲存區塊。

指令長度：　　　1

執行週期數：　　1

範例：

　　　RRCF　　REG, 0, 0

指令執行前：

　　　REG = 1110 0110

　　　C = 0

指令執行後：

　　　REG = 1110 0110

　　　W = 0111 0011

　　　C = 0

RRNCF	迴圈右移 **f**（無 C 進位旗標位元）

語法：　　　　　[*label*] RRNCF f [,d [,a]]

運算元：　　　　0 ≤ f ≤ 255

　　　　　　　　d ∈ [0,1]

　　　　　　　　a ∈ [0,1]

指令動作：　　　(f<n>) → dest<n-1>,

　　　　　　　　(f<0>) → dest<7>

影響旗標位元：N, Z

組譯程式碼：　　0100 00da ffff ffff

指令概要：　　　暫存器 f 的內容迴圈右移 1 位。如果 d 為 0，結果存入 W。如果 d 為 1，結果存回到暫存器 f（預設情況）。如果 a 為 0，則忽略 BSR 數值而選擇擷取區塊。如果 a 為 1，則按照 BSR 數值選擇資料儲存區塊。

指令長度：　　　1

執行週期數：　　1

Example 1:

　　　RRNCF　　REG, 1, 0

指令執行前：

　　　REG = 1101 0111

指令執行後：

　　　REG = 1110 1011

Example 2:

　　　RRNCF　　REG, 0, 0

指令執行前：

　　　W = ?

附

錄

B

```
        REG = 1101 0111
指令執行後：
        W = 1110 1011
        REG = 1101 0111
```

SETF　　　　　　　設定 **f** 暫存器所有位元為 **1**

語法：　　　　[*label*] SETF f [,a]

運算元：　　　0 ≤ f ≤ 255

　　　　　　　a ∈ [0,1]

指令動作：　　FFh → f

影響旗標位元：None

組譯程式碼：　0110 100a ffff ffff

指令概要：　　將指定暫存器的內容設為
　　　　　　　FFh. 如果 a 為 0，則忽略
　　　　　　　BSR 數值而選擇擷取區塊。
　　　　　　　如果 a 為 1，則按照 BSR
　　　　　　　的值選擇資料儲存區塊。

指令長度：　　1

執行週期數：　1

範例：

　　　　SETF　　REG,1

指令執行前：

　　　　REG = 0x5A

指令執行後：

　　　　REG = 0xFF

SLEEP	進入睡眠模式
語法：	[*label*] SLEEP
運算元：	None
指令動作：	00h → WDT,
	0 → WDT postscaler,
	1 → $\overline{TO}$,
	0 → $\overline{PD}$

影響旗標位元：$\overline{TO}$, $\overline{PD}$

組譯程式碼： 0000 0000 0000 0011

指令概要： 掉電狀態位元（$\overline{PD}$）清除為 0。超時狀態位（$\overline{TO}$）置 1。監視（看門狗）計時器及其後除頻器清除為 0。處理器進入睡眠模式，震盪器停止。

指令長度： 1

執行週期數： 1

範例：

  SLEEP

指令執行前：

  $\overline{TO}$ = ?

  $\overline{PD}$ = ?

指令執行後：

  $\overline{TO}$ = 1†

  $\overline{PD}$ = 0

† 如果監視計時器（WDT）觸發喚醒，則此位元將會清除為 0。

SUBFWB	**WREG** 減去 **f** 和借位旗標位元
語法：	[*label*] SUBFWB f [,d [,a]]
運算元：	0 ≤ f ≤ 255
	d ∈ [0,1]
	a ∈ [0,1]
指令動作：	(W) – (f) – ($\overline{C}$) → dest

影響旗標位元：N, OV, C, DC, Z

組譯程式碼： 0101 01da ffff ffff

指令概要： W 減去 f 暫存器和 C 進位旗標位元旗標（借位位元）（採用 2 的補數法數值方法）。如果 d 為 0，結果存入 W。如果 d 為 1，結果存入 f 暫存器（預設情況）。如果 a=0，則忽略 BSR 值而選擇擷取區塊。如果 a=1，則按照 BSR 數值選擇資料儲存區塊。

指令長度： 1

執行週期數： 1

Example 1:

  SUBFWB REG, 1, 0

指令執行前：

  REG = 3

  W = 2

  C = 1

指令執行後：

  REG = 0xFF

  W = 2

  C = 0

  Z = 0

附錄

B

附

錄

B

N = 1 ; result is negative

Example 2:

  SUBFWB REG, 0, 0

指令執行前：

  REG = 2

  W = 5

  C = 1

指令執行後：

  REG = 2

  W = 3

  C = 1

  Z = 0

  N = 0 ; result is positive

SUBLW	常數減去 WREG
語法：	[*label*] SUBLW k
運算元：	$0 \le k \le 255$
指令動作：	k - (W) $\rightarrow$ W
影響旗標位元：	N, OV, C, DC, Z
組譯程式碼：	0000 1000 kkkk kkkk
指令概要：	8 位元常數 k 減去 W 暫存器的內容。結果存入 W。
指令長度：	1
執行週期數：	1

Example 1:

  SUBLW 0x02

指令執行前：

  W = 1

  C = ?

指令執行後：

  W = 1

  C = 1 ; result is positive

  Z = 0

  N = 0

Example 2:

  SUBLW 0x02

指令執行前：

  W = 2

  C = ?

指令執行後：

  W = 0

  C = 1 ; result is zero

  Z = 1

  N = 0

Example 3:

    SUBLW　0x02

指令執行前：

    W = 3

    C = ?

指令執行後：

    W = FF ; (2's complement)

    C = 0 ; result is negative

    Z = 0

    N = 1

SUBWF	**f 減去 WREG**
語法：	[*label*] SUBWF f [,d [,a]]
運算元：	$0 \leq f \leq 255$
	$d \in [0,1]$
	$a \in [0,1]$
指令動作：	(f) - (W) → dest
影響旗標位元：	N, OV, C, DC, Z
組譯程式碼：	0101 11da ffff ffff
指令概要：	暫存器 f 的內容減去 W（採用 2 的補數法）。如果 d 為 0，結果存入 W。如果 d 為 1，結果存回 f 暫存器（預設情況）。如果 a 為 0，則忽略 BSR 數值而選擇擷取區塊。如果 a 為 1，則按照 BSR 數值選擇資料儲存區塊。
指令長度：	1
執行週期數：	1

Example 1:

    SUBWF　REG, 1, 0

指令執行前：

    REG = 3

    W = 2

    C = ?

指令執行後：

    REG = 1

    W = 2

    C = 1 ; result is positive

    Z = 0

    N = 0

附

錄

B

Example 2:

 SUBWF REG, 0, 0

指令執行前：

 REG = 2

 W = 2

 C = ?

指令執行後：

 REG = 2

 W = 0

 C = 1 ; result is zero

 Z = 1

 N = 0

SUBWFB	**f** 減去 **WREG** 和借位旗標位元
語法：	[*label*] SUBWFB f [,d [,a]]
運算元：	$0 \le f \le 255$
	$d \in [0,1]$
	$a \in [0,1]$
指令動作：	$(f) - (W) - (\overline{C}) \rightarrow dest$
影響旗標位元：	N, OV, C, DC, Z
組譯程式碼：	0101 10da ffff ffff
指令概要：	f 暫存器的內容減去 W 暫存器內容和 C 進位旗標位元旗標（借位）（採用 2 的補數法）。如果 d 為 0，結果存入 W。如果 d 為 1，結果存回 f 暫存器（預設情況）。如果 a 為 0，則忽略 BSR 數值而選擇擷取區塊。如果 a 為 1，則按照 BSR 數值選擇資料儲存區塊。
指令長度：	1
執行週期數：	1

Example 1:

 SUBWFB REG, 1, 0

指令執行前：

 REG = 0x19 (0001 1001)

 W = 0x0D (0000 1101)

 C = 1

指令執行後：

 REG = 0x0C (0000 1011)

 W = 0x0D (0000 1101)

C = 1

Z = 0

N = 0 ; result is positive

Example 2:

SUBWFB　REG, 0, 0

指令執行前：

REG = 0x1B (0001 1011)

W = 0x1A (0001 1010)

C = 0

指令執行後：

REG = 0x1B (0001 1011)

W = 0x00

C = 1

Z = 1 ; result is zero

N = 0

SWAPF	**f** 半位元組交換
語法：	[*label*]　SWAPF　f　[,d [,a]]
運算元：	0 ≤ f ≤ 255
	d ∈ [0,1]
	a ∈ [0,1]
指令動作：	(f<3:0>) → dest<7:4>, (f<7:4>) → dest<3:0>
影響旗標位元：	None
組譯程式碼：	0011 10da ffff ffff
指令概要：	互換 f 暫存器的高 4 位元和低 4 位元。如果 d 為 0，結果存入 W。如果 d 為 1，結果存入 f 暫存器（預設情況）。如果 a 為 0，則忽略 BSR 數值而選擇擷取區塊。如果 a 為 1，則按照 BSR 數值選擇資料儲存區塊。
指令長度：	1
執行週期數：	1

範例：

SWAPF　REG, 1, 0

指令執行前：

REG = 0x53

指令執行後：

REG = 0x35

附

錄

B

TBLRD	讀取表列資料	

語法：　　　　[*label*]　TBLRD　(*;　*
　　　　　　+;　*-;　+*)

運算元：　　　None

指令動作：　　if TBLRD *,

　　　　　　　(Prog Mem (TBLPTR)) →

　　　　　　　TABLAT;

　　　　　　　TBLPTR - No Change;

　　　　　　if TBLRD *+,

　　　　　　　(Prog Mem (TBLPTR)) →

　　　　　　　TABLAT;

　　　　　　　(TBLPTR)+1　　　　→

　　　　　　　TBLPTR;

　　　　　　if TBLRD *-,

　　　　　　　(Prog Mem (TBLPTR)) →

　　　　　　　TABLAT;

　　　　　　　(TBLPTR)-1　　　　→

　　　　　　　TBLPTR;

　　　　　　if TBLRD +*,

　　　　　　　(TBLPTR)+1　　　　→

　　　　　　　TBLPTR;

　　　　　　　(Prog Mem (TBLPTR))

　　　　　　　→ TABLAT;

影響旗標位元：None

組譯程式碼：　000 00000 0000 10nn

　　　　　　　nn　　　　=0　*

　　　　　　　　　　　　=1　*+

　　　　　　　　　　　　=2　*-

　　　　　　　　　　　　=3　+*

指令概要：　　本指令用於讀取程式記憶
　　　　　　　體的內容。使用表列指標
　　　　　　　（TBLPTR）對程式記憶
　　　　　　　體進行定址。TBLPTR（一

個 21 位的指標）指向程
式記憶體的每個位元組。
TBLPTR 定址範圍為 2MB。

TBLPTR[0] = 0：程式記憶體字的最低有
　　　　　　　　效位元組

TBLPTR[0] = 1：程式記憶體字的最高有
　　　　　　　　效位元組

TBLRD 指令可以如下修改 TBLPTR 的值：

• 不變

• 後遞增

• 後遞減

• 前遞增

指令長度：　　1

執行週期數：　2

Example1:

　　　TBLRD　*+ ;

指令執行前：

　　　TABLAT = 0x55

　　　TBLPTR = 0x00A356

　　　MEMORY(0x00A356) = 0x34

指令執行後：

　　　TABLAT = 0x34

　　　TBLPTR = 0x00A357

Example2:

　　　TBLRD　+* ;

指令執行前：

　　　TABLAT = 0xAA

　　　TBLPTR = 0x01A357

　　　MEMORY(0x01A357) = 0x12

　　　MEMORY(0x01A358) = 0x34

指令執行後：

　　　TABLAT = 0x34

　　　TBLPTR = 0x01A358

TBLWT　　　　　寫入表列資料

語法：　　　　　[*label*]　TBLWT　(　*;
　　　　　　　　*+;　*-;　+*)

運算元：　　　　None

指令動作：　　　if TBLWT*,
　　　　　　　　　(TABLAT) → Holding
　　　　　　　　　　Register;
　　　　　　　　　TBLPTR-No Change;
　　　　　　　　if TBLWT*+,
　　　　　　　　　(TABLAT) → Holding
　　　　　　　　　　Register;
　　　　　　　　　(TBLPTR)+1 → TBLPTR;
　　　　　　　　if TBLWT*-,
　　　　　　　　　(TABLAT) → Holding
　　　　　　　　　　Register;
　　　　　　　　　(TBLPTR)-1 → TBLPTR;
　　　　　　　　if TBLWT+*,
　　　　　　　　　(TBLPTR)+1 → TBLPTR;
　　　　　　　　　(TABLAT) → Holding
　　　　　　　　　　Register;

影響旗標位元：None

組譯程式碼：　　0000 0000 0000 11nn
　　　　　　　　　　　nn ＝ 0 *
　　　　　　　　　　　　＝ 1 *+
　　　　　　　　　　　　＝ 2 *-
　　　　　　　　　　　　＝ 3 +*

指令概要：　　　本指令使用 TBLPTR 的三
　　　　　　　　個 LSb 來決定要將 TABLAT
　　　　　　　　資料寫入八個保持暫存器
　　　　　　　　中的哪一個。八個保持暫
　　　　　　　　存器用於對程式記憶體的

內容安排。有關寫入快閃
記憶體的資訊，參見相
關資料手冊。TBLPTR（一
個 21 位元指標）指向程
式記憶體的每個位元組。
TBLPTR 定址範圍為 2MB。
TBLPTR 的 LSb 決定要使用
程式暫存器的哪個位元組。

TBLPTR[0] ＝ 0：程式記憶體字的最低有
　　　　　　　　效位元組
TBLPTR[0] ＝ 1：程式記憶體字的最高有
　　　　　　　　效位元組

TBLWT 指令可以如下修改 TBLPTR 的值：
・不變
・後遞增
・後遞減
・前遞增

指令長度：　　　1

執行週期數：　　2

Example1：
　　　　TBLWT *+;

指令執行前：
　　　　TABLAT = 0x55
　　　　TBLPTR = 0x00A356
　　　　HOLDING REGISTER
　　　　(0x00A356) = 0xFF

指令執行後：s(table write completion)
　　　　TABLAT = 0x55
　　　　TBLPTR = 0x00A357
　　　　HOLDING REGISTER
　　　　(0x00A356) = 0x55

Example 2:

    TBLWT +*;

指令執行前:

    TABLAT = 0x34

    TBLPTR = 0x01389A

    HOLDING REGISTER

    (0x01389A) = 0xFF

    HOLDING REGISTER

    (0x01389B) = 0xFF

指令執行後:(table write completion)

    TABLAT = 0x34

    TBLPTR = 0x01389B

    HOLDING REGISTER

    (0x01389A) = 0xFF

    HOLDING REGISTER

    (0x01389B) = 0x34

TSTFSZ	測試 **f**,為 0 時跳過
語法:	[*label*] TSTFSZ f [,a]
運算元:	0 ≤ f ≤ 255
	a ∈[0,1]
指令動作:	skip if f = 0
影響旗標位元:	None
組譯程式碼:	0110 011a ffff ffff
指令概要:	如果 f 為 0,將不執行在目前指令執行時所取得的下一行指令,轉而執行一行 NOP 指令,進而使該指令變成雙週期指令。如果 a 為 0,則忽略 BSR 數值而選擇擷取區塊。如果 a 為 1,則按照 BSR 數值選擇資料儲存區塊(預設情況)。
指令長度:	1
執行週期數:	1(2)
	註記:如果跳行且緊接著為二字元長指令時,則需要三個執行週期。

範例:

    HERE   TS TFSZ CNT, 1

    NZERO   :

    ZERO   :

指令執行前:

    PC = Address (HERE)

指令執行後:

    If CNT = 0x00,

    PC = Address (ZERO)

    If CNT ≠ 0x00,

    PC = Address (NZERO)

XORLW	**WREG** 和常數做 "**XOR**" 運算

語法： [*label*] XORLW k

運算元： 0 ≤ k ≤ 255

指令動作： (W).XOR. k → W

影響旗標位元：N, Z

組譯程式碼： 0000 1010 kkkk kkkk

指令概要： W 的內容與 8 位元常數 k 進行「互斥或」運算。結果存入 W。

指令長度： 1

執行週期數： 1

範例：

    XORLW　0xAF

指令執行前：

    W = 0xB5

指令執行後：

    W = 0x1A

XORWF	**WREG** 和 **f** 進行「互斥或」運算

語法： [*label*] XORWF f [,d [,a]]

運算元： 0 ≤ f ≤ 255

    d ∈ [0,1]

    a ∈ [0,1]

指令動作： (W).XOR. (f) → dest

影響旗標位元：N, Z

組譯程式碼： 0001 10da ffff ffff

指令概要： 將 W 的內容與暫存器 f 的內容進行「互斥或」運算。如果 d 為 0，結果存入 W。如果 d 為 1，結果存回 f 暫存器（預設情況）。如果 a 為 0，則忽略 BSR 數值而選擇擷取區塊。如果 a 為 1，則按照 BSR 數值選擇資料儲存區塊。

指令長度： 1

執行週期數： 1

範例：

    XORWF　REG, 1, 0

指令執行前：

    REG = 0xAF

    W = 0xB5

指令執行後：

    REG = 0x1A

    W = 0xB5

附

錄

B

參考文獻

1. "MPLAB XC8 Compiler Getting Started," Microchip

2. "MPLAB XC8 Compiler User's Guide," Microchip

3. "MPLAB XC8 Peripheral Libraries," Microchip

4. "MPLAB X IDE User's Guide," Microchip

5. "MPLAB X IDE Quick Start Guide," Microchip

6. "MPASM/MPLINK User's Guide," Microchip

7. "PIC18F2420/2520/4420/4520 Data Sheet," Microchip

8. "APP025 EVM User's Manual," Microchip

9. "Interfacing PICmicro MCUs to an LCD Module," AN587, Microchip

10. "A FLASH Bootloader for PIC16 and PIC18 Devices," AN851, Microchip

11. "MCP4921/4922 12-Bit DAC with SPI ™ Interface," Microchip

12. "TCN75A 2-Wire Serial Temperature Sensor," Microchip

13. "24AA04/24LC04B 4K I2C ™ Serial EEPROM," Microchip

14. "The C Programming Language," B.W. Kerighan & D. M. Ritchie, 2nd Ed., 1989, Prentice Hall

本書相關範例程式與 APP025 mini 實驗板檔案可以使用下列連結下載：
https://www.wunan.com.tw/bookdetail?NO=13307

範例程式與相關資料壓縮檔密碼：APP025miniPIC18F4520forXC8

APP025 mini 實驗板購買可於下列網址查詢：
https://shopee.tw/product/34322176/19795405818/
https://www.icbox.com.tw/

國家圖書館出版品預行編目資料

微處理器原理與應用：C語言與PIC18微控制
器 = Microprocessors fundamentals and
applications : using C language and
PIC18 microcontrollers／曾百由著. ——
五版.一一臺北市：五南圖書出版股份有限
公司, 2024.07
面； 公分
ISBN 978-626-393-478-8(平裝)'

1.CST: 微處理機 2.CST: 組合語言

471.516   113008934

5D85

微處理器原理與應用：
C語言與PIC18微控制器

作　　者— 曾百由（281.2）

企劃主編— 王正華

責任編輯— 張維文

封面設計— 姚孝慈

出 版 者— 五南圖書出版股份有限公司

發 行 人— 楊榮川

總 經 理— 楊士清

總 編 輯— 楊秀麗

地　　址：106臺北市大安區和平東路二段339號4樓

電　　話：(02)2705-5066　　傳　　真：(02)2706-6100

網　　址：https://www.wunan.com.tw

電子郵件：wunan@wunan.com.tw

劃撥帳號：01068953

戶　　名：五南圖書出版股份有限公司

法律顧問　林勝安律師

出版日期　2006年10月初版一刷（共二刷）
　　　　　2007年10月二版一刷（共四刷）
　　　　　2013年 3 月三版一刷（共二刷）
　　　　　2017年 3 月四版一刷
　　　　　2024年 7 月五版一刷

定　　價　新臺幣700元

經典永恆・名著常在

五十週年的獻禮——經典名著文庫

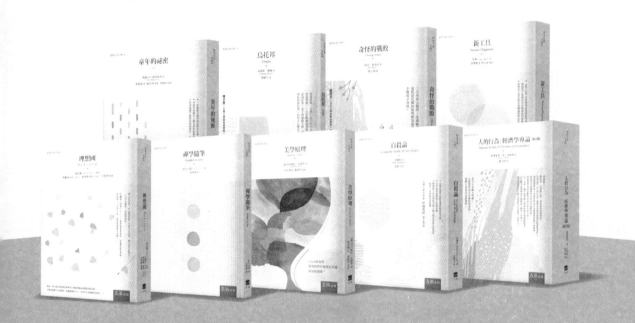

五南，五十年了，半個世紀，人生旅程的一大半，走過來了。

思索著，邁向百年的未來歷程，能為知識界、文化學術界作些什麼？

在速食文化的生態下，有什麼值得讓人雋永品味的？

歷代經典・當今名著，經過時間的洗禮，千錘百鍊，流傳至今，光芒耀人；

不僅使我們能領悟前人的智慧，同時也增深加廣我們思考的深度與視野。

我們決心投入巨資，有計畫的系統梳選，成立「經典名著文庫」，

希望收入古今中外思想性的、充滿睿智與獨見的經典、名著。

這是一項理想性的、永續性的巨大出版工程。

不在意讀者的眾寡，只考慮它的學術價值，力求完整展現先哲思想的軌跡；

為知識界開啟一片智慧之窗，營造一座百花綻放的世界文明公園，

任君遨遊、取菁吸蜜、嘉惠學子！